浙江省普通高校"十三五"新形态教材

新工科应用型人才培养电子信息类系列教材

数据可视化技术

Data Visualization Technology

林 勇　陆星家　著

西安电子科技大学出版社

内 容 简 介

人工智能和大数据是当今时代的两个鲜明的技术特征,而数据可视化一直是伴随着这两大技术领域的热门研究方向,促进了众多智能化应用的发展。

本书系统性讲解了数据可视化技术的原理和实现方法,并给出一些简单实用的案例。全书共 10 章,其中第 1 至 8 章以 VTK 数据可视化平台为基础,利用 Python 编程语言,系统性地讲解了数据可视化的原理和实现,包括绪论、可视化的图形基础、可视化原理与过程、可视化数据表示、可视化算法设计、可视化建模技术、图像处理技术、体可视化;第 9、10 两章侧重于利用 Matplolib 工具实现数据可视化,用于绘制统计图表、时间序列数据等一些功能。各章均附有一定量的习题,方便读者掌握相关知识。本书为浙江省省级新形态教材,配有丰富的教学资源,可通过扫描二维码获取。

本书可作为高等院校相关专业的教材,也可作为大数据和数据可视化领域应用开发人员及编程爱好者的参考材料。

图书在版编目(CIP)数据

数据可视化技术 / 林勇,陆星家著. ——西安:西安电子科技大学出版社,2022.3(2023.4 重印)

ISBN 978–7–5606–6378–4

Ⅰ. ①数… Ⅱ. ①林… ②陆… Ⅲ. ①可视化软件—数据处理 Ⅳ. ①TP31

中国版本图书馆 CIP 数据核字(2022)第 014783 号

策　　划　李惠萍
责任编辑　张紫薇　李惠萍
出版发行　西安电子科技大学出版社(西安市太白南路 2 号)
电　　话　(029) 88202421　88201467　　　邮　　编　710071
网　　址　www.xduph.com　　　　　　　　电子邮箱　xdupfxb001@163.com
经　　销　新华书店
印刷单位　陕西精工印务有限公司
版　　次　2022 年 3 月第 1 版　2023 年 4 月第 2 次印刷
开　　本　787 毫米×1092 毫米　1/16　印张 17
字　　数　400 千字
印　　数　2001～4000 册
定　　价　41.00 元
ISBN　978–7–5606–6378–4 / TP
XDUP 6680001–2
***如有印装问题可调换

前　　言

人工智能和大数据是当今时代的两个鲜明的技术特征，而数据可视化一直是伴随着这两大技术领域的热门研究方向，促进了众多智能化应用的发展。我国先后发布了《新一代人工智能发展规划》和《大数据产业发展规划》，鲜明地提出要加快研发新一代数据可视化软件产品，鼓励高校探索培养大数据和数据可视化领域专业型人才和跨界复合型人才机制。数据可视化技术是一项应用性强、实用且有效的技术，在各行各业的人工智能和大数据发展中均占据非常重要的位置，属于相关专业能力培养的重要元素和社会迫切需要的职业技能。在新的时期，教育部确定了以智能制造、云计算、人工智能、机器人等新兴产业用于改造传统工科专业，为开展数据可视化的教学任务吹响了前进的号角。

本书全方位地讲解了数据可视化的核心技术原理和算法设计理念，结合 VTK 数据可视化平台和 Python 编程语言给出了数据可视化技术具体的实现，提供了对应的习题，在实践部分单独给出了若干 Python 数据可视化编程工具介绍，有助于学习者得到完善而系统化的训练。本书的编写符合国家对于新时期人工智能与大数据人才培养的期冀以及高等院校新工科应用型人才培养的理念。

本书共分 10 章，主要内容如下：第 1 章绪论；第 2 章可视化的图形基础；第 3 章可视化原理与过程；第 4 章可视化数据表示；第 5 章可视化算法设计；第 6 章可视化建模技术；第 7 章图像处理技术；第 8 章体可视化；第 9 章 Matplotlib 可视化；第 10 章 Matplotlib 高级功能。

本书主要有以下几个特点：

(1) 对数据可视化知识进行了全面的讲解。

书中介绍了可视化的图形基础、可视化原理与过程以及可视化数据表示、算法设计、建模技术等内容，还对数据可视化相关的图形处理技术以及体可视化技术进行了探讨。

(2) 以深入浅出的方式进行知识讲解，让学生轻松上手学习。

本书的编写突出理论精华并以理论与实际结合为导向，书中给出的公式、算法以少而精为原则，让非数学专业以及仅具有普通数学基础的学生也能够理解和把握相关知识。

(3) 实现了理论与实践的结合，强调对学生动手能力的培养。

全书分为数据可视化原理和数据可视化编程训练两部分。其中原理部分在系统性讲解数据可视化理论脉络的同时，也给出理论问题的编程实现；而实践部分则从可视化实用编程的角度，提供了若干通俗易懂的常用可视化编程实现案例。全书通过例题、练习、实验、测试等诸多方面对学生进行全方位的训练，做到了理论与实践相结合，也方便老师结合课时和课程特点进行教学内容的差异化选取。

(4) 案例和练习均采用通用编程方法设计，具有广泛的适用性。

本书的案例均采用 Python 程序或网页代码等通用编程方法编写，书中的案例实现以开源软件平台和工具为基石，不但适合作为高等院校相关专业的教材，也适合作为广大工程技术人员开发数据可视化产品的参考材料。

采用本书作为教材时，具体教学安排可参考如下建议：

(1) 本书作为计算机、数据工程、信息技术、电子、自动化、人工智能、大数据等相关专业本科或研究生数据可视化相关课程的教材时，建议采用 48 或 64 学时，可结合专业特点及学时具体安排。

(2) 本书作为专科院校或职业技术学院的教材时，建议采用 64 学时，可结合专业特点及学时安排讲授本书的全部章节，或选讲部分实践性强又容易理解的章节。

(3) 本书作为数据可视化培训用书时，建议培训时间为 7～12 天，可结合培训学时安排讲授本书的全部章节，或结合培训目标选择相关理论部分和实践部分的章节。

本书配备多媒体教学资料，相关例题和一些必要资料可以直接通过扫描书中二维码查询。为方便教学，本书提供全套教学课件、例题的源代码、例题和课后题中涉及的所有数据文件、参考教学大纲、学时分配表以及试题样卷等资料，可向西安电子科技大学出版社索取，或在出版社官网(http://www.xduph.com)自行查询。本书也开放了课后习题的参考答案，有需要的老师请直接联系西安电子科技大学出版社获取。

本书被认定为新工科应用型人才培养电子信息类系列教材和浙江省普通高校"十三五"新形态教材，其中第 1～8 章由林勇编写、第 9～10 章由陆星家编写，全书由林勇审核、统稿、定稿，书中程序代码的运行情况可在对应二维码的视频资源中得以验证。本书编写过程中还得到了宁波工程学院、宁波大学、浙江大学、清华长三角研究院等院校师生和西安电子科技大学出版社、清华大学出版社等单位的鼎力支持和帮助，在此表示衷心的感谢。特别感谢尹天鹤、滕宇、张昱雯、高志远、韩明、梁方楚、刘凤秋、陈志荣等老师的支持和参与。由于编者水平有限，书中难免有错漏之处，恳请广大读者不吝指出并提出宝贵意见与建议，我们将在今后再版时修订完善。

作 者

2022 年 1 月 10 日

目　录

第一部分　数据可视化原理

第二部分　数据可视化编程训练

第一部分　数据可视化原理

第1章 绪 论

1.1 概念与意义

1-1.mp4

1.1.1 数据可视化的概念

随着计算机、互联网和各类新媒体的出现和发展，人们每天接触的各类事物或活动往往都可以表述为数据，数据成为承载各类信息的载体。随着数字化技术的发展，即使是以模拟信号为主的音、视频等内容也可以完全表示为数字化的数据，该数字化数据能够高度逼真地模拟原有的模拟数据。从某种意义上说，数据已经成为一种万能的公式，人类社会和自然界中出现的任何事物都可以表述为某种数据。

在计算机设备中，最底层的数据以机器能识别的二进制的 0、1 符号保存在存储介质中，这并不适合人类阅读和处理，但即使将机器数据表示为数字或字母等基本形式的数据，也未必能够让人方便快捷地理解和使用这些数据。数据可视化技术一般特指在数据表示过程中有一定特点且能够形成较强视觉效果的数据表达方式和方法，如采用特殊的图形或图案直接表现或隐喻出某种内在的含义。数据可视化这一概念在诸多学科与行业领域中经常用到，属于一种图形化和具有一定视觉效果的信息传递过程。

现实之中，各类炫目的数据可视化内容已经遍布人类社会的各个角落，其具体过程涉及制图学、图形绘制设计、计算机视觉、数据采集、统计学、图解技术、数形结合以及动画、立体渲染、用户交互、影像学、视知觉、空间分析、科学建模等诸多领域。数据可视化是美学和工程科学相结合的产物，往往需要利用创造性的艺术设计来呈现沉闷繁冗的数据。数据可视化一般以图形或图像的形式进行信息传递或隐喻，其表达的含义能够比文字和语言都更为深刻、形象，完全能够满足信息传递的要求。

数据可视化(Data Visualization) 和信息图形化(Infographics)是两个相近的专业术语。狭义上的数据可视化指的是将数据用统计图等方式进行呈现，广义上则指利用图形、图像等具有特殊视觉效果的表现形式实现信息、隐喻及科学计算等数据内容的传递、呈现，而信息图形化则是专指对信息进行图形化表示的方法和手段。一般情况下，人们在面对数据可视化与信息图形化这两个概念时不做特定区分，而是依据使用习惯进行使用。

1.1.2 数据可视化的意义和作用

广义上来说，数据可视化并非计算机应用时代的特有产物。从人类认知的角度看，凡是能够被认知的事物、关系或法则均可以表示为数据，而不仅仅局限于数字化时代的数字信息。数据可视化是一个生成图形和图像的过程，也可以说是人类对数据所代表含义形成认知的过程。而数据可视化技术的研究则是强调在当前以互联网、大数据、人工智能等核心技术引领的时代，要达到和实现某种数据可视化目标所需要采取的方式、方法或技术手段，该项技术的实现一般会对应计算机领域的某种工具或算法。对于数据可视化而言，其最终目的是对事物规律进行深入剖析和形象化表示，涉及事物的发现、决策、解释、分析、探索和学习等多方面任务。因此，数据可视化也可以简明地定义为"通过可视表达增强人们完成某些任务的效率"。

从信息加工的角度看，丰富的信息将消耗大量的注意力，从而需要有效地分配注意力。精心设计的可视化图像或图形本身就是一种特有的数据存储形式，使得人们可以方便地浏览或观察出其中内在的信息。由于这一过程采取了对人的视觉较为友好的方式，整理数据和获取信息过程效率较高，同时通过一些特殊化的设计(比如通过特殊加工融入更多数据元素，以及通过图形化整合吸引观察者将他们的注意力集中到重要目标上)，也能够让这种信息传递更加高效，从而实现大量内在数据通过人类视觉从外部存储介质到人类大脑的直线传递。

数据可视化的作用体现在多个方面，如解释想法和关系，形成论点或意见，观察事物演化的趋势，总结或积累数据，存档和汇总，传播知识和探索性数据分析等。从宏观角度看，数据可视化的作用主要体现在以下三个方面。

1. 生动、直观的表现形式

数据可视化首先强调的是一种生动、直观的数据表现形式，这一过程中可以融入一些创造性、艺术性或美学等元素，而不是基础的和呆板的数据展示。举例来说，一个简单的数据报表目前已经不能归类为数据可视化的范畴，只有采取一些生动、活泼，能够让用户进行直观视觉体验且具有一些特殊效果的图形和图像才能归类为数据可视化。

图 1-1-1 给出了某企业生动直观的销售数据分析图，从中可以直观地看出该企业出口业务量在 2006~2011 年间不断收窄，而内销业务量则逐年递增，特别在 2011 年增长比例较大。一张可视化图可以将各类数据及其含义以生动形象的方式展现出来。

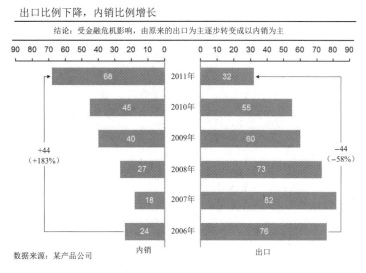

图 1-1-1 某企业生动直观的销售数据分析

2. 方便推理和分析

数据可视化能显著提高数据分析的效率，其重要原因是它扩充了人脑的记忆，帮助人脑形象地理解和分析所面临的任务。图 1-1-2 展示了两个图形化计算的例子。

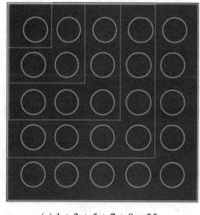

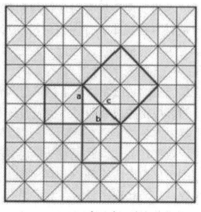

(a) $1 + 3 + 5 + 7 + 9 = 25$ (b) $c^2 = a^2 + b^2$

图 1-1-2 奇数和的可视化与勾股定理的图形化证明

由于可视化可以清晰地展示证据，它在支持上下文理解与数据推理方面也有独到的作用。1831 年，欧洲大陆爆发霍乱，当时主流理论认为是毒气或瘴气引发了霍乱。英国医生 John Snow 通过研究发现病例发生地点与取水有关系，并将病例所在位置以及水井的具体位置在地图上进行了标示(见图 1-1-3)，结果发现 73 个病例离宽街较近，在停用该水井后霍乱得以平息。

图 1-1-3 1854 年 John Snow 的伦敦霍乱患者分布图

3. 知识与数据的承载与传播

有些情况下，数据可视化的目标并非是简单地进行数据呈现，数据可视化所得出的图形或图像作品本身就可能直接作为知识承载的媒介，随着图形或图像的传递而进行知识的传播。这类数据可视化作品已经将知识本身融入其可视化图形或图像之中，此后随着该图形或图像的传播，也就实现了其所承载知识的传递。

图 1-1-4 是俄罗斯科学家门捷列夫(1834 年 2 月 7 日—1907 年 2 月 2 日)制作的元素周期表，这一图表的独特之处在于其揭示了化学元素的周期性，即元素周期律，并以此预见了一些尚未发现的元素。他的伴随着元素周期律而诞生的名著 ——《化学原理》，影响了一代又一代的化学家。然而，真正第一位发现化学元素有一定规律的是英国化学家纽兰兹，在 1865 年他把元素进行反复排列，发现第八个和第一个元素性质相近，并称其为"八音律"，然而他没有继续研究元素之间的规律。直到元素周期表出现，才真正揭示了化学元素周期变化的规律。元素周期表本身就是一个典型的数据可视化作品，起到了承载并传播元素周期律等相关知识的载体的作用。

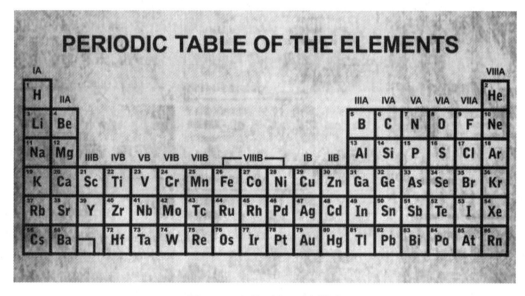

图 1-1-4 门捷列夫元素周期表

1.2 历史与演进

数据可视化技术的发展史与测量、绘画、人类现代文明的启蒙和科技的发展一脉相承，在地图、科学与工程绘图、统计图表中，可视化理念与技术已经应用和发展了数千年，并不断发挥指引人类科技发展的作用。追本溯源，数据可视化技术的演进路线可以归结为以下几个主要阶段。

1.2.1 抽象图形表示

人类采用抽象图形表示的方法进行数据可视化作品的设计，其根源可以追溯到穴居人所在的旧石器时代。图 1-2-1(a)是肖维特洞穴壁画，该洞穴位于法国南部的阿尔代什省，根据考古鉴定壁画制作时间为旧石器时代前期，即 3～3.2 万年前。这些壁画清晰地描述了当时人类所处的环境及狩猎方式等具体信息。

(a) 肖维特洞穴壁画　　　　　　　　　(b) 古埃及象形文字

图 1-2-1　旧石器时代的壁画与古埃及象形文字

图 1-2-1(b)是古埃及人使用的象形文字，时间为公元前 3000 年，其中的文字主要描绘当时人们的生产、生活和宗教。这些独特的书写方式，在当时就已经被广泛使用，发挥出信息传递的作用。

抽象图形表示法在古代人类社会及人类历史进步过程中发挥了不可磨灭的作用。图 1-2-2(a)为阴阳八卦的简图，出现在距今 8000～4000 年之间，它提出了万物阴阳交替及相互转化的基本原理；图 1-2-2(b)为五行相生相克关系简图，最早出现在 4000 年前的夏朝初期，此后与阴阳理论结合构成阴阳五行学说。阴阳五行的抽象图形表示在此后的几千年内一直被沿用，在哲学、宗教、文化、天文、军事、医学中均有所应用。

(a) 阴阳八卦简图　　　　　　　　(b) 五行相生相克关系图

图 1-2-2　阴阳八卦简图与五行相生相克关系图

1.2.2 科学可视化的发展

将抽象图形表示方法进一步扩展，引入分析几何、测量学、制图学等原理，就形成了一个新的领域，即科学可视化。能够对科学计算领域的问题进行量化模拟并形成简明有效的可视化作品。科学可视化是可视化领域最早、最成熟的跨学科研究与应用领域。科学可视化面向的领域主要是自然科学，如物理、化学、气象气候、航空航天、医学、生物等各个学科。

图 1-2-3 为公元前 6200 年的人类生活空间抽象地图表示，可以清楚地看出不同区域之间的关联。图 1-2-4 则展示了公元 7 世纪的敦煌星图，这也是世界上现存古星图中星星数量较多且较为古老的一幅，星的位置误差在 1.5°～4°，星图的绘制采用了圆柱和方位投影法。敦煌手绘星图的画法也是现代星图的鼻祖。

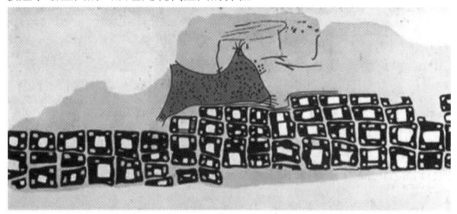

图 1-2-3 公元前 6200 年的抽象地图表示

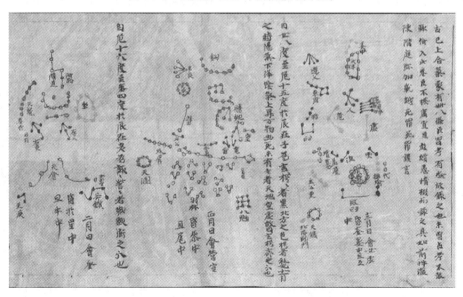

图 1-2-4 敦煌星图——最早的手绘星象图

17 世纪以后，物理学等科学领域持续发展，人类已经掌握了精确的观测技术、设备和相关理论，使得航空、测绘、制图和地理勘测获得了空前发展。真实性的测量数据被直接应用于数据可视化领域，进而引发了科学可视化技术的发展。图 1-2-5(a)是史上首幅天气图，显示了地球风场分布，是向量可视化的鼻祖；图 1-2-5(b)是采用等值线方法在地图上绘制的等磁线。

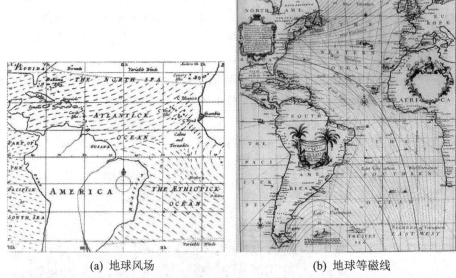

(a) 地球风场　　　　　　　　　　　　　(b) 地球等磁线

图 1-2-5　1686 年绘制的地球风场分布图与 1701 年绘制的地球等磁线可视化

1.2.3　统计图表的爆发

18 世纪是统计图形学的繁荣时期，其奠基人 William Playfair 发明了折线图、柱状图、显示局部与整体关系的饼图等常用的统计图表。图 1-2-6(a)是丹麦与挪威在 1700～1780 年间的贸易进出口时间序列图，图 1-2-6(b)为 1789 年土耳其在亚洲、欧洲和非洲的疆土比例，是世界上首张利用饼图进行数据可视化的案例。

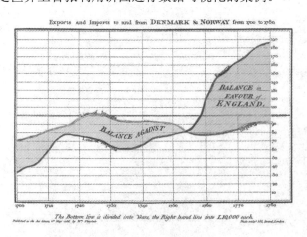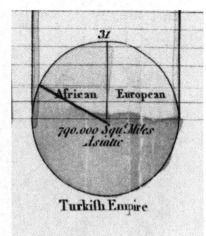

(a) 进出口时间序列图　　　　　　　　　(b) 土耳其在各州疆土比例

图 1-2-6　丹麦与挪威在 1700～1780 年间的贸易进出口时间序列图
与 1789 年土耳其在亚洲、欧洲和非洲的疆土比例

19 世纪下半叶，系统地构建数据可视化的条件日渐成熟，进入了统计图形学的黄金时期。法国人 Charles Joseph Minard 成为将数据可视化应用于工程和统计的先驱者，其绘制的 1812～1813 年拿破仑进军莫斯科大败而归的历史事件流图，如实地呈现了军队的位置、行军方向、军队集散地点及减员情况等信息，如图 1-2-7 所示。

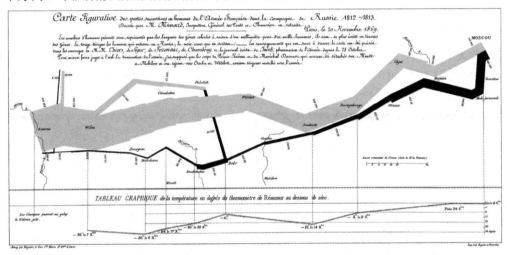

图 1-2-7　1812～1813 年拿破仑进军莫斯科历史事件的可视化流图

1.2.4　数据与艺术的有机结合

图 1-2-8 展示了 1857 年近代护理事业创始人南丁格尔创作的玫瑰图，其主要目的是减少枯燥的统计数据的使用，将统计形式变换为容易让人理解的圆形直方图的形式，该玫瑰园主要用来表达军队医院的季节性死亡率。玫瑰图的发明充分表明了数据可视化的重要作用和意义。尽管统计数据本身具有意义，然而其表现和表达形式更加重要，如何高效地向其他人员展示出统计结果是数据可视化所要解决的主要问题。

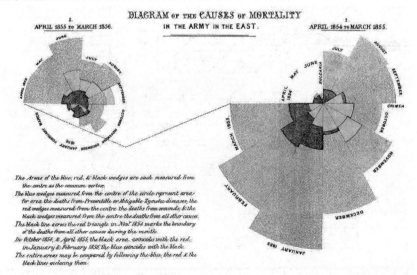

图 1-2-8　1857 年近代护理事业创始人南丁格尔创作的玫瑰图

　　地铁线路图是典型的数据可视化案例,它能将复杂的线网图和站点信息清晰有效地传达给乘客。然而,地铁线路图事实上可能并不是真实地理信息的缩小版映射,而是一幅扭曲了的地图。世界上最早的地铁诞生于 1863 年的伦敦,而现今世界各地的地铁线路图一般衍生于 1931 年的伦敦地铁图。早期的地铁线路图要求与实际地理位置准确对应,导致地图的显示极其凌乱,如图 1-2-9(a)所示,直到 1926 年才出现了通过一定设计偏差让地铁线路图变简洁的办法,如图 1-2-9(b)所示。随后,制图师 Harry Beck 进一步摆脱了真实地理的局限,让地铁线路向水平、垂直或对角线方向延伸,制成了 1931 年的伦敦地铁图初稿(见图 1-2-10),整幅图整洁、清晰、美观。此后这一方法在地铁线路图设计中一直被借鉴,沿用至今。

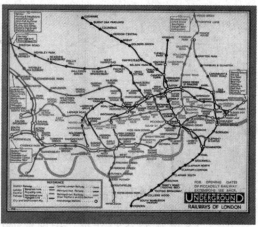

(a) 1926 年前   (b) 1926 年

图 1-2-9　1926 年之前的伦敦地铁线路图和 1926 年的简化版伦敦地铁线路图

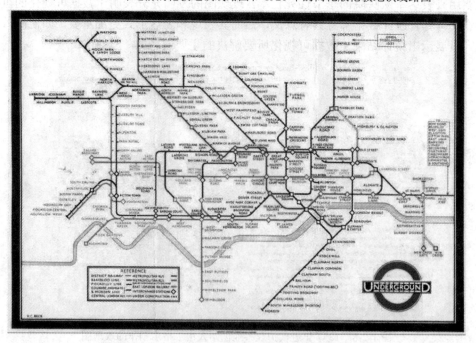

图 1-2-10　1931 年 Harry Beck 绘制的伦敦地铁线路图

1.2.5 交互可视化、信息可视化与可视化分析

20 世纪 70 年代以后，桌面操作系统、计算机图形学、图形显示设备、人机交互等技术的发展激发了人们编程实现交互可视化的热情，可视化处理范围从简单的统计数据扩展为更复杂的网络、层次数据库、文本等非结构化与高维数据。与此同时，高性能计算、并行计算的理论与产品正处于研究阶段，并催生了面向科学与工程的大规模计算方法。数据密集型计算开始走上历史舞台，也造就了对于数据分析和呈现的更高需求。

随着科学与工程计算的不断发展以及数据量的增加使得数据的分析和理解更加复杂化，统计图形学者们为促进对数据的深入理解，将数据可视化技术引入统计分析，于 1975 年以后陆续出现了多种新型的可视化数据工具，如图 1-2-11(a)所示的增强散点图(三条移动统计均线)和图 1-2-11(b)所示的散点图矩阵，以及图 1-2-12 所示的高维数据平行坐标表示方法等。

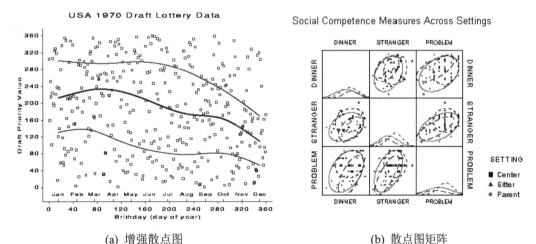

(a) 增强散点图   (b) 散点图矩阵

图 1-2-11 增强散点图(三条移动统计均线)与散点图矩阵

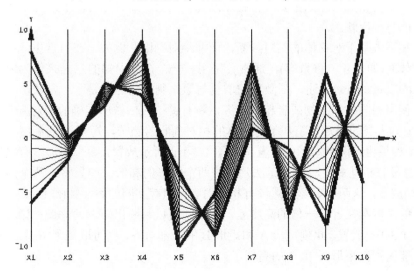

图 1-2-12 用于高维数据的平行坐标

信息可视化是 20 世纪 80 年代以后才出现的可视化技术，是可视化技术在非空间数据领域的应用，是将数据信息转化为视觉形成的过程。信息可视化可以增强数据呈现效果，让用户以直观交互的方式实现对数据的观察和浏览。信息可视化处理的对象是抽象的、非结构化的数据集合(如文本、图表、层次结构、地图、软件、复杂系统等)。传统的信息可视化起源于统计图形学，又与信息图形、视觉设计等现代技术相关。其表现形式通常为二维空间形式，因此信息可视化的关键问题是在有限的展现空间中以直观的方式传达大量的抽象信息。与科学可视化相比，信息可视化更关注抽象、高维、不具有空间位置属性的数据，因此要根据特定数据分析的需要，分别确定数据元素在空间的布局。

进入 21 世纪，原有的可视化技术已经难以应对海量、高维、多源和动态数据的分析挑战，需要综合可视化、图形学、数据挖掘理论与方法，研究新的理论模型、新的可视化方法和新的用户交互手段，辅助用户从大尺度、复杂、含有不确定性因素的数据中快速挖掘出有用的信息，为日后的决策提供辅助支持。这一过程发挥了数据可视化对问题分析的辅助决策作用，其核心和基础是依据可视化方法，增强分析推理、决策及解决实际各类科学技术和工程实际问题的能力。可视化分析综合了图形学、数据挖掘和人机交互等多种技术，也是利用数据可视化手段辅助问题分析和解决的一贯做法在以信息化、互联网、大数据和人工智能等为代表的新形势下的表现形式。

1-3.mp4

1.3　视觉与认知

1.3.1　视觉感知

感知是指客观事物通过人的感觉器官在人脑中形成的直接反映。我们现实中常见的感觉器官有眼、耳、鼻、神经末梢等，相应的感知能力分别称为视觉、嗅觉、听觉和触觉等。其中与可视化密切相关的感知主要是指视觉感知。视觉感知就是客观事物通过人的视觉在人脑中形成的直接反映。

人类感知系统基于对物体的相对判断，而非绝对判断。例如，在日常生活中，我们在描述一个物体时(如尺寸、重量等)，通常会采用另一个众所周知的物品来作为参照物。正如韦伯定律(Weber's Law)所述，刺激物的增量与原来刺激物之比是一个常数。也就是说如果两个物品使用相同的参照物或者相互对齐，将有助于人们做出准确的相对判断。

图 1-3-1 为人类的感知系统基于对物体的相对判断的例子，矩形 B 的高度大约是矩形 A 的 1.3 倍。如果将这两个矩形的位置按如图 1-3-1(a)所示放置，两个矩形没有共同的参照物(线框)，也没有相互对齐，此刻无法判断这两个矩形的高低；如果将这两个矩形的位置按图 1-3-1(b)放置，这两个矩形虽然没有相互对齐，但有共同的参照物(线框)，由于矩形上部未被填充的区域存在近乎一倍的高度差，此刻就可以判断出矩形的高低；如若两个矩形的位置按图 1-3-1(c)放置，此刻矩形 A 和矩形 B 的底部对齐，则可取矩形 A 作为矩形 B 的参照物，就能区别出矩形 A 和 B 的高低了。

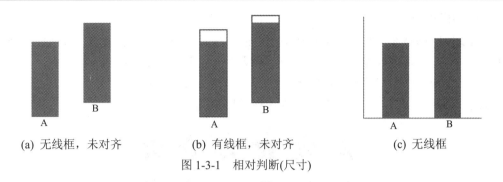

(a) 无线框，未对齐　　　　　(b) 有线框，未对齐　　　　　(c) 无线框

图 1-3-1　相对判断(尺寸)

1.3.2　视觉认知

在科学领域中，所谓的认知就是包含注意力、记忆，产生和理解语言，以及进行决策的心理过程的组合。认知心理学将认知过程看成由信息的获取、分析、归纳、解码、储存、概念形成、提取和使用等一系列阶段组成的按一定程序进行的信息加工系统。

格式塔理论诞生于 1912 年。它强调经验和行为的整体性，反对当时流行的构造主义元素学说和行为主义"刺激—反应"公式，认为整体不等于部分之和，意识不等于感觉元素的集合，行为不等于反射弧的循环。其核心理论是，人们总是先看到整体，然后再去关注局部，人们对事物的整体感受不等于局部感受的相加，视觉系统总是在不断地试图在感官上将图形闭合。

在诸多认知方式当中，格式塔原理是相当关键的一种，无论在日常生活还是用户界面设计当中，都是相当常见的一种认知机制。人们在感知复杂的对象的时候，会有意识或者无意识地将它们纳入到一个有组织的系统当中，而不是简单地将其视作对象的集合，这就是格式塔原理的基础。格式塔原理可以适用到不同层次的认知当中，有的是显性的，有的是隐性的，但是最有趣的是可视化的部分，也就是设计师借助这种原理所创造出来的各种设计。在可视化设计过程中，需考虑以下几种基于格式塔理论的认知原则。

1. 接近性原则

接近性原则指的是人们对于彼此接近的事物、元素，倾向于认为它们是相关的一种认知倾向。所以，面对数据，我们会将数据和不同的对象按照各种方法将它们分组，使接近的元素组织到一起。如图 1-3-2 所示，只要这些元素足够靠近，人们也更加倾向于认为这些元素是相关的。

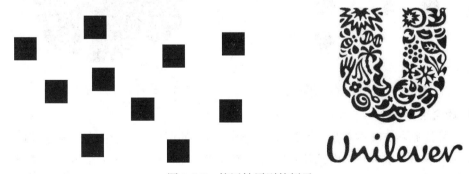

图 1-3-2　接近性原则的例子

2. 相似性原则

相似性原则是基于共同的视觉特征出发的，如具有相似形状、大小、颜色、纹理、价值取向的东西，将被视为一类东西的。这意味着，如果一个人感知到一组元素，会倾向于把具有一个或多个相似视觉特征的那些组合作为相关项目。如图 1-3-3 所示，我们容易把它看成 5 行星星和圆，而不会把它看成 6 列星星和圆。

图 1-3-3　相似性原则的例子

3. 连续性原则

如果一个图形的某些部分可以被看作是连续在一起的，那么这些部分就相对容易被我们视为一个整体。这就意味着人们倾向于知觉连贯或连续流动的形式，而不是断裂或者不连续的形式。如图 1-3-4 所示，我们容易把它看成一个图形，而不是把它看成零碎分布着的圆。

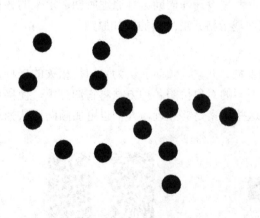

图 1-3-4　连续性原则的例子　　　　　图 1-3-5　闭合性原则的例子

4. 闭合性原则

闭合性原则指有些图形是一个没有闭合的、残缺的图形，但主体有一种使其闭合的倾向，即主体能自行填补缺口而把其知觉为一个整体，也就是说用部分形成一个主题。如图 1-3-5 所示，你看到了一只大熊猫，即使它是由一些随意的、不闭合的图形组成的。

5. 简单性原则

人们对一个复杂对象进行知觉时，只要没有特定的要求，就会倾向于把对象看作是有组织的简单的规则图形，这就是简单性原则，意味着当面对具有复杂的形状时，我们更加倾向于对其重新进行组织，使复杂对象成为一个更加简单的组件或是一个简单的整合。如图 1-3-6 所示，我们可以看到这个图片是由三角形和矩形组合成的，而不是复杂的模糊的形状。

图 1-3-6　简单性原则的例子

6. 共势原则

如果物体沿着相似的光滑路径排列或具有相似的排列模式，人眼会将它们识别成一类物体。如图 1-3-7 所示，在很乱的字母排列中，人们很容易会看到中间的一段英文。

图 1-3-7　共势原则的例子

7. 好图原则

好图原则是指人眼通常会将一组物体按简单、规则、有序的元素排列方式进行识别。如图 1-3-8 所示，尽管左图元素较多，也同样被视作五环。

图 1-3-8　好图原则的例子

8. 对称原则

对称原则是指人的意识倾向于将物体识别为沿某点或某轴对称的形状，如图 1-3-9 所示。

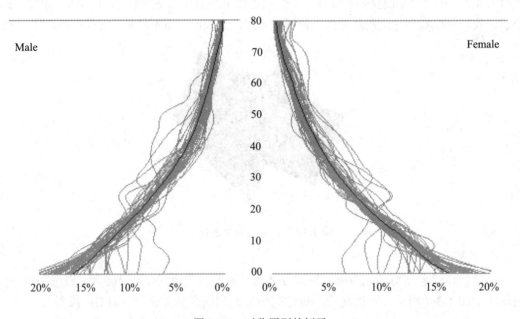

图 1-3-9　对称原则的例子

9. 经验原则

在某些情形下，视觉感知与过去的经验有关。过去的经验是独一无二的个体，所以人们依据过去的经验很难做出新的假设和新的感知。如图 1-3-10 所示，根据前后排列的不同，中间可能是 B，也可能是 13，而根据过去的经验，我们会认为左边的图内元素为 B，右边的图内元素为 13。

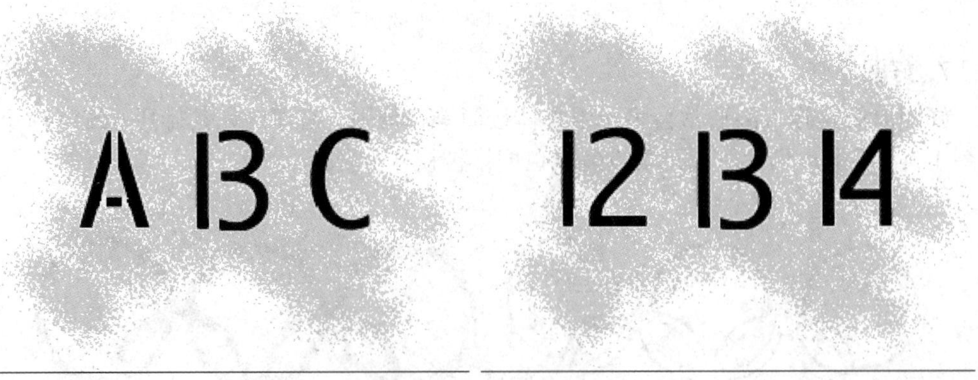

图 1-3-10　经验原则的例子

1.4 数据可视化与知识发现的关系

1.4.1 数据科学的发展

"数据科学"与"大数据"是两个既有区别又有联系的术语,可以将数据科学理解为大数据时代的一门新科学,是以揭示数据时代,尤其是大数据时代中新的挑战、机会、思维和模式为研究目的,由大数据时代新出现的理论、方法、模型、技术、平台、工具、应用和最佳实践组成的一整套知识体系。

数据究竟是什么,人们为何需要获取和研究它,它有什么用途。对于这些疑问,DIKW(data,information,knowledge,wisdom)理论体系可以帮助我们很好地理解。DIKW理论认为数据并不是孤立的,而是与信息、知识、甚至是人的理解力与智慧之间具有一些内在的、有机的和必然的联系。而这些联系甚至可以用一种层次化的模型加以表述,即 DIKW 框架(图 1-4-1),它能够很好地解释数据、信息、知识和智慧之间的层次关系与联系。

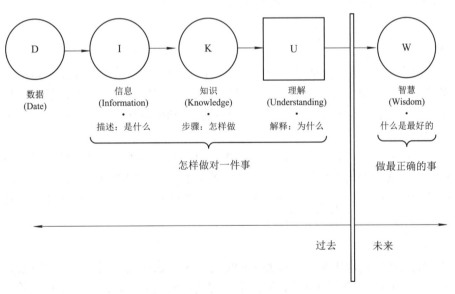

图 1-4-1 DIKW 层次结构模型

DIKW 的思想最初是由英国诗人托马斯·斯特尔那斯·艾略特在其作品《岩石》(1934)中提出,其原文是"Where is the wisdom we have lost in knowledge?","Where is the knowledge we have lost in information?"意思为"在知识中隐藏着的智慧在哪里?","在信息中隐藏的知识在哪里?"。这被看作是对于信息、知识、智慧之间关联的最早描述。此后,不断有更多的研究者对这三者之间的关联做出进一步地探索和完善,同时也发现人类日常接触的各类数据对于各类信息处理的重要意义。在计算机出现和普及以后,数据不仅仅局限于作为单纯计算的素材,还作为信息、知识和智慧的源泉和动力,从而逐步形成了当今的 DIKW 理论体系和以此为基础建立的数据科学。

1. 数据

数据(Data)可以是数字、文字、图像、符号等，它直接来自事实，可以通过原始的观察、度量或模数转换来获得。所谓原始数据只是一个相对的概念，数据处理可能包含多个阶段，由一个阶段加工的数据可能是另一个阶段的原始数据。数据可以是定量的，也可以是定性的，比如客户满意度调查中用户反馈的意见就是定性数据。

尽管数据的存在形式可以多种多样，比如电子表格，但数据本身并不包含任何潜在的意义。例如，服务台每个月收集到 5000 个故障单，这些故障单仅仅表示数据的存在，本身没有意义，并不能代表任何东西。

2. 信息

信息是被赋予了意义和目标的数据。信息和数据的区别在于信息是有意义和有用的，可以回答诸如谁、是什么、哪里、多少、什么时候等问题，因此信息可以赋予数据生命，帮助用户决策或行动。进一步讲，信息可以采用描述的方式定义知识。

通过对电信服务故障单的分析处理，可以得知是谁在使用服务台，他们遇到的是故障还是服务请求，哪些客户遇到了故障，他们遇到的是什么故障等。进一步的分析可能会发现，大约 35%的呼叫是简单的问题咨询，15%的呼叫是网络故障，10%是 ERP (Enterprise Resource Planning，企业资源计划)系统故障等，这些构成了服务台所接受的服务请求信息。

3. 知识

如果说数据是一个事实的集合，从中可以得出关于事实的结论。那么知识(Knowledge)就是信息的集合，它使信息变得有用。知识是对信息的应用，是一个对信息判断和确认的过程，这个过程结合了经验、上下文、诠释和反省。知识是被处理过、组织过、应用过或付诸行动的信息。

知识可以回答"如何？"的问题，可以帮助我们建模和仿真。知识是从相关信息中过滤、提炼及加工而得到的有用资料。特殊背景或语境下，知识将数据与信息、信息与信息在实践中的应用之间建立起有意义的联系，它体现了信息的本质、原则和经验。此外，知识基于推理和分析，还可能产生新的知识。

4. 智慧

智慧，是人类所表现出来的一种独有的能力，主要表现为收集、加工、应用、传播知识的能力，以及对事物发展的前瞻性看法。智慧是在知识的基础之上，通过经验、阅历、见识的累积，而形成的对事物的深刻认识或远见，体现为一种卓越的判断力。

智慧是启示性的，本意是知道为什么，知道如何去做。智慧与信息的区别等价于为什么和为什么是的区别。在知识与智慧之间存在一种状态：理解，它是一种对为什么的欣赏，而智慧则是被评估过的理解。智慧可增加认知的有效性和价值，它蕴含的伦理和美学的价值与主体一脉相承，并且是独特和个性化的。

1.4.2　知识发现与数据可视化的结合

知识发现和数据可视化技术，虽都与计算机相关学科有着密切的联系，但却是两个相互独立的研究领域。不过它们又彼此密切相关，知识发现过程需要数据可视化技术的支持，而数据可视化分析本身就是发现知识的过程。目前，在一般的知识发现系统中，对可视化技术而言，其内容是已知的，只是将挖掘的中间结果或最终结果显示出来，完成人机交互的信息传输功能；在一般的数据可视化系统中，内容是未知的，用户是一个分析研究者，系统则将数据以可视的形式表现出来，协助用户获得观察的结果。如果将知识发现和可视化技术相结合，形成可视化数据挖掘系统，则有利于人们从海量数据中提取各种信息。

目前比较有影响的知识发现系统有：IBM 公司开发的 Intelligent Miner，SAS 公司的开发的 Enterprise Miner，SGI 公司的开发的 MineSet，Thinking Machines 公司开发的 Darwin，Integral Solutions Ltd.公司开发的 Clementine，SPSS 公司开发的 Clementine，IBM Almaden 研究中心开发的 Quest 系统等。数据可视化的软件产品在近几年中发展很快，出现了许多新的可视化算法和可视化图形显示技术，如产生了平行坐标(parallel coordinates)、带状图(ribbons)、多维堆垛(demensional stacking)等多种多维可视化技术；也涌现出许多功能强大的可视化工具系统，可以对多维数据进行可视化，并观看不同层次的细节。其典型产品有 IBM 的 Visualization Data Explorer，SGI 公司的 Explorer，Information Technology Institute 公司的 WinViz、AVS/Express 开发版、IDL(包括 VIP、ION)、PV-WAVE、Khoros、SciAn 等。它们可以提供多平台的交互式多维可视化软件开发和集成环境，但它们的分析功能很弱。如果将知识发现的许多技术和方法集成到可视化软件系统中，会有利于促进可视化技术的发展和应用。例如，可以利用挖掘算法中的降维技术先将多维空间中的一些次要的、不重要的数据维去掉，只保留那些重要的、隐含高质量有用信息的维(变量)，然后再利用可视化技术将其表现出来，其效率将大大提高。

本 章 小 结

本章首先介绍了数据可视化的概念、意义和作用；接着通过系统性地分析数据可视化的历史与演进过程，详细阐明了抽象图形表示、科学可视化的发展、统计图表的爆发以及交互可视化与可视化分析等的概念和方法，使学习者对数据可视化的概念和意义有一个系统性的了解。然后介绍了人类视觉与认知对可视化的作用；最后通过 DIKW 模型阐述了数据、信息、知识和智慧之间的关系，并进一步阐明数据可视化与知识发现的关系。

习 题

1. 简述数据、信息和知识之间的联系和区别。
2. 列举几个格式塔理论的原则。
3. 下图为杭州市某出租车运营公司的大数据展示图，试说明这一图示符合数据可视化的什么作用。

图 1-e-1

4. 下图是用于说明手机不同应用使用量在南非和美国两大地区之间的对比图,通过这一图示,可以获取哪些信息?

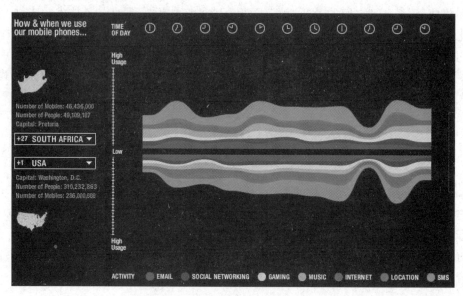

图 1-e-2

第2章　可视化的图形基础

计算机图形学是科学数据可视化的基础。实际上，可视化就是将数据转化为图形元素(图元)，再由计算机图形学的方法将这些图元转换为图片或动画的过程。本章将围绕计算机图形学的基本原理和方法进行讨论。

2.1　图　形　渲　染

2.1.1　概念

简单地说，计算机图形学是研究利用计算机生成图形图像的过程学科。利用计算机绘制图形图像的过程有多种类型，可以是 2D 绘制程序也可以是复杂的 3D 技术。渲染(Rendering，又称绘制)是将图形数据转换成图像的过程。在数据可视化中，渲染的目标是将数据转换成图形数据或图形原语。具体的转换过程除了要考虑物体的形状、位置、颜色等属性之外，还必须考虑到光线等因素。

人们观察物体时，光线会从光源向四面八方发射，其中一部分入射光线被物体表面吸收，另一部分则形成反射，而其中部分反射光送至观察者眼睛的方向，从而使观察者"看到"了这个物体。三维计算机图形通过对光线传播路线的模拟，形成一种光线跟踪技术，可以跟踪每个物体的路径模拟光与物体的相互作用，当光线与物体相交时，则交点被点亮，反之如果光线在到达光之前与其他物体相交，那么光线就不会照亮这一点。对于多个光源，不断重复这个过程，同时加上任何环境散射光、漫射光等，即可模拟出物体的亮度属性。光线跟踪方法需要考虑到每条光线的传播，因此计算起来相对较慢，一般需要依赖于硬件来改善计算效率。

2.1.2　方式

1. 像序渲染与物序渲染

渲染过程可以分为两种类别：像序(图像顺序)渲染和物序(物体顺序)渲染。光线跟踪方法是一个典型的像序渲染过程，它通过确定每一条光线的传播路径最终绘制出物体的形态。比如要绘制一幅谷仓的图片，采用像序渲染方法，可以从画布的左上角开始，每次确定一个像素的颜色，然后向右移，直至画布边缘，然后开始下一行的绘制。完成整幅图像后，一幅完整的谷仓图片即可呈现在眼前。

相比较而言，物序渲染更加符合人类的思考方式和工作习惯。在进行谷仓场景的绘制时，系统会按场景中物体的顺序逐一进行绘制，比如先画天空，然后加入地面，再画谷仓，确定物体顺序时可以采用从左到右或从上到下的顺序。

2. 表面绘制与体绘制

一般情况下，人们在观察物体时只是通过光线的作用看到其表面承载的信息，因此在渲染物体的时候，采用表面绘制的方法就能够在计算机中良好地模拟出物体的表现形态。如点、线、三角形、多边形或二维和三维样条。不描述物体的内部，或者仅从表面表示(即物体的边界)隐式地表示出物体形态的方法即为表面绘制。

然而，一些常见的物体是半透明的，比如云、水和雾。这样的对象不能使用完全基于表面交互的模型来渲染。必须考虑对象内部变化的属性来适当地渲染它们。这种考虑了物体内部信息进行渲染的方法，称为体绘制。体绘制技术使我们能够看到物体内部的不均匀性，与通过 X 射线进行扫码所产生的 CT(Computed Tomography，电子计算机断层扫描)图像类似，能够反映物体内部的性质。

2.1.3　应用示例

可视化工具箱是 Kitware 公司出品的科学计算可视化软件库，具体包括 VTK、Mayavi、TVTK 等几个组成部分。在进行工具箱的安装时，可以在命令提示符下利用以下命令进行安装：

pip install PyQt5 VTK mayavi

如此即可利用 pip 工具完成对相关的 VTK、mayavi、PyQt5 等软件包的安装，安装过程中也会自动检测和安装其他必须的软件包，如 numpy、traits 等。然而这种安装方法会选择安装最新软件包，这些新版本的软件鼓励大家有机会去单独尝试，同时新的版本也能够支持如 Python3.8 和 Python3.9 等新型 Python 环境。然而从功能稳定性来看，推荐使用经过验证的稳定的版本，而不是盲目安装最新版本。可以选择指定版本的安装方法，在命令提示符下利用如下几行命令：

pip install pyqt5

pip install vtk==8.1.2

pip install mayavi==4.6.2

这样会安装 8.1.2 版本的 VTK，4.6.2 版本的 Mayavi，适用于 Python3.6 和 Python3.7。属于目前经过验证的稳定版。

下面利用表面绘制的方法完成一个高度图(Elevation plot，又称高程图)的绘制。从空间表现形式看，高度图由不同高度的空间点构成。因此，严格来说应该绘制$(x, y, 0)$到(x, y, z)之间所有点，然而，现实之中只需要取边界的表面 $z = f(x, y) = e^{-(x^2+y^2)}$，则高度图由曲面上的坐标点$(x, y, f(x, y))$构成。如程序 2-1-1 所示，采用 Mayavi 中的 mlab 图形库所提供的表面绘制功能，即可完成高度图的绘制。

程序 2-1-1　$f(x, y) = e^{-(x^2 + y^2)}$ 的高度图绘制

```python
import numpy as np
import mayavi.mlab as mlab
def f(x, y):
    return np.exp(-1*(x**2+y**2))


x, y = np.mgrid[-2:2:0.05, -2:2:0.05] #80x80
s = mlab.surf(x, y, f)
    mlab.show()
```

　　程序中采用了 80×80 的采样点进行高度图的绘制，图 2-1-1 为其绘制结果，其正面视图展示了利用表面绘制方法显示的高度图，从反面视图可以看出利用表面绘制出的三维立体形状的内部状态效果。

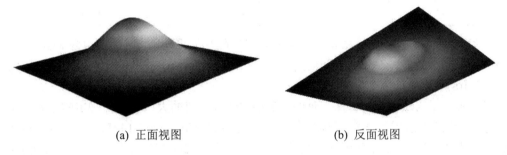

(a)　正面视图　　　　　　　　　　　　　(b)　反面视图

图 2-1-1　采样点为 80×80 的 $f(x, y) = e^{-(x^2 + y^2)}$ 高度图

2.2　颜色与光照

2.2.1　颜色

　　人类所能看到的电磁光谱的波长为 400～700nm。进入我们眼睛的光由这些波长的不同强度组成。人眼有三种感觉颜色的神经，分别用于感知展示 400～700nm 波长范围的不同子集的光。而现实世界的颜色则是这三种基本色(红、绿、蓝)的混合编码，这就意味着可以使用简化的形式在计算机中存储和表示颜色。

　　RGB 系统通过红色(Red)、绿色(Green)和蓝色(Blue)的强度进行颜色编码，而 HSV 系统基于色调(Hue)、饱和度(Saturation)和值(Value)来表示颜色，其中值分量也被称为亮度或强度分量，并表示颜色中有多少光。0 的值总是给出黑色，1 的值会给出一些明亮的东西。色调代表颜色的主要波长，使用从 0 到 1 的范围，其中 0 对应色调圆上的 0 度，1 对应 360 度。饱和度表明有多少色调混合到颜色中。例如，1 表示一个明亮的颜色，而色调设置为 0.66，可以给我们一个主要的蓝色波长。现在，如果把饱和度设置为 1，颜色将是明亮的初级蓝色。如果把饱和度设置为 0.5，颜色将是天蓝色，蓝色与更多的白色混合在一起。

如果将饱和度设置为零，这表明颜色中没有比其他颜色更多的主波长(色调)使得原有色彩由暗淡变为无颜色，即使去了原有的色彩。RGB 与 HSV 颜色对照表如表 2-2-1 所示。

表 2-2-1　RGB 与 HSV 颜色对照表

颜　　色	RGB	HSV
黑色	0,0,0	*,*,0
白色	1,1,1	*,0,1
红色	1,0,0	0,1,1
绿色	0,1,0	1/3,1,1
蓝色	0,0,1	2/3,1,1
黄色	1,1,0	1/6,1,1
青色	0,1,1	1/2,1,1
品红色	1,0,1	5/6,1,1
天蓝色	1/2,1/2,1	2/3,1/2,1

　　绘图函数可以采用 color 关键字作为参数进行颜色的设定，此时的参数为 RGB 的元组数值，如程序 2-1-1 中将 mlab.surf(x, y, f)改为 mlab.surf(x, y, f, color= (0.5,0.5,1))，其结果为图 2-2-1(a)所示的单色图像。

　　另一种是采用颜色图的方法，允许函数根据输入数值的大小和内部确定的色系机制自行确定显示的颜色，这一方法又称为颜色查找表(Look Up Table，LUT)法，其内部色系机制列表如表 2-2-2 所示。如采用其中的冷色系 cool，程序 2-1-1 中的语句改为 mlab.surf(x, y, f, colormap= 'cool')，即可得到图 2-2-1(b)的结果。

表 2-2-2　颜色图法所定义的色系

Accent	Greys	PuGu	RdYlGn	Vega20b	ocean
Blues	OrRd	PuBuGn	Reds	Vega20c	prism
BrBG	Oranges	PuOr	Set1	Wistia	rainbow
BuGn	PRGn	PuRd	Set2	YlGn	seismic
CMRmap	Paired	Purples	Set3	YlGnBu	spectral
Dark2	Pastel1	RdBu	Spectral	YlOrBr	spring
GnBu	Pastel2	RdPu	Vega10	YlOrRd	summer
Greens	PiYG	RdYlBu	Vega20	afmhot	terrain
autumn	bwr	file	gnplot	hot	nipy_spectral
binary	cool	gist_earth	gnuplot2	hsv	viridis
black-white	coolwarm	gist_gray	gist_stern	inferno	winter
blue-rd	copper	gist_heat	gist_yarg	jet	
bone	cubehelix	gist_ncar	gray	plasma	
brg	flag	gist_rainbow	magma	pink	

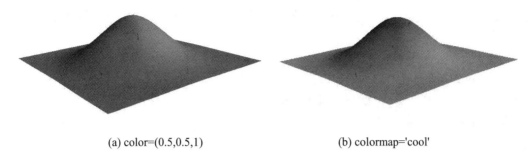

(a) color=(0.5,0.5,1)　　　　　　　　(b) colormap='cool'

图 2-2-1　采用不同颜色传递方法绘制的 $f(x,y) = \mathrm{e}^{-(x^2+y^2)}$ 高度图

2.2.2　光照

Phong光照模型是图形学中一个很有影响力的光照模型，该模型采用一种简单的方式处理光照，只考虑物体对直接光照的反射作用，认为环境光是常量，没有考虑物体之间相互的反射光，物体间的反射光只用环境光表示。

Phong光照模型虽然在计算处理上简单，但是由于同一物体表面的亮度被看成是一个恒定的值，没有明暗的过渡，导致真实感不强。因为简单光照模型假定物体不透明，所以物体表面呈现的颜色仅由其反射光决定。反射光由两部分组成，一是环境反射，二是漫反射与镜面反射。环境反射假定入射光均匀地从周围环境入射至景物表面并等量地向各个方向反射出去，而漫反射分量和镜面反射分量则表示特定光源照射在景物表面上产生的反射光。模型中涉及的各方向向量如图 2-2-2 所示。

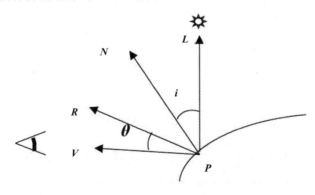

图 2-2-2　Phong 光照模型各方向向量

Phong 光照模型采用纯几何的方式建立光线照射物体的传播线路，其计算公式为

$$I = I_{pa}k_a + \sum(I_{pd}k_d\cos i + I_{ps}k_s\cos^n\theta) \tag{2-1}$$

其中，环境反射光部分，I_{pa} 为环境光亮度，k_a 为物体表面的环境光反射系数；

漫反射光部分，I_{pd} 为光源垂直入射时反射光亮度，i 为光源入射角，k_d 为漫射系数，决定表面材料及入射光的波长；

镜面反射光部分，I_{ps} 为入射光的光亮度，θ 为镜面反射方向和视线方向的夹角，n 为镜面反射光的会聚系数，与物体表面光滑度有关，k_s 为镜面反射系数，与材料性质和入射光波长有关；

$\sum$ 表示对所有特定光源求和，$k_d + k_s = 1$。

在 Phong 光照模型中，从景物表面上某点达到观察者的反射光颜色仅仅与光源入射角和视角有关。其他光照模型还有 Blinn-Phong 光照模型，以及用于模拟粗糙物体表面的 Lambert 漫反射光照模型等。

2.3 视　　角

2.3.1 虚拟相机

数据可视化过程中，需要展现的整个计算机图形所构成的模型就是需要渲染的场景，场景由其中的演员(actor，或一般性地称为物体)及演员所在的背景、光照条件等构成。根据角色表面特性的不同，使得表面的每个点上会产生一些复合颜色(即来自光、物体表面、镜面效果和环境效果的组合颜色)。还须有一个需要渲染但却不可见的重要元素，即虚拟相机，通过相机方位、相机方向和焦点位置等数据来确定 3D 场景如何被投影到平面上以形成 2D 图像(参见图 2-3-1)。默认情况下，相机将其焦点设置为场景中所渲染的主要演员。

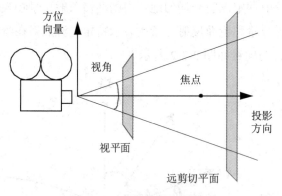

图 2-3-1　虚拟相机参数模型

在相机模型中，从相机位置到焦点的矢量称为投影方向。相机图像平面位于焦点处，并且通常垂直于投影矢量。有了相机和焦点的位置等信息，再加上能够标明向上方位的方位向量，就可以确定相机的完整视图。

投影确定了角色如何映射到图像平面的过程。对于正交投影，其进入照相机的所有光线都与投影矢量平行。对于透视投影，所有光线会穿过一个公共点，此时需要指定透视角或相机视角。近端剪切平面和远端剪切平面分别垂直于投影方向矢量，其中近端剪切平面就是所谓的视平面，可以用于调节场景中的哪些内容出现在显示屏幕之上。对于相机的操作也是通过调节来选取合适的视角，实现场景之中期望内容的投影，也可以通过调整适当的观察角度来实现。事实上，完成场景内容向视平面的投影之后，原有的三维场景已经表现为了 2D 图像，显示在平面的计算机屏幕之上。

对于虚拟相机的控制可以分为 2 种类型，一是焦点位置固定，对相机进行位置变换，包括上拉、下拉(elevation)，方位角向左或右调整(azimuth)，顺时针或逆时针旋转(roll)等。另一类是相机位置固定，调节焦点的位置，可以采取抬升、下降(pitch)，左右偏移变换(yaw)，或旋转(roll)操作如图 2-3-2 所示。

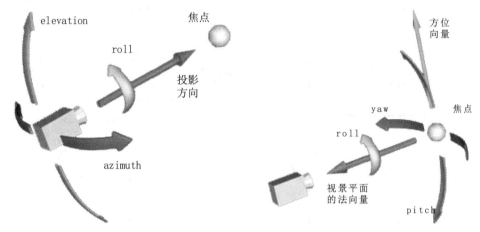

　(a) 围绕焦点的相机移动　　　　　(b) 以相机位置为中心的焦点移动

图 2-3-2　两种类型的虚拟相机控制方法

程序 2-3-1　虚拟相机方位角的调节

```python
from mayavi import mlab
from numpy import random


mlab.imshow(random.random((10, 10)))
f = mlab.gcf()
camera = f.scene.camera
camera.azimuth(30)
mlab.show()
```

具体的相机操作程序如程序 2-3-1 所示，其中展示了方位角调节的方法，采用camera.azimuth(30)实现了相机左转 30 度角的调节，结果如图 2-3-3(b)所示，也可以采用其他相机操作函数，如 camera.pitch(5)为焦点下降 5°，由图 2-3-3(c)可以看出该场景中的角色已经有小部分超出了视平面。

　(a) 原始图像　　　　　(b) 相机方位角移动 30°　　　　　(c) 焦点下降 5°

图 2-3-3　虚拟相机控制结果对比

2.3.2 坐标系

在计算机图形学中通常使用四个坐标系，即模型坐标系、世界坐标系、视图坐标系和显示坐标系。其相互关系及转换如图 2-3-4 所示。

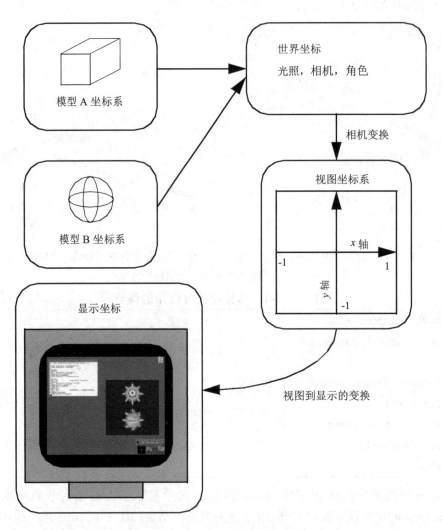

图 2-3-4　四种坐标系变换示意图

模型坐标系是定义模型的坐标系，通常是局部笛卡尔坐标系。比如场景中的角色为一个足球时，会基于足球的几何形状建立坐标系，可能采用英寸或米为单位，而足球可以任选一个坐标轴作为其主轴进行建模。

世界坐标系是演员定位的三维空间。演员的职责之一是从模型坐标转换成世界坐标。每个模型可以有它自己的模型坐标系，但是只有一个世界坐标系。每个演员必须经过缩放、旋转，将其模型转化为世界坐标系。(也可能是建模者从其自然坐标系转换成局部笛卡尔系统的必要条件。这是因为演员通常假定模型坐标系是一个局部笛卡尔—斯安系统)。世界坐标系也是指定了相机和灯的位置和方向的系统。

视图坐标系表示相机可见的内容，由一对标明图像平面上的实际 x，y 像素位置的，x 和 y 坐标，以及标明与相机距离的 z 坐标组成。

显示坐标系则是将视图坐标转换为实际像素位置的坐标系，此时若想要将两个窗口分别展示在屏幕上，则需要分别给出窗口大小、位置，并建立各自的视区。此处的 z 值仍然表示窗口的深度数值。

2.3.3　坐标变换

利用计算机图形方法创建图像时，三维对象直接投影到二维平面上完成图形的显示并建立起透视图。在三维空间中，一般采用三元素的笛卡尔坐标 (x, y, z) 表示空间的点。而为了实现投影效果，会采用齐次坐标进行点的表示。齐次坐标由四个元素的向量 $(x, y, z, 1)$ 表示，以方便实现平移、缩放、旋转等坐标变换。

1. 平移变换

设三维空间中的一点为 (x, y, z)，经平移变换在 x、y、z 轴分别移动的距离为 Δx、Δy 和 Δz 后得到点 (x', y', z')，其坐标间的关系如下：

$$\begin{cases} x' = x + \Delta x \\ y' = y + \Delta y \\ z' = z + \Delta z \end{cases}$$

将其表示成矩阵的形式，只需建立起变换矩阵，如下：

$$\begin{bmatrix} x' \\ y' \\ z' \\ 1 \end{bmatrix} = \begin{bmatrix} 1 & 0 & 0 & \Delta x \\ 0 & 1 & 0 & \Delta y \\ 0 & 0 & 1 & \Delta z \\ 0 & 0 & 0 & 1 \end{bmatrix} \cdot \begin{bmatrix} x \\ y \\ z \\ 1 \end{bmatrix} \tag{2-2}$$

2. 缩放变换

设 x、y、z 轴方向的缩放比例分别为 s_x、s_y 和 s_z，缩放后点的坐标变换为

$$\begin{cases} x' = s_x x \\ y' = s_y y \\ z' = s_z z \end{cases}$$

建立起对应的变换矩阵，其表现形式为

$$\begin{bmatrix} x' \\ y' \\ z' \\ 1 \end{bmatrix} = \begin{bmatrix} s_x & 0 & 0 & 0 \\ 0 & s_y & 0 & 0 \\ 0 & 0 & s_z & 0 \\ 0 & 0 & 0 & 1 \end{bmatrix} \cdot \begin{bmatrix} x \\ y \\ z \\ 1 \end{bmatrix} \tag{2-3}$$

3. 围绕坐标轴的旋转变换

设旋转的参考点在所绕的坐标轴上，绕轴旋转角度为 θ，选取向着原点的方向逆时针为正，可进一步获得各个轴的旋转坐标的变换。

设定点的坐标为 $(x,y,z)=(x,\gamma\cos\varphi,\gamma\sin\varphi)$，绕 x 轴旋转 θ 角度后，其坐标变换关系如下：

$$\begin{cases} x'=x \\ y'=\gamma\cos(\varphi+\theta)=y\cos\theta-z\sin\theta \\ z'=\gamma\sin(\varphi+\theta)=y\sin\theta+z\cos\theta \end{cases}$$

对应到矩阵变换，有

$$\begin{bmatrix} x' \\ y' \\ z' \\ 1 \end{bmatrix}=\begin{bmatrix} 1 & 0 & 0 & 0 \\ 0 & \cos\theta & -\sin\theta & 0 \\ 0 & \sin\theta & \cos\theta & 0 \\ 0 & 0 & 0 & 1 \end{bmatrix}\cdot\begin{bmatrix} x \\ y \\ z \\ 1 \end{bmatrix} \tag{2-4}$$

同理，得到绕 Y 轴旋转的矩阵变换为

$$\begin{bmatrix} x' \\ y' \\ z' \\ 1 \end{bmatrix}=\begin{bmatrix} \cos\theta & 0 & \sin\theta & 0 \\ 0 & 1 & 0 & 0 \\ -\sin\theta & 0 & \cos\theta & 0 \\ 0 & 0 & 0 & 1 \end{bmatrix}\cdot\begin{bmatrix} x \\ y \\ z \\ 1 \end{bmatrix}$$

绕 Z 轴旋转的矩阵变换为

$$\begin{bmatrix} x' \\ y' \\ z' \\ 1 \end{bmatrix}=\begin{bmatrix} \cos\theta & -\sin\theta & 0 & 0 \\ \sin\theta & \cos\theta & 0 & 0 \\ 0 & 0 & 0 & 0 \\ 0 & 0 & 0 & 1 \end{bmatrix}\cdot\begin{bmatrix} x \\ y \\ z \\ 1 \end{bmatrix} \tag{2-5}$$

4. 坐标系旋转

另一个旋转矩阵用于实现坐标系的旋转变换。假定原有坐标系的坐标轴为 x、y、z，完成坐标系旋转后新的坐标轴为 x'、y'、z'。设 θ 为新坐标轴正向与原有坐标轴正向的空间夹角，原坐标系下的坐标为 (x,y,z)，旋转后在新的坐标系下的坐标为 (x',y',z')，则这种实现坐标轴的旋转变换矩阵为

$$\begin{bmatrix} x' \\ y' \\ z' \\ 1 \end{bmatrix}=\begin{bmatrix} \cos\theta_{x'x} & \cos\theta_{x'y} & \cos\theta_{x'z} & 0 \\ \cos\theta_{y'x} & \cos\theta_{z'y} & \cos\theta_{y'z} & 0 \\ \cos\theta_{z'x} & \cos\theta_{z'y} & \cos\theta_{z'z} & 0 \\ 0 & 0 & 0 & 1 \end{bmatrix}\cdot\begin{bmatrix} x \\ y \\ z \\ 1 \end{bmatrix} \tag{2-5}$$

其中，$\theta_{x'x}$ 为坐标 x' 正向与坐标 x 正向的夹角，其他 θ 角度也都是对应坐标轴之间的夹角。取 $\cos\theta_{x'x}$ 可以实现原坐标 x 向目标坐标轴 x' 的投影，同理坐标 y 向目标坐标轴 x' 的投影为 $\cos\theta_{x'y}$，坐标 z 向目标坐标轴 x' 的投影为 $\cos\theta_{x'z}$，三者的和即为新坐标系下的坐标 x'。

5. 其他变换

以上的各类旋转变换都是围绕坐标原点进行。如果要围绕一个空间物体进行旋转，比如选取空间物体的中心点 C 执行旋转变换，具体解决思路如下：首先将 C 点的坐标作为原点执行变换，此时可利用坐标原点的旋转变换方法，完成变换以后再将各个坐标执行反向变化，变换回原有的 C 点各个坐标。

此外，在旋转变换之外，如果还要执行缩放等变换，利用矩阵乘法运算联合几个变换，即可实现多个空间变换运算。在此过程中，各个变换矩阵参与乘法运算的次序应严格按照实际变换的情况执行，从而确保其执行结果的正确性。

2.4 透明度与色彩合成

以上小节的讨论侧重于渲染不透明的物体，即物体对投射到表面的光线的反射、散射或吸收，没有考虑到光线投射到物体内部的情景。比如在医学透视图像中，如果皮肤和外部组织能够具有一定透明度，就可以更好地观察体内器官的情况并准确地判断病情。

在计算机图形学中，透明与不透明性一般用 α (alpha)量值进行表示。例如，不透明性为 60% 的多边形，其 α 值为 0.6。当 α 为 1 时，代表完全不透明；为 0 时，则代表物体完全透明。一般情况下，只需要指定物体的 alpha 值，即可使透明度均匀分布。也可以在 RGB 颜色规则中添加 α 分量，形成 RGBA 规范。如今，很多图形卡已经能够在帧缓冲区存储 α 及 RGB 值。而对于大多数应用来说，仅仅可以处理 RGB 值，需利用图像混合方法来实现 α 的透明度效果。

在图像渲染过程中，透明性会引入一些复杂因素。以光线追踪过程为例，可视射线是由虚拟相机投射到取景空间之中并到达物体表面。对于不透明的物体，可以利用光照方程将得到的物体色彩绘制到屏幕上；而对于半透明的物体，不但要处理该物体的光照方程，还要使光线继续向更远的位置投射，看是否能够到达场景中的其他物体。最终的色彩是由光线所经过的所有物体的表面及其透光属性所合成的结果共同确定，其中每个物体的色彩可以表示为。

$$\begin{cases} R = \alpha_s(R_s + R_t) \\ G = \alpha_s(G_s + G_t) \\ B = \alpha_s(B_s + B_t) \\ \alpha = \alpha_s(1 + \alpha_t) \end{cases} \tag{2-6}$$

在式(2-6)中，物体表面的光线量值由下标 s 表示，透射光的量值由下标 t 表示。对于红绿蓝(RGB)分别计算其表面的数值，而透明度的数值是由当前表面的透明度加上投射光线的透明度与当前表面透明度乘积的和得到的。

图 2-4-1 给出了一个透射光线色彩合成的过程。该过程假定背景为黑色，即右侧入射光线的色彩为 0，中间三个多边形平面分别为红色、绿色、蓝色，其中红色平面距离观察者最近。由于背景为黑色，入射光线的色彩为 0，即蓝色平面只有自己的色彩值，同时考虑其透射率，形成的混合色彩值为(0，0，0.4，0.5)。这一色彩值作为投射光线入射到绿色平面，并利用式(2-6)计算得到(0，0.4，0.2，0.75)。最后经过红色平面得到 RGBA 混合色彩值为(0.4，0.2，1.0，0.875)。

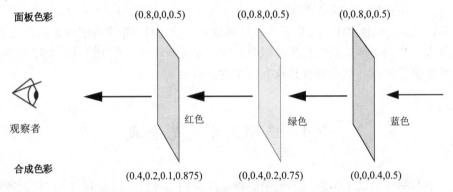

图 2-4-1　透射光线色彩合成过程

值得注意的是，如果交换了光线穿越的不同物体的排列顺序，根据计算，可能会得到不同的色彩合成值。以光线跟踪方法为主的像序渲染中，通过正向光线的计算，容易求得射入观察者视野的反向光线传播路径(由后到前)，并与路径上各物体表面相交即可利用公式(2-6)获得具体的颜色值。如果应用的是物序渲染方法，不同对象的合成可能会由硬件来确定，因此未必能够保证对各个透射表面的合成顺序。比如在图 2-4-1 中，根据光线跟踪方法得到的合成顺序为蓝色表面、绿色表面、红色表面，而物序渲染却可能导致不同的表面排列次序，因此最终的合成色彩会与蓝绿红的顺序所得出的计算结果不同。

利用 Mayavi 的 mlab 库进行物体绘制时，其调用方法中表示透明属性包括 transparent 和 opacity 两个入口参数(见程序 2-4-1)。

程序 2-4-1　虚拟相机方位角的调节

```
import numpy as np
import mayavi.mlab as mlab
s = np.array([[0.2,0.8,0.5],[0.8,0.7,0.3],[0.6,0.1,0.7]])
mlab.barchart(s) # 缺省值为opacity=1.0
mlab.show()
```

一般只需要根据需要设置其中一个参数即可达到期望的效果。其中 opacity 参数表示物体的整体不透明性，缺省值为 1.0，表示物体不透明，如图 2-4-2(a)所示。若希望物体半透明，则设置 opacity = 0.5，对应的程序代码为 mlab.barchart(s，opacity = 0.5)。此时根据光线跟踪算法和公式(2-6)计算出各个条形图表面色彩合成效果如图 2-4-2(b)所示。如果指定了 transparent = True 的参数，则声明了物体为透明，效果如图 2-4-2(c)中所示。此时采用 mlab.barchart(s, transparent = True)设置柱状图。程序 2-4-1 中采用了柱状图(barchart)为例进行透明性与合成效果的演示，其他 mlab 物体绘制方法中，一般都支持 transparent和 opacity 这两个参数实现对透明属性的设置。

　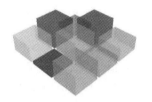　

(a) opacity=1.0　　　　　　　(b) opacity=0.5　　　　　　　(c) transparent=True

图 2-4-2　透明效果图

本 章 小 结

　　本章首先介绍了数据可视化的计算机图形学基础知识，为图像可视化特别是体数据可视化的讲解提供了必要的基础知识准备。图形渲染过程是产生可视化图像的技术方法，通过像序渲染或物序渲染，将图形数据转换成了可以显示的图像。渲染过程中的颜色、光照、视角、坐标变换、透明度与色彩合成等内容构成了图形渲染所需要考虑的基本要素。

2-4-2.mp4

习 　 题

　　1. 像序渲染与物序渲染有什么区别？

　　2. 从投射光线在物体表面色彩合成的结果来看，像序渲染与物序渲染哪个更加稳定？试述其原因。

　　3. 设原有坐标为(8，8，11)，在 x 轴上缩放为 0.5 倍，y 轴上缩放为 1.2 倍，z 轴上缩放为 2 倍，试给出旋转矩阵和变换后的齐次坐标。

　　4. 利用程序生成一个(0，1)区间的 3×3 随机数矩阵，观察其不透明度为 0.5 时的柱状图显示效果。

第 3 章　可视化原理与过程

　　了解了图形渲染、颜色、光照、视角等基本的计算机图形学元素之后,相信大家都会产生这样一些疑问:首先,如何将这些基本元素有机地组织起来,从而最终形成具有一定效果的可视化图形,其具体的方法与过程是怎样的?另外,既然有了计算机图形学,为什么还要有个数据可视化,二者的本质区别是什么?本章将围绕这些疑问展开论述,引领大家循序渐进地了解数据可视化的原理及其具体的工作流程。

3.1　可视化场景

3.1.1　建模方法

　　数据可视化的目的是将原本枯燥、难懂的数据进行生动活泼的展现,从而实现具有一定视觉呈现效果的数据展示方式。在这一过程中,不可避免地要用到计算机图形学方法,可以说,计算机图形学是实现数据可视化的基础。所谓计算机图形学,其主要目标是模拟或表示物理对象的几何形状。通过运用各种各样的数学技术,包括点、线、多边形和各种形式的样条的组合,甚至各类数学函数与方法,从而形成多种多样的图形效果。然而,事实上这种具体的图形显示问题并不属于数据可视化。

　　数据可视化技术并不直接关注这些几何图形在计算机中是通过怎样的算法和公式来模拟和创建出来的,而是直接从可视化的目的和展示效果出发,为可视化数据构建一个几何模型,其中就包括所要展示物体的形状、位置、显示效果等关键性要素。

　　所以说,数据可视化的建模方法与计算机图形学存在一定相关性,但也有显著的区别。计算机图形学是通过数学方法模拟出来点、线、面等不同的形状。而数据可视化的建模方法则完全不同,它并不需要重新创建计算机中图形展示的几何效果,而是利用计算机图形学所提供的功能直接实现该功能,数据可视化算法则侧重于通过计算来实现对数据的生动、活泼的展示。也就是说,数据可视化算法所构建的几何模型并不直接等同于该图形的最终显示效果,而是一种抽象的几何模型,比如某种轮廓线。至于这种抽象的几何模型如何实现最终的效果展示,就直接利用计算机图形学所提供的功能。而这种对展示效果的表现形式所做出的计算,本身会涉及多种复杂的算法和数据结构,这些处理过程就是数据可视化系统所要实现的目标。

3.1.2　场景与演员

　　数据可视化是通过一定的技术手段，将数据以更加形象和直观的方式展现。所谓展现，涉及两个核心问题，一是用于展示可视化效果的场景；二是在场景内用于展示的可视化数据表现形态。在早期的数据可视化案例中，场景构建是通过人工设计和绘制的方法手工建立，而当今的数据可视化技术就是要通过算法将颜色、光照、视角、坐标系等基本元素综合起来，形成一种数据展示的场景(scene)。而场景中的可视化内容就充当了演员(actor)的作用。

　　对于普通的平面可视化问题，场景和演员的设置一般较为简单，只需要保证可视化所展示的内容能够在其展示框架中居中即可。对于三维可视化问题，就必须为场景和演员进行立体化建模，形成具有长、宽、高的立体化场景。演员的呈现需要设置一个三维变换矩阵，用于控制其在场景中的位置和比例。演员不仅要能够沿着 x、y、z 三个坐标轴进行空间移动，还要能够进行轴向的旋转，形成一种真正的空间立体可视化模型(见图 3-1-1)。

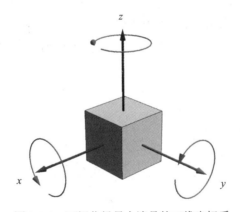

图 3-1-1　可视化场景中演员的三维坐标系

3.1.3　图形硬件

　　完成可视化场景的渲染以后，就需要通过计算机图形学的方法来实现其具体的显示。这一过程与常规的计算机图像处理相同，都是将显示图像通过光栅设备进行呈现。具体的显示图形需要转换为像素，并结合显示器等设备的分辨率形成具有一定精度的呈现结果。

　　对于演员来说，从算法层面进行分解就可以得到大量的三角形或多边形表示的基元，这些基于是属于几何类型的数据。将几何数据表示的内容转换为光栅图像的过程称为光栅化或扫描转换。当前的硬件设备一般会采用以对象排序为特征的光栅技术。比如有多个演员，算法层面会逐个加以计算，并计算出各个多边形的位置、大小等各类信息，经过排序，也能够得出哪些多边形需要显示，哪些可能会被隐藏。

　　光线追踪渲染模型事实上是通过反向追踪光线的传播实现图像的呈现，来自视角的光线穿越上的一个像素到达演员，然后返回到光源，如图 3-1-2 所示。如果从视角射出的光线能够回到光源，就可以调用着色程序为该像素着色，当从视角中射出的所有光线都被着色完毕，一幅图像就完成了。这种光线追踪算法模型能够方便地找出光线所能够直接追踪到的演员，然而对于多边形来说，是无法分辨和绘制被遮挡区域中的多边形的。

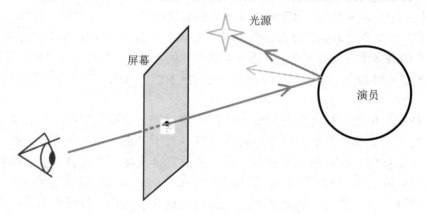

图 3-1-2　光线追踪算法的原理图

　　另一种方法是隐藏面消除算法，典型的如画家算法，又称为画家排序。这一方法会将多边形沿着镜头的方向从后向前排序，完成排序以后就可以按照这个顺序来进行渲染。这一方法也有一定弱项，即不能有效处理有堆叠关系的多边形，比如图 3-1-3 所示的几个三角形之间的堆叠关系。

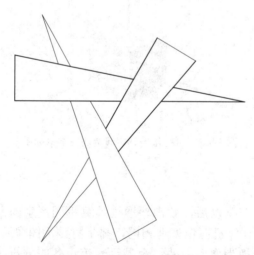

图 3-1-3　影响画家算法准确性的多边形关系

　　Z 缓冲(z-Buffering)算法也是一种隐藏面消除算法，这一方法并不需要多边形的排序，而是采用坐标系中的 z 值，也就是沿着投影方向的深度值。当计算一个新的像素时，主要就是比较新像素的 z 值与当前像素的 z 值，如果新像素在前，那就画这一像素，并且将当前像素的 z 值设置为新像素，否则就忽略新像素，保留当前像素。这一方法因其简单和稳健的特性，目前被广泛应用于硬件处理之中。Z 缓冲算法的一个不利因素是需要大量的内存空间来存储 z 值，该内存空间称为 Z 缓冲区(z-Buffer)，同时其精度会受到 Z 缓冲区深度的限制。

3.2　可视化模型

3.2.1　数据源

　　数据可视化是对数据进行可视呈现的技术，使得原本以数字形态存在的数据，转化为以图形方式展示的可视数据表示形态。可视化作用的对象是数据，输出的结果是图形化的数据，它可以是二维图形，也可以是三维立体化或结合一些实际数据的图像。

　　可视化系统将所加载的原始数据所储存的空间称为数据源，或者说原始数据的表示就是数据源。为数据源所提供的数据可能是一些外部的数据文件、传感器等数据采集设备，也可能是用于产生数据的程序代码。数据源保存了可视化所必需的数据，但并不会参与可视化过程，即数据可视化过程是完全独立于数据源的操作流程，数据源起到了为可视化的操作过程提供数据的作用。

　　有了数据源，是否就可以直接进行数据可视化了呢？或者说，给定任意一组数据，我们是否都能够对其进行数据可视化？应该说，数据挖掘以及数据可视化的出发点就是能够寻找更多的方法来探索大量数据的处理，然而，实现有效和有意义的可视化，还有很多后续的处理步骤需要完成。事实上，要实现对数据的可视化，必须结合数据本身的特征和特性，才能够选择适当的方案。从显示效果来看，数据可视化可能会展现出千差万别的可视化内容，这也说明了必须结合数据建立对应的方法才能实现有效的可视化过程。

3.2.2　数据滤波

　　滤波这个概念在数字信号处理系统中经常会被提及，主要是指对原始数据信号进行处理，包括去除错误点、冗余点及噪声的一种处理流程。在数据可视化之中，也引入了数据滤波(Filter)这一概念，其具体的滤波作用结合了数据可视化系统自身的需要，是进行可视化数据处理的一个可选环节。

　　一般而言，如果数据源提供的数据能够满足可视化要求，直接实现预期的可视化效果，可以省略掉数据滤波这一环节，直接进行数据展示。然而，实际的情况是，数据源所提供的数据与最终的可视化目标往往具有较大的差别，必须进行若干中间处理过程，这些中间处理过程在数据可视化系统中称为数据滤波器，简称滤波器。滤波器的典型特征是具有一个或多个数据输入端，经过处理后，会产生一个或多个数据输出。同时，滤波器并不会直接输出数据的显示结果，而是一定要经过后续处理后才能最终显示。

　　图 3-2-1(a)展示了一个单一输入类型的数据滤波器，它负责处理一种类型的数据输入，输入数据经过滤波器内部的工作形成数据输出。图 3-2-1(b)是多个类型的数据滤波器。

　　下面来看一个具体的例子。给定三个点(10，10)、(100，100)、(200，200)，这是一组简单点状数据，然而，目前我们所拥有的并非一个图片，我们只有这三个点。那么这些点在空间的样子如何、彼此关系怎样，就需要通过数据可视化来进行直观的展示。由于要实现点状数据，我们首先要建立起数据源，通过 vtkPoints 将各个点插入进去，保存为变量 points(见程序 3-2-1)。然后建立 vtkPolyData 数据的实例 polydata，并设置其点为 points。此后通过 vtkVertexGlyphFilter 建立一个点状图形滤波器 filter，将数据源 polydata 作为 fitter 输入数据，然后将该过滤器的输出送入 mapper，作为 mapper 的输入，来进行后续处理。

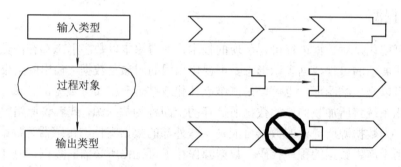

(a) 单一类型的数据滤波器　　　(b) 多个类型的数据滤波器(需要验证输入
　　(输入类型=输出类型)　　　　　　　类型是否能够与输出类型相兼容)

图 3-2-1　数据滤波器的工作原理

程序 3-2-1　利用点状图形滤波器(VertexGlyph)处理三维空间点

```python
import vtk
def main():
    # Data Source
    colors = vtk.vtkNamedColors()
    points = vtk.vtkPoints()
    points.InsertNextPoint(10, 10, 0)
    points.InsertNextPoint(100, 100, 0)
    points.InsertNextPoint(200, 200, 0)
    polydata = vtk.vtkPolyData()
    polydata.SetPoints(points)

    # Data Filter
    filter = vtk.vtkVertexGlyphFilter()
    filter.SetInputData(polydata)
    filter.Update()

    # Visualize
    mapper = vtk.vtkPolyDataMapper2D() # 二维数据模型映射器
    mapper.SetInputConnection(filter.GetOutputPort())
    mapper.Update()
    actor = vtk.vtkActor2D() # 二维演员模型
    actor.SetMapper(mapper)
```

```
actor.GetProperty().SetColor(colors.GetColor3d('Gold'))
actor.GetProperty().SetPointSize(8)
renderer = vtk.vtkRenderer()
renderWindow = vtk.vtkRenderWindow()
renderWindow.AddRenderer(renderer)
renderWindowInteractor = vtk.vtkRenderWindowInteractor()
renderWindowInteractor.SetRenderWindow(renderWindow)
renderer.AddActor(actor)
renderer.SetBackground(colors.GetColor3d('DarkSlateGray'))
renderWindow.SetWindowName('Points Glypy Vertex')
renderWindow.Render()
renderWindowInteractor.Start()


if __name__ == '__main__':
    main()
```

运行该程序后，我们得到了三个点的可视化效果图如图 3-2-2 所示。可以看出，系统根据点的坐标自动选取了合适的窗口宽度和高度，为 300×300。同时，由于点状符号尺寸较小，为确保其在较大的窗口中的显示效果，在程序中采取了调整图形尺寸为 8 的设计 SetPointSize(8)。

图 3-2-2　经过点状图形滤波器处理后最终显示的三个点

3.2.3　可视化处理

完成滤波处理的可视化数据，就可以进行可视化的处理过程。可视化工具 VTK、Mayavi 等平台采取相应的对象组件来完成可视化处理过程，这一过程就是实现数据可视化的流程，即完成数据模型的映射、场景中演员的部署及其可视化模型的渲染等操作。经过可视化处理，就会输出可显示的可视化效果。

可视化处理过程会决定构建什么样的场景，以何种方式展示可视化效果。以图 3-2-2 中所展示的三个点状符号为例，这种点状符号的原始数据是由数据源所提供，表现为三个点 points，并保存在多边形数据中，以点数据进行存储。经过点状符号滤波器，会生成用于点状符号显示的数据，然而其最终效果则是在可视化处理步骤中确定和生成。在这一步骤中，将决定场景的尺寸、背景色，演员的颜色等属性。其中场景尺寸可以手工确定，也可以根据已有数据让系统自动选择一个适当的尺寸。同时，在可视化处理过程中还需要确定场景和演员的具体样式，我们在此采用了二维的数据模型映射器 vtkPolyDataMapper2D，其演员也选择了二维演员模型 vtkActor2D。保持该程序其他部分不变，仅修改标记二维模型注释的两行代码，将 vtkPolyDataMapper2D() 修改为 vtkPolyDataMapper()，将 vtkActor2D()修改为 vtkActor()，分别代表三维数据模型映射器和三维演员模型。完成这两处修改后，重新运行该程序，即可得到如图 3-2-3 所展示的三维可视化效果。

　　(a) 初始状态　　　　　　　　　　(b) 进行三维空间旋转后的效果

图 3-2-3　三维场景下的三个点状图形

进一步区分一下可视化流程中的几个概念。数据滤波器负责按照可视化效果要求，进行数据处理，这就要求其必须考虑到最终的展示效果，并结合展示效果所对应的数据模型进行输入数据的处理，生成可用于构建该模型的数据。而可视化处理过程则以数据滤波器的输出作为输入，构建起具体的可视化场景，并完成演员的布置和渲染。图 3-2-3 展示了二维场景和三维场景的不同，同一组可视化滤波输出的数据在二维场景中表现为静止画面，而在三维场景中表现为可进行任意空间旋转的空间图形。

下面进一步看一下在同一个场景之中，对于相同数据源的数据，只要选取不同展示模型作为其滤波器，仍然会得到完全不同的可视化效果。程序 3-2-2 选取了一组空间点状数据作为数据源，仍然选定三个点(0，0，0)、(1，1，1)、(2，0，0)。此处直接选取三维可视化场景模型进行展示。

程序 3-2-2　利用正多边形滤波器(RegularPolygon)实现空间点数据的可视化

```
import vtk
def main():
    colors = vtk.vtkNamedColors()
```

```
    points = vtk.vtkPoints()
    points.InsertNextPoint(0, 0, 0)
    points.InsertNextPoint(1, 1, 1)
    points.InsertNextPoint(2, 0, 0)
    polydata = vtk.vtkPolyData()
    polydata.SetPoints(points)

    filterSource = vtk.vtkRegularPolygonSource()      #默认为六边形
    filter = vtk.vtkGlyph2D() # 二维图形
    filter.SetSourceConnection(filterSource.GetOutputPort())
    filter.SetInputData(polydata)
    filter.Update()

mapper = vtk.vtkPolyDataMapper()
    mapper.SetInputConnection(filter.GetOutputPort())
    mapper.Update()
    actor = vtk.vtkActor()
    actor.SetMapper(mapper)
    actor.GetProperty().SetColor(colors.GetColor3d('Salmon'))
    renderer = vtk.vtkRenderer()
    renderWindow = vtk.vtkRenderWindow()
    renderWindow.AddRenderer(renderer)
    renderWindowInteractor = vtk.vtkRenderWindowInteractor()
    renderWindowInteractor.SetRenderWindow(renderWindow)
    renderer.AddActor(actor)
    renderer.SetBackground(colors.GetColor3d('SlateGray'))
    renderWindow.SetWindowName('Points Glyph Polygon');
    renderWindow.Render()
    renderWindowInteractor.Start()

if __name__ == '__main__':
    main()
```

程序 3-2-2 采用了正多边形滤波器(RegularPolygon)进行空间点数据的
可视化，这种正多边形滤波器默认采用六边形作为展示图形。该程序运行
后的结果如图 3-2-4 所示，其中左侧为初始状态，可以看出三个点变成了
三个正六边形，同时由于其采用的是三维场景，因此可以进行空间旋转，
如图 3-2-4 右侧所示。

3-2-4.mp4

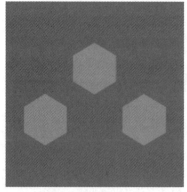

(a) 初始状态　　　　　　　　　(b) 进行三维空间旋转后的效果

图 3-2-4　在三维场景下利用正多边形滤波器生成的平面图形

　　程序 3-2-2 表明，即便在可视化处理过程中指定了三维场景模型，由于采用的滤波器是平面的正六边形来构建其数据模型，最终展示的也会是空间中的三个平面六边形，由于是平面图形，数据源所提供的 z 坐标数据会统一按 0 处理。将程序 3-2-2 中的 vtk.vtkRegularPolygonSource() 改为 vtk.vtkCubeSource()，并将其中的 vtk.vtkGlyph2D() 改为 vtk.vtkGlyph3D()，保持其他代码不变，这样就得到了一个基于立方体的三维数据滤波器，重新运行该程序，可以得到如图 3-2-5 所示的。三维滤波器所产生的立方体形状，三个空间点按照其坐标位置表现为空间中的三个立方体。

(a) 初始状态　　　　　　　　　(b) 进行三维空间旋转后的效果

图 3-2-5　在三维场景下利用立方体滤波器生成的平面图形

　　通过以上论述，可以清晰地表明，即使是同一组数据，只要采用不同的可视化模型，就会产生不同的可视化效果。在实际应用过程中，可以根据需要进行灵活的设置和组合。

3.3　可视化管线

3.3.1　可视化管线概念

　　管线模型是 VTK、Mayavi 等可视化平台进行可视化处理的核心概念。通过可视化管线，可以实现数据源、滤波器和可视化处理三个组成部分的网状连接。数据可视化的数据源并非只有一个，往往多个数据源作为输入，这样在同一个可视化场景中呈现效果才是当前大数据等应用场合的主要选择。同时，既然数据源有多个，也必须为不同的数据源选配相应的滤波器，再加上可视化处理步骤，就会构成一个复杂的可视化网络连接效果。而对其处理的核心就是为每个可视化通路建立可视化管线。

在为某些数据进行滤波的过程中，也可能会需要多个滤波器进行连接，才能生成期望的滤波效果。在图 3-2-1(b)中，多个类型的数据滤波器在进行连接时，也需要确保其输入和输出的数据类型相兼容，比如要生成的最终数据是某种球状的数据，则相应的输入端也应有与其匹配或能够转换为球状数据的输入，否则很难生成有效的可视化结果。这种输入与输出数据类型的匹配过程，也可以形象地比喻成一种数据管线，保证两边的管线结构相兼容才能成功连接管线。

图 3-3-1 展示了可视化管线的工作原理。其中数据通过管线由数据源流向滤波器以后，需要通过 SetSourceConnection 来设定滤波器的滤波模型，如点状图形模式、平面多边形模式、立方体模式等，在选取滤波器步骤中，就会具体指定滤波器的样式，然后通过 SetInputData 输入来自数据源的数据。在可视化处理步骤中，则通过模型映射(Mapper)来实际建立滤波数据的展示模型，并通过场景布局安置演员，最后通过模型渲染器(Renderer)来完成场景的渲染，从而生成最终的可视化显示效果。

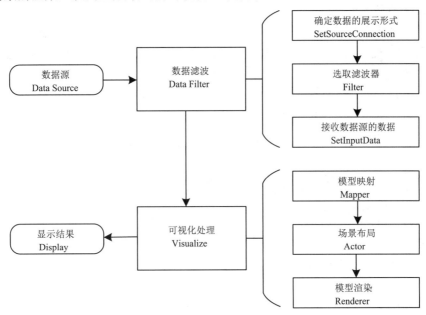

图 3-3-1　可视化管线的工作原理

3.3.2　管线视图

Mayavi 是以 VTK 为基础，用于科学计算的交互式可视化平台。其可视化的底层实现通过 VTK 方法来完成，因此在可视化管线的底层工作逻辑方面与 VTK 保持一致。在数据模型构建方面，Mayavi 又重新整理和组合了一些模型关系，使得滤波模型和可视化场景的构建更加方便。

　　Mayavi 为滤波器建立了若干模型，如表 2-2-1 所示。其中通过相应名称，能够大概对应出其具体的功能。每种滤波器会产生相应的滤波数据模型，本书会在具体用到某种滤波器时对该模型进行说明和解释。

　　Mayavi 在可视化过程的交互处理方面也进行了一些加强。利用 Mayavi，可以直观地查看可视化管线的视图，方便进行可视化流程和结果的查看。在 mlab 中可以通过 show_pipeline()函数在程序中直接实现管线视图的调用，也可以在 Mayavi 程序运行后，手动在运行界面中启动管线视图。

表 2-2-1　Mayavi 的滤波器模型

CellDerivatives	ExtractTensorComponents	QuadricDecimation
CellToPointData	ExtractUnstructuredGrid	SelectOutput
Contour	ExtractVectorNorm	SetActiveAttribute
CutPlane	ExtractVectorComponents	Stripper
DataSetClipper	GaussianSplatter	Threshold
DecimatePro	GreedyTerrainDecimation	TransformData
Delaunay2D	ImageChangeInformation	Tube
Delaunay3D	ImageDataProbe	UserDefined
ElevationFilter	MaskPoints	Vorticity
ExtractEdges	PointToCellData	WarpScalar
ExtractGrid	PolyDataNormals	WarpVector

　　程序 3-3-1 实现了一个随机生成的 $n \times m$ 矩阵数据，其中的元素为(0，1)之间的浮点数，用于表示曲面的高度。整个曲面由公式 3-1 给出：

$$f(x_i, y_j), i \in [0, m-1], j \in [0, n-1] \tag{3-1}$$

程序 3-3-1　在程序代码中启动管线视图

```
import numpy as np
from mayavi import mlab


a = np.random.random((4, 4))
mlab.surf(a)
mlab.show_pipeline()
mlab.show()
```

　　在程序 3-3-1 中，surf() 是 mlab 所提供的曲面绘制函数，可以将式(3-1)所表示的函数关系可视化为曲面，其中 z 轴的取值即为函数值。程序中采用 4×4 矩阵的形式随机取得 16 个(0，1)之间的浮点数作为曲面的高度。

　　运行程序 3-3-1，可以得到图 3-3-2(a)所示的管线视图。图 3-3-2(b)为可视化的结果曲面，管线视图也可以通过在运行结果的菜单中手工启动。

通过图 3-3-2(a)所示的管线视图，可以确定以下几个方面。该程序所建立的场景称为 Mayavi Scene 1，其中的数据源采用 Array2DSource 这种数组型数据所确定的二维图形数据源。采用的滤波方式中包含了两个滤波器，一个是 WarpScalar，用于将输入数据沿着某一方向进行扭曲，另一个为 PolyDataNormal，用于计算输入数据的法线，使得网格样式更加平滑。完成两次滤波的数据会提供给可视化处理模块，提供颜色处理和图例的标记 Colors and legends，并构造表面模型 Surface，最终形成可视化结果中所展示的曲面。

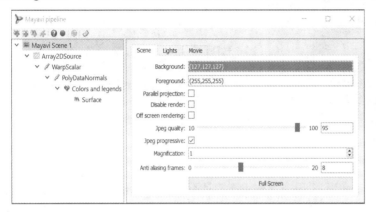 

(a) 管线视图　　　　　　　　　　　　　(b) 可视化结果曲面

图 3-3-2　可视化管线视图

3.3.3　通过管线选取滤波器

管线方法是 VTK 进行可视化流程的核心要素，通过管线组织各类可视化功能模块之间的相互调用关系。Mayavi 可视化平台在 VTK 可视化功能的基础之上进行了单独的包装，其中 mlab 是 Mayavi 提供的用于方便引用各类可视化功能的公共接口模块。利用 mlab 可以直接引用一个独立的 pipeline 对象，可用于直接访问数据源、过滤器等内部处理模块。

如程序 3-3-2 所示，通过管线对象 pipeline 的使用，不但能够像 VTK 中的可视化各个功能组件之间相互流转和衔接一样，组织起 array2d_source 数据源、warp_scalar 过滤器、delaunay2d 过滤器，还可以利用管线直接选取表面模型 surface，从而生成曲面。

程序 3-3-2　利用正多边形滤波器(RegularPolygon)实现空间点数据的可视化

```python
import numpy as np
from mayavi import mlab


a = np.random.random((4, 4))
src = mlab.pipeline.array2d_source(range(1,9,2), range(4), a)
warp = mlab.pipeline.warp_scalar(src)
normals = mlab.pipeline.delaunay2d(warp) # delaunay2d滤波器
surf = mlab.pipeline.surface(normals)
mlab.show()
```

程序 3-3-2 同样采用了 4×4 矩阵构建 x 轴和 y 轴坐标，但选取 x 坐标的时候采用的是 [1，3，5，7]四个节点，而 y 坐标的取值仍然为[0，1，2，3]，从而使得可视化曲面长度为宽度的两倍，如图 3-3-3(a)所示。

(a) 二维 Delaunay 三角网滤波　　　　　(b) 三维 Delaunay 三角网滤波

图 3-3-3　Delaunay 三角网滤波器所形成的曲面

Delaunay 三角网(德洛内三角网)采用一系列相连接且不重叠的三角形实现表面模型的构建，具有结构良好、存储效率高的特点，它常被用于地表地貌等曲面的可视化建模。将程序 3-3-2 中的 delaunay2d(warp) 改为 delaunay3d(warp)，即可实现三维 Delaunay 三角网滤波效果，如图 3-3-3(b)所示。

3-3-3.mp4

本 章 小 结

管线模型是实现三维可视化的一种通用作法，它通过管线来组织可视化过程中的各个模块，实现数据源数据的输入，数据滤波模型的选取和连接，场景建模和数据映射等可视化处理过程。整个工作流程如同一个生产流程的管线，将原始的数据一层层进行处理，最终生成可视化显示结果。管线模型是进行可视化过程中的核心部分，应结合可视化数据及展示效果等因素，选取适当且彼此相兼容的管线内部节点，如此就能实现丰富多彩的可视化显示结果。

习 题

1. 试说明三维场景和三维演员有什么区别和联系?

2. 绘制程序 3-3-2 的可视化流程中的管线工作过程，将其以流程图的方式展现出来，同时注明哪些步骤属于数据源处理、哪些属于数据滤波和可视化处理。

3. 几个平面上的点，能否实现三维可视化展示? 比如(1，1)、(2，2)、(3，3)这种平面点，如果进行三维可视化会是什么效果? 请编程实现并观察其运行结果。

4. 利用 pipeline 对象来实现图 3-3-2 所示的管线模型，要求选取的两个滤波器与图示中保持一致。

第 4 章 可视化数据表示

可视化管线提供了将信息转化为图形原语的方法和过程。其具体步骤会涉及数据从一种形态转换为另一种形态的转换过程，最终实现将数据源所获取的数据可视化为具体的显示图形。通过数据可视化技术可以将多种多样的数据转化为图形，而要找到一种数据可视化的脉络，具体了解可视化技术的实现方法，就必须深入分析和掌握可视化过程所采用数据的样式、格式及其相关表征。简言之，就是首先要明确可视化过程中的数据是如何表示的。

4.1 可视化数据表征

要实现数据的可视化，首先要了解数据有哪些表征。这是进行数据结构与数据访问等后续处理的前提条件。

4.1.1 模型与数据

人们常常会惊叹于丰富多彩的数据可视化展示效果，除了早期的手工数据可视化作品之外，当今的数据可视化一般会与计算机相关联，采取一定的程序以及一些输入的数据，最终生成出期望的可视化图例。经过可视化管线的学习，大致可以将数据可视化用三个元组加以表示：(D, M, A)。其中 D 表示输入数据的集合，M 表示显示图像模型的集合，A 表示一定的可视化算法的集合。简言之，就是针对期望可视化的数据，根据预先建立好的一定显示模型，再利用一定算法实现对输入数据的展示。

可以看出，在这一过程中，预先定义的一定显示模型是重要的方面。这种预定义模型的存在，可以简化可视化过程，从软件重用的角度来说，也就是通过重用的方法，使得一些经常需要用到的功能模块独立起来，在适当的场合可以根据需要随时重用这些功能模块。这样也使得数据可视化的算法设计可以在已有模型基础之上进行，不必为每个数据重新定制其底层模型，从而大大简化了可视化流程和管线模型。

另一方面，要实现一定的显示效果，图像模型的存在也使得输入数据的样本可以在一定程度上加以简化，不必方方面面地去考虑最终的显示，而只需要提供核心和关键数据即可达到一定的可视化显示要求。具体而言，输入数据的集合事实上可以在细节设置上做一个小的调整，即

$$D = (D_s, D_c) \tag{4-1}$$

其中 D_s 表示外部输入的数据，这部分数据是不可变的内容，是可视化系统所固定要处理

的数据。D_c 则表示为完成可视化流程，在可视化管线运作过程中对需要的一些额外的数据进行的若干模型配置、参数设置等内容。

数据可视化是通过图形、图像来展示数据的过程，然而，可视化流程的目的是实现显示效果，原始的数据与最终的显示之间尽管存在一定关联，然而并非说有一个数据就必须要有一个显示，数据与显示之间有关联，但不是一一对应的。数据可视化的实现人员必须根据需要完成对数据及其显示的设计。而现实的可视化效果事实上在很大程度上取决于这种设计以及其中图像模型的选择方面。

如图 4-1-1(a)所示，这是一个很有质感的三维立体箭头。然而，要实现这种显示效果，事实上并没有输入任何数据，整个图像的显示靠单纯设定其图像模型为 Arrow 即可实现。本样例程序参见程序 4-1-1。

(a) 默认设置　　　　　　　(b) ShaftRadius=0.01，TipLength=0.7

图 4-1-1　　无数据源的可视化样例

程序 4-1-1　没有数据源输入即可得到显示结果的可视化样例

```python
import vtk
def main():
    colors = vtk.vtkNamedColors()
dataSource = vtk.vtkArrowSource()

    mapper = vtk.vtkPolyDataMapper()
    mapper.SetInputConnection(dataSource.GetOutputPort())
    actor = vtk.vtkActor()
    actor.SetMapper(mapper)

    renderer = vtk.vtkRenderer()
    renderWindow = vtk.vtkRenderWindow()
    renderWindow.SetWindowName('Arrow')
    renderWindow.AddRenderer(renderer)
```

```
renderWindowInteractor = vtk.vtkRenderWindowInteractor()
renderWindowInteractor.SetRenderWindow(renderWindow)

renderer.AddActor(actor)
renderer.SetBackground(colors.GetColor3d('MidnightBlue'))
renderWindow.SetWindowName('Arrow')
renderWindow.Render()
renderWindowInteractor.Start()

if __name__ == '__main__':
    main()
```

程序 4-1-1 中并没有输入数据，而是仅仅设置了显示图像的模型为 Arrow，运行后可得到图 4-1-1(a) 的三维箭头图像。在 dataSource = vtk.vtkArrowSource() 之后添加 dataSource.SetShaftRadius(0.01) 和 dataSource.SetTipLength(0.7) 两个语句，即设置图像的配置数据，这样就可将箭头的剑柄设置得较细，同时使箭头部分占整体的比例为 70%，运行后将展示为图 4-1-1(b) 所示的三维图像。

4.1.2　采样与插值

数据可视化是利用计算机算法实现的将原始数据通过一定算法展现为图形的过程。这一过程中，需要运用大量计算机图形学和可视化算法等工具。在继续进行讨论之前，首先需要明确一个问题，就是究竟怎样的数据适合进行可视化，或者说数据可视化对数据本身是否有一定的要求或者是规定，以便能够得到一定的显示效果。

要具体分析这一问题，应首先从计算机对数据可视化作业的要求及其特点出发。不同于单纯的数学方法，计算机所实现的数字处理和计算需要基于离散化的数据。对于单纯意义上的数学方法所建立的连续数据模型，都需要通过数据采样等方法实现数据离散化，这样所得到的模型将是一类有限的数据点，如此才能与计算机的计算和处理方式相匹配。因此，可以明确地指出，计算机所实现的数据可视化数据过程中各类信息和数据需要表示为离散化的形态。

比如，要实现对 $y = \sin(x)$ 这一连续函数实现可视化，也就是要绘制它在坐标轴上的曲线，利用数学方法我们可以人为绘制一条曲线，而要通过计算机算法来实现这一过程，就需要首先选定其数据区间，比如 (-1, 1)，然后在该区间上进行数据采样，一般可以用 n 等分的方法，获得各个 x_i，再计算出各个点的 y 值，如此得到一系列的点 $((x_0, y_0), (x_1, y_1), \ldots, (x_n, y_n))$，用直线连接这些点，就实现了 $y = \sin(x)$ 这条曲线的绘制。这一描述过程中，通过对数学公式的等距离采样可以方便地得到该可视化过程中的数据样本，再通过一定算法即可实现最终的图形显示。

数据采样的方法对于以连续函数构建的数学模型有较好地处理，然而在很多情况下，数据之间直接的关系并没有一种理想的函数可以来进行描述，在这种情况下，单纯依赖于等距离分割而形成采样点的方式并不能够有效进行解决这一问题。相应地，可以采用插值的方法来仿真邻接点之间的关系，使得零散分布的数据点之间的关系趋于合理。常用的典型的数据插值方法有线性插值、二次插值、三次插值、样条插值等。

数据的采样与插值在可视化模型构建和算法设计过程发挥着重要的作用。进行可视化工具设计时，尽管可以通过通用模型设计来固化一些特定的模型，然而从软件重用和应用优化的角度来说，并非我们所见到的每种特殊图案都会有一种内在的模型。事实上，可视化工具系统所固化的显示模型必须符合以下几个条件：

(1) 内置显示模型应具有足够的通用性；

(2) 内置显示模型应具有自身独有的专属特征；

(3) 内置显示模型一般是规则或有一定规律的图形或图像。

条件(1)表明，内置显示模型一般是一种通用的模型，可以完成某一类特定的图像显示任务，这一过程可以简单实现也可以通过一定的数据模型或算法加以辅助完成。条件(2)则说明，如果某一显示模型 A 能够方便地由另一显示模型 B 通过一定算法得出，则模型 A 也就失去了存在的意义，不会再作为内置显示模型所存在。其中条件(3)与条件(1)相呼应，只有具有规则的或具有一定规律的图形或图像才具有足够的通用性。

下面来看一个具体的例子。圆形是最为常见的图形，甚至可以说在几何学中，有相当大的一部分内容都是围绕圆形来展开的。那么是否意味着圆形就应该是一个内置显示模型呢，这就要看圆形这种模型是否能够满足以上两个条件。如图 4-1-2(a)所示，这是一个圆形。然而具体看以下程序 4-1-2，事实上，圆形的生成完全可以由多边形来仿真生成，因此也就无法满足条件(2)，不能作为内置的显示模型。

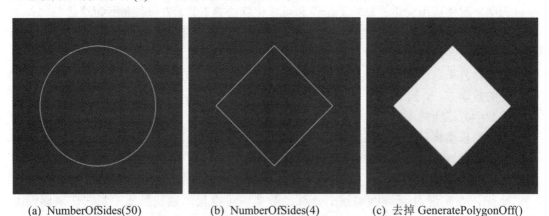

    (a) NumberOfSides(50)   (b) NumberOfSides(4)   (c) 去掉 GeneratePolygonOff()

图 4-1-2　通过正则多边形模型得到的圆形和方形

程序 4-1-2 利用正则多边形作为内置图像模型，将多边形边的数量设置为足够多，如 50，即可实现图 4-1-2(a)所示的圆形的效果。将边的数量设置为 4，则得到图 4-1-2(b)所示的方形边框效果。从数据采样的角度来解释，相当于采样点设置得足够多时，多边形的边连接更加平滑，从而实现了圆形的效果。去掉程序中 dataSource.GeneratePolygonOff()一条语句，意味着将按多边形的方式来控制模型，从而生成图 4-1-2(c)所示的正方形。

程序 4-1-2　通过足够多的数据采样点由多边形模型生成圆形

```python
import vtk
def main():
    colors = vtk.vtkNamedColors()
    dataSource = vtk.vtkRegularPolygonSource()
    dataSource.GeneratePolygonOff()
    dataSource.SetNumberOfSides(50)
    #dataSource.SetNumberOfSides(4)
    dataSource.SetRadius(5.0)
    dataSource.SetCenter(0.0, 0.0, 0.0)

    mapper = vtk.vtkPolyDataMapper()
    mapper.SetInputConnection(dataSource.GetOutputPort())
    actor = vtk.vtkActor()
    actor.SetMapper(mapper)
    actor.GetProperty().SetColor(colors.GetColor3d('Cornsilk'))

    renderer = vtk.vtkRenderer()
    renderWindow = vtk.vtkRenderWindow()
    renderWindow.SetWindowName("Circle")
    renderWindow.AddRenderer(renderer)
    renderWindowInteractor = vtk.vtkRenderWindowInteractor()
    renderWindowInteractor.SetRenderWindow(renderWindow)
    renderer.AddActor(actor)
    renderer.SetBackground(colors.GetColor3d('DarkGreen'))
    renderWindow.SetWindowName('Circle')
    renderWindow.Render()
    renderWindowInteractor.Start()

if __name__ == '__main__':
    main()
```

4.1.3　数据的结构特征

　　数据可视化技术是将数据转化为图形或图像进行可视化显示的过程。如果从可视化的显示结果出发，就比较容易找到一定的脉络。因为无论数据本身如何，总是要经过一定的变换，最终转化为可以显示的平面图形或空间图像。这样一来，图形和图像本身的特点也就成为数据表征中的一个重要方面，或者说，数据及其可视化结果具有一一对应的内在联系。

在 4.1.2 小节的介绍中提到了内置显示模型设置的三个条件，其中条件(3)提到了可视化系统的内置显示模型一般是规则或有一定规律的图形或图像，对应着规则和结构化的数据。如果数据的内在关系是不规则的，或是无法用预定的标准模型进行表征的，就需要进行单独处理。同时，规则数据在存储时也可以利用其结构化特点进行优化存储，而不规则数据则一般不进行这类存储的优化。

根据之前的分析，可视化数据是一种离散的数据集合。从数据节点的整体特点和联系来分析其结构特征，除了规则性这一可以利用的特征之外，数据的拓扑维度也是决定数据存储所需要考虑的重要方面。这种拓扑维度与可视化显示之间是一一对应的，如 0 维的数据会显示为点状图案，1 维的数据会显示为曲线，2 维的数据会显示为曲面，3 维的数据则会显示为体状图像，也可以有更加高维的数据和空间。

了解数据的拓扑维度对于进行数据的可视化以及数据的表示形式具有重要的意义。比如，$y = \sin(x)$ 这一公式中只有一个自变量 x，从数学知识可以很容易知道这一公式代表着一条曲线，这说明 $y = \sin(x)$ 所表现的数据是 1 维数据。如程序 4-1-3 所示，进行可视化显示时，首先选取数据的显示区间为 $x \in (s, e)$，在此区间上设置 n 个采样点，则可计算出对应的采样间隔 Δx，计算公式如下：

$$\Delta x = \frac{e - s}{n - 1} \tag{4-3}$$

程序 4-1-3 提供了对 1 维数据的可视化，包括 $y = \sin(x), y = \cos(x)$。

程序 4-1-3　1 维数据的可视化($y = \sin(x), y = \cos(x)$)

```
import math
import vtk
def main():
    view = vtk.vtkContextView()
view.GetRenderer().SetBackground(vtk.vtkNamedColors().GetColor3d('SlateGray'))
    view.GetRenderWindow().SetSize(400, 300)

    chart = vtk.vtkChartXY()
    view.GetScene().AddItem(chart)
    chart.SetShowLegend(True)
    table = vtk.vtkTable()
    X = vtk.vtkFloatArray(); X.SetName('x Axis')
    cosx = vtk.vtkFloatArray(); cosx.SetName('cos(x)')
    sinx = vtk.vtkFloatArray(); sinx.SetName('sin(x)')

table.AddColumn(X); table.AddColumn(cosx); table.AddColumn(sinx)
    numPoints = 40
    dx = 7.5 / (numPoints - 1); x = 0
    table.SetNumberOfRows(numPoints)
```

```
for i in range(numPoints):
        x +=dx; table.SetValue(i, 0, x)
        table.SetValue(i, 1, math.cos(x))
table.SetValue(i, 2, math.sin(x))

    points = chart.AddPlot(vtk.vtkChart.POINTS)
    points.SetInputData(table, 0, 1)
    points.SetColor(0, 0, 255, 255); points.SetWidth(1.0)
    points.SetMarkerStyle(vtk.vtkPlotPoints.CROSS)
    points = chart.AddPlot(vtk.vtkChart.POINTS)
    points.SetInputData(table, 0, 2)
    points.SetColor(0, 0, 0, 255); points.SetWidth(1.0)
    points.SetMarkerStyle(vtk.vtkPlotPoints.PLUS)
    view.GetInteractor().Initialize()
    view.GetInteractor().Start()

if __name__ == '__main__':
main()
```

程序 4-1-3 中采取区间长度为 7.5，选取 40 个采样点，并将这些数据作为行数据放入 vtkTable 数据结构中，取 x 坐标、$\sin(x)$、$\cos(x)$作为三个列数据形成一个表。进行输出时如同很多科学图表的做法一样，利用标记符号标识每个节点，多个采样点整体看起来呈现出函数曲线的形状，如图 4-1-3 所示。

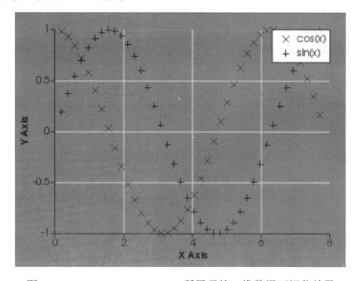

4-1-3.mp4

图 4-1-3　y = sin(x)、y = cos(x)所展现的 1 维数据可视化效果

4.2　可视化图元

在初步了解可视化数据的一些特点之后，本节进一步介绍数据集与可视化图元的概念。掌握了这些基础性方法，就能够实现对各类数据的可视化操作。

4.2.1　数据集

在数据可视化系统中，具有组织结构和相关数据属性的数据对象就构成了数据集。有了数据集这个概念，就可以针对数据集的特点进行面向对象方法的设计，从而实现对应的可视化技术。根据数据集的特性进行分类，有利于为相同特征的数据集合寻找适当的解决方案。

数据集内在的拓扑结构和几何结构是表征其中数据关系的重要方面。拓扑结构表现了几何变换下数据所具有的内在特征，属于将物体连续形变之后保持不变的性质。这里的"不变"，指的是在图形被弯曲、拉大、缩小或任意的变形下，不使原来不同的点重合为同一个点，又不产生新点。假定某个形状是用橡皮做成的圆圈，将其变形后可以成为一个方圈或者是三角圈。这样的变换不改变该形状的拓扑，这是因为其各个连接点直接的空间逻辑关系并未发生变换。如果将圆圈变换为阿拉伯数字"8"的形状，这样就造成了点的重合，从而影响了其拓扑结构。

几何结构是拓扑结构在具体坐标系之下的实例化结果，它是按照坐标位置将拓扑结构进行固定的结果。因此可以说，拓扑展现了数据点之间的逻辑结构关系，而几何结构则展现了数据点之间的平面或空间位置关系。

程序 4-2-1 给出了球体经几何变换呈现为椭球的程序示例。程序中采用的预定义的球体模型(vtkSphereSource)，经过变换滤波器(vtkTransformFilter)的变换处理，球体在 x 轴向不变，在 y 轴向上延长为原来的 1.5 倍，在 z 轴向上延长为原来的 2 倍，同时通过等高滤波器(vtkElevationFilter)对球体沿 z 轴设定了等高线显示，使得球体呈现出沿 z 轴方向上的颜色变化。

程序 4-2-1　球体经几何变换呈现椭球

```
import vtk
sphere = vtk.vtkSphereSource()
sphere.SetThetaResolution(12); sphere.SetPhiResolution(12)
transform = vtk.vtkTransform(); transform.Scale(1, 1.5, 2)

filter = vtk.vtkTransformFilter()
filter.SetInputConnection(sphere.GetOutputPort())
filter.SetTransform(transform)

colorIt = vtk.vtkElevationFilter()
```

```
colorIt.SetInputConnection(filter.GetOutputPort())
colorIt.SetLowPoint(0, 0, -1); colorIt.SetHighPoint(0, 0, 1)
mapper = vtk.vtkDataSetMapper()
mapper.SetInputConnection(colorIt.GetOutputPort())
actor = vtk.vtkActor(); actor.SetMapper(mapper)


renderer = vtk.vtkRenderer()
window = vtk.vtkRenderWindow(); window.AddRenderer(renderer)
interactor = vtk.vtkRenderWindowInteractor()
interactor.SetRenderWindow(window)
renderer.AddActor(actor)
renderer.SetBackground(vtk.vtkNamedColors().GetColor3d("SlateGray"))
renderer.ResetCamera()
renderer.GetActiveCamera().Elevation(60.0)
renderer.GetActiveCamera().Azimuth(30.0)
renderer.ResetCameraClippingRange()


window.SetSize(640, 480); window.SetWindowName('TransformSphere')
window.Render(); interactor.Start()
```

图 4-2-1(a)展示了具有等高性质显示的椭球体，这一变换过程采用了几何变换方法，且并未影响球体上各点之间的拓扑关系，即这种变换仅涉及几何变换，并未涉及拓扑变换。也就是说，这个椭球体所代表的数据与原有的球体所代表的数据具有相同的拓扑结构。

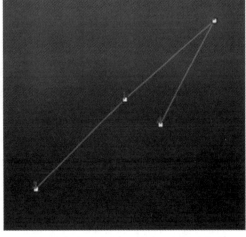

(a) 球体经几何变换成为椭球　　　　　　　　(b) 图数据的拓扑结构

图 4-2-1　数据集的拓扑结构与几何结构

图这种数据结构在离散数学和现代计算机算法设计中都占据重要的位置。对于图结构的数据集，其中的数据元素会呈现出拓扑的结构，包括图的节点(Vertex)和边(Edge)。可视化的过程是将图的各种数据元素及其关系进行可视化呈现，从这种意义上来说，对于图数据的计算机可视化与利用手绘方式进行可视化，其结果大致相当。如图 4-2-1(b) 所示的拓扑图，其中展现了四个节点以及三条边的一个图的拓扑关系。其具体实现如程序 4-2-2 所示。

程序 4-2-2　图数据所对应拓扑结构的构造

```
import vtk
g = vtk.vtkMutableUndirectedGraph()
v1 = g.AddVertex(); v2 = g.AddVertex()
v3 = g.AddVertex(); v4 = g.AddVertex()
g.AddEdge(v1, v2); g.AddEdge(v1, v3); g.AddEdge(v2, v4)

ids = vtk.vtkIntArray()
ids.SetNumberOfComponents(1); ids.SetName('VertexIDs')
ids.InsertNextValue(1); ids.InsertNextValue(2)
ids.InsertNextValue(3); ids.InsertNextValue(4)
g.GetVertexData().AddArray(ids)

view = vtk.vtkGraphLayoutView()
view.AddRepresentationFromInput(g)
rGraph = vtk.vtkRenderedGraphRepresentation()
rGraph.SafeDownCast(view.GetRepresentation()).GetVertexLabelTextProperty().SetColor(vtk.vtkNamedColors().GetColor3d('Red'))

view.SetVertexLabelArrayName('VertexIDs')
view.SetVertexLabelVisibility(True)
view.ResetCamera(); view.Render()
view.GetInteractor().Start()
```

程序 4-2-2 采用了预定义的内置可视化模型 vtkMutableUndirectedGraph 进行图这种数据集的可视化显示，并通过 vtkIntArray 进行整形图节点名称的存储。其中 vtkRenderedGraphRepresentation 可以将渲染图形取出做进一步处理，从而方便将显示的图节点名称渲染为红色，以加强可视化显示效果。

类似于图节点名称这类信息并不是用于表现数据集节点的几何或拓扑关系，而是对其显示关系数据的一种补充说明，因此将其归类于属性数据。尽管属性数据并不属于可视化图形构建的关键数据，然而对于实际应用，往往它可能代表的就是应用所要表达的实际物理信息，具有现实的含义。比如可以利用属性数据来标志温度值、物体的质量、风速、气压等各类信息。对于表示属性的数据还可以进行深入处理，采用标量、向量、法线、纹理坐标和张量等进行更广泛类型的数据处理。这部分内容将在下一章进行深入阐述。

4.2.2　图元模型

上一小节的介绍中展示了多种内置的显示模型，能够展示坐标轴、规则的几何形状、拓扑图等等。这种预定义的模型对于规则数据的可视化具有一定效果，然而现实之中大量数据的属于非规则数据，并不能够简单地采用一些预定义的模型对其进行处理。要实现更一般的可视化图形构建，就必须引入可视化图元这一概念。

数据可视化系统的任务是实现对多种多样、丰富多彩的数据进行可视化显示，这就意味着，无论预先设定的内置显示模型有多少，总是无法满足现实的可视化需要。而对于完全依赖于预定义模型的可视化系统，也同时意味着只能够完成约定的可视化任务，并不能够根据需要进行自由扩展。这样就大大制约了可视化系统的适用范围，使得大部分可视化系统一般只能实现特定的可视化功能，如常见的曲线图、柱图、饼图或其他统计图形等，而无法实现对任意数据集的可视化处理。

在科学计算与工程实践中，非规则数据集的可视化任务具有广泛的应用领域，涉及如医学、农业、工业等诸多领域。比如在图 4-2-2 中展示了三维牛模型的可视化案例，其中突出显示了图中部分数据所呈现的牛体表面的网状图元。可以看出，正是由于大量图元的存在，才实现了这一三维建模的完整牛体。

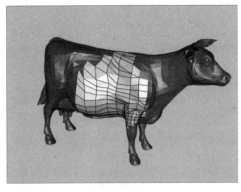 

(a) 全图　　　　　　　　　　　　　　　　(b) 局部

图 4-2-2　非规则数据集的可视化案例(三维牛模型的可视化图元)

图元模型是一种适用广泛的可视化方法，可以用于构建各类规则或非规则数据集的可视化显示效果。图元可视化建模方法采用图元作为显示图形的基本构成单位，同时维护一个有序的点集，用于指定图元中点的几何位置，同时其点集的顺序关系还可以反映出图元的拓扑结构。

在图元模型中，图元是构成可视化模型的基本单位。给定一个图元 C_i，它会对应一个有序的点集，即

$$C_i = p_1, p_2, \ldots, p_n \tag{4-3}$$

其中 $p_k \in P$，是整个可视化点集 P 中的一个 n 维点的子集。

对于千差万别的可视化显示，究其根本就体现在图元类型的不同以及各个图元之间的

排列方式上，通过一定的方式和方法的组合，就可以利用最基本的图元来实现各种类型的显示效果。为此就需要定义一些基本类型的图元，这些图元具有不可再分的特点，同时都属于构成数据集的基本单位，同时每种图元会对应一个点的序列，即图元拓扑。

点集中点的数量 n 既代表了一种点的维度信息，同时 n 也是图元大小的一种衡量指标，又称为图元尺寸。另一个概念就是使用集 U。当某个点图元 C_i 使用了点 p_k，即 $p_k \in C_i$，则点 p_k 的使用集合可以进行如下表示：

$$U(p_k)=U(C_i : p_k \in C_i) \tag{4-4}$$

这种点的使用集合是进行基于图元的可视化模型构造的基础，可以用于分析和构建图元运算的算法。

在第 3 章可视化管线模型的构造过程中，已经介绍了演员自身的维度与场景纬度之间的关系和区别，具体的例子已经表明，在三维场景之中仍然可以有二维演员，也可以有三维演员，因此演员的维度具有完全独立于场景维度的单独属性。落实到图元上，可以看出，对于点集中的点，其定义一般是三维的空间坐标。然而，对于图元来说，它既然是可视化的基本单位，其具体的显示就应该与可视化显示效果相对应。比如说如果要实现的可视化效果是某种点的集合，那么对应的图元就应该是 0 维度的点；如果可视化效果是要实现某种线的展示，那么所对应的图元就应该是 1 维度的线。同理还有 2 维度的表面形图元和 3 维度的体形图元。

如图 4-2-3 所示，其中给出了 16 种基本的线性图元，包括点状图元、线状图元、平面图元和立体图元等不同类型。这些图元之所以称为线性图元，是因为其为线性或者常值的插值函数。

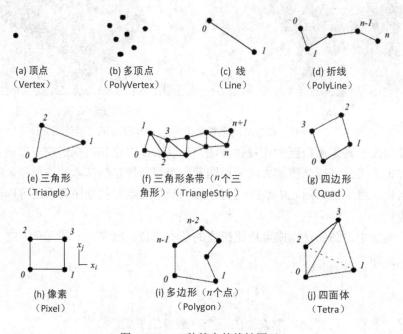

图 4-2-3　16 种基本的线性图元

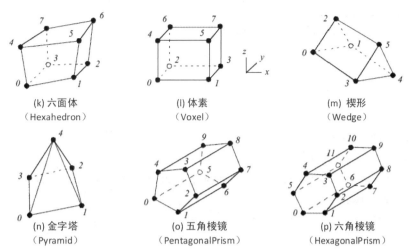

<table>
<tr><td>(k) 六面体
（Hexahedron）</td><td>(l) 体素
（Voxel）</td><td>(m) 楔形
（Wedge）</td></tr>
<tr><td>(n) 金字塔
（Pyramid）</td><td>(o) 五角棱镜
（PentagonalPrism）</td><td>(p) 六角棱镜
（HexagonalPrism）</td></tr>
</table>

图 4-2-3 所标注的图元均带有一个英文名字，这个英文名字只要加个 vtk 前缀就可以构成该图元的实际调用名称。比如点状图元中的顶点图元 Vertex，在调用时可以写为 vtkVertex。在具体处理时，应首先建立点的坐标，具体点的数量最少应为图元的尺寸数。如程序 4-2-4 所示，这些坐标点会首先放置在 vtkPoints 提供的点集之中，它们构成了图元模型之中的空间点。然后通过 vtkVertex 建立图元。在程序 4-2-4 中，采用了 4 个坐标点，对应着 1 个尺寸为 4 的顶点图元，同时注意程序为每个坐标点设置了从 0 开始编号的 ID 值。其中，

$$\text{cell.GetPointIds().SetId}(i, i)$$

表示第 i 个点设置 ID 为 i。

图元建立完成后通过 vtkPolyData 建立多边形数据集，并将 vtkPoints 型数据设置为其输入点集，将 vtkVertex 型数据作为其输入的图元集。经过管道处理，最后可以显示为如图 4-2-4 (a)所示的图形。

程序 4-2-3　四个点状图元的演示程序

```python
import vtk
def pipeline(mapper, actorColor, bgColor):
    colors = vtk.vtkNamedColors()
    actor = vtk.vtkActor()
    actor.SetMapper(mapper)
    actor.GetProperty().SetPointSize(30)
    actor.GetProperty().SetColor(colors.GetColor3d(actorColor))

    renderer = vtk.vtkRenderer()
    renderWindow = vtk.vtkRenderWindow()
    renderWindow.SetWindowName('Pipeline')
    renderWindow.AddRenderer(renderer)
    renderWindowInteractor = vtk.vtkRenderWindowInteractor()
    renderWindowInteractor.SetRenderWindow(renderWindow)
```

```
    renderer.AddActor(actor)
    renderer.SetBackground(colors.GetColor3d(bgColor))
    renderWindow.Render()
    renderWindowInteractor.Start()


if __name__ == '__main__':
    points = vtk.vtkPoints()
    points.InsertNextPoint(0, 0, 0); points.InsertNextPoint(1, 0, 0)
    points.InsertNextPoint(1, 1, 0); points.InsertNextPoint(0, 1, 0)
    cell = vtk.vtkVertex()
    n = 4; cell.GetPointIds().SetNumberOfIds(n)
    for i in range(0, n):
        cell.GetPointIds().SetId(i, i)


    cells = vtk.vtkCellArray(); cells.InsertNextCell(cell)
    data = vtk.vtkPolyData()
data.SetPoints(points); data.SetVerts(cells)
    mapper = vtk.vtkPolyDataMapper()
mapper.SetInputData(data)


pipeline(mapper, 'PeachPuff', 'DarkGreen')
```

在之前的章节中，已经多次提到模型对于数据可视化结果的重要性。在程序 4-2-3 中，vtkPolyData 是接收图元和有序点的数据集，若对其稍加调整，不再采用顶点图元的方式 SetVerts，而是采取连线的方式，就可很轻易地改变模型，从而得到一种连线的显示结果。如程序 4-2-4 所示，需要注意此时图元数组 vtkCellArray 中保存了 1 个尺寸为 5 的图元，在原有基础上增加了一个(0，0，0)的坐标点，以实现闭合曲线。

(a) 将点作为点状图元　　　　　(b) 通过图元连线出现的效果

图 4-2-4　四个点坐标进行图元处理的不同结果

4-2-4.mp4

程序 4-2-4　利用图元的方式建立点的连线模型

```python
if __name__ == '__main__':
    points = vtk.vtkPoints()
    points.InsertNextPoint(0, 0, 0)
    points.InsertNextPoint(1, 0, 0)
    points.InsertNextPoint(1, 1, 0)
    points.InsertNextPoint(0, 1, 0)
    points.InsertNextPoint(0, 0, 0)

    cells = vtk.vtkCellArray()
    n = 5; cells.InsertNextCell(n)
    for i in range(0, n):
        cells.InsertCellPoint(i)

    data = vtk.vtkPolyData()
    data.SetPoints(points); data.SetLines(cells)
    mapper = vtk.vtkPolyDataMapper()
    mapper.SetInputData(data)
    pipeline(mapper, 'PeachPuff', 'DarkGreen')    # 函数定义同程序4-2-3
```

图 4-2-4 展示了以上两个程序的运行结果。此处输入的点坐标都是 4 个，但由于采取的处理模型和方式不同，造成了完全不同的处理效果。

4.2.3　全局坐标与局部坐标

为实现多维数据的空间可视化展示，在可视化系统中需要定义合适的坐标系。三维空间中的笛卡尔坐标系是最为常见的坐标形式，又称为全局坐标。全局坐标中的点是沿着 x、y、z 三个坐标轴取值的三元组(x, y, z)，可以用来指定数据集的几何属性，如法线、向量的性质等。利用全局坐标标注的信息可以称之为方位。

尽管全局坐标足够有效，但对于特定的数据集，有时候定义和使用一些数据集自身内部的坐标也非常必要，这样就可以充分运用其拓扑属性和几何性质，更加方便地进行计算和模型设计，这种数据集自身的坐标就属于局部坐标。

在数据集的本地坐标系中，数据的坐标被标记为拓扑坐标与几何坐标的组合。其中，拓扑坐标用于标记具体的图元或子图元，而几何坐标用于确定图元内部的具体位置，称为区位。同时，拓扑坐标只需标记为一个整数的数值(cell_id)，用于确定图元中的某个点或者是图元本身，如程序 4-2-3、4-2-4 中所用 SetId(i, i)，其对应的就是拓扑坐标。对于复合图元，也可以额外增加一个子标记(sub_id)来指明构成复合图元的主要成员图元。

在图元内部指定某个位置就需要几何坐标，也称为参数坐标。这个坐标是在具体图元结构之内与图元具有相同维度的坐标。

下面以一个折线形图元为例来进一步说明不同坐标的作用。如图 4-2-5 所示，其中任

选一点 p，其全局坐标即其方位为(x, y, z)。而其局部坐标就记为其所在的图元编号 cell_id，以及图元中的主要成员的编号 sub_id，此处就是折线中点 p 所在的线段。此外还有三个参数坐标，因此 p 点的局部坐标记为(cell_id，sub_id，r，s，t)，这里的 r、s、t 代表三个维度之下的各自的参数。比如对于折线而言，线形图元的维度为 1，因此只需要使用参数 r，而另外两个参数则作无效处理。对于线性图元，参数 r 可以用于标记线段上的任意点。假定 p 点所在线段两个端点的参数坐标为 x_i、x_{i+1}，则该线段上的任意一点 p 的参数坐标可以计算为

$$x(r) = (1-r)x_i + rx_{i+1} \tag{4-5}$$

其中 $r \in (0,1)$。

这个公式适用于线性图元上点的计算，对于不同的图元，需要结合其图元类型选择对应的参数化公式。

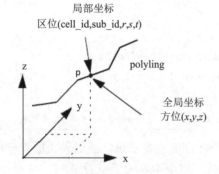

图 4-2-5　数据集所使用的全局坐标与局部坐标

此外还有结构化坐标系，将在下一节中进一步介绍。下面来看一下图元中坐标点的顺序对图元显示效果会发挥怎样的作用。

选取四边形图元进行展示。如图 4-2-3 所示，四边形图元的英文名称为 Quad，因此图元对象为 vtkQuad。又知四边形图元具有 4 个点，因此编写程序 4-2-5 即可为图元构建可视化管道并将图元显示出来。

程序 4-2-5　四边形图元的可视化

```
if __name__ == '__main__':
    p2 = [1.0, 1.0, 0.0]; p3 = [0.0, 1.0, 0.0]
    p0 = [0.0, 0.0, 0.0]; p1 = [1.0, 0.0, 0.0]

    points = vtk.vtkPoints()
    points.InsertNextPoint(p0); points.InsertNextPoint(p1)
    points.InsertNextPoint(p2); points.InsertNextPoint(p3)

    cell = vtk.vtkQuad()
    n = 4; cell.GetPointIds().SetNumberOfIds(n)
```

```
    for i in range(0, n):
        cell.GetPointIds().SetId(i, i)

    cells = vtk.vtkCellArray()
    cells.InsertNextCell(cell)
    data = vtk.vtkPolyData()
    data.SetPoints(points)
    data.SetPolys(cells)
    mapper = vtk.vtkPolyDataMapper()
 mapper.SetInputData(data)
 pipeline(mapper, 'Silver', 'Salmon')
```

程序 4-2-5 的运行结果如图 4-2-6(a)所示，这是一个正方形表面。改变 InsertNextPoint 中插入点的顺序，将原有的 0、1、2、3 顺序调整为 0、2、1、3，结果会得到如图 4-2-6(b) 的图像。这是由于图元是通过顺序布置坐标点并依据算法进行渲染的方式来构造的，具体渲染的方式是由图元的类型来决定的。由于此处为四边形图元，所以会顺序连接其中的坐标点并绘制出各个点所围成的平面图形，而按照 0、2、1、3 则正好可以围成图 4-2-6(b) 所示的效果。注意此处的图形并非四边形，而是五边形。

根据以上分析，可以知道这种显示结果的差异并非某种错误，而恰恰就是利用图元所对应的算法按顺序构造图元的一种应有结果。

(a) 按 0、1、2、3 顺序排列点　　　　　　　(b) 按 0、2、1、3 顺序排列点

图 4-2-6　采用不同顺序的坐标点展现出不同的多边形效果

4.3　数据集分类

图元作为数据可视化的基本单位发挥了重要的作用。然而，单纯的图元本身并不能实际完成对数据的可视化任务。在实际使用时，往往需要根据可视化数据的特点构建其对应

的数据集模型，并以此决定可视化算法策略。

4.3.1　数据集建模

　　数据可视化的目标是对一组输入数据进行可视化处理，这里的输入数据就构成了一个数据集。有了图元的概念以后，可以得出数据集是一个或多个图元及其关联属性的集合的概念。然而，要实现可视化任务，必须通过一定的方法和算法处理这些图元，使其能够完成可视化显示。在这一过程中，非常有必要针对数据集进行处理。如果能够找出数据集的一些内在特点，将会非常有利于进行数据处理操作和算法设计。这就需要针对可能包含多种图元的数据集来寻找和建立相关模型，使其能够通过一定的方式来有效组合多种图元。图 4-3-1 给出了几种常见的数据集模型。

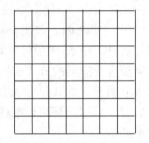

(a) 图像数据(ImageData)

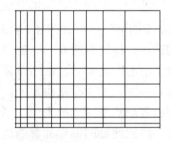

(b) 线性网格(RectilinearGrid)

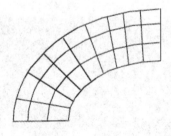

(c) 结构化网格(StructuredGrid)

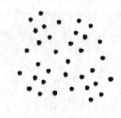

(d) 散点(UnstructuredPoints)

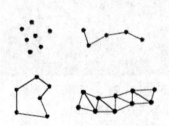

(e) 多边形数据(PolyData)

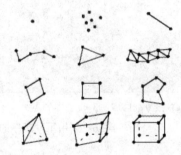

(f) 非结构化网格(UnstructuredGrid)

图 4-3-1　几种常见的数据集模型

　　数据集之内的图元之间一般会遵循某种结构特征，反映了数据集中图元的显示特点。通过之前的例子可以看出，在构造数据集时，需要设定其中含有哪些坐标点，然后还要指明这些坐标点所归属的图元信息。这样就能够通过坐标点确定出几何位置，同时再通过图元信息确定出拓扑关系，最后通过一定的算法完成图形的可视化渲染。

规则性是数据集的一个重要表征。在界定这种规则性的时候主要考虑的是数据集中坐标点和图元的关系，如果坐标点具有一定的规则性，就说明数据集具有几何规则性。如果图元之间的拓扑关系呈现规则性，则该数据集具有拓扑规则性。利用规则数据的内在规律，就可以单纯记录其内在的模式信息，从而减少存储和计算负荷，而不规则的数据就无法找到这种模式信息，因而必须对每个坐标点及图元进行存储。然而，现实的可视化问题中不规则数据却更加普遍。

图 4-3-1 列举了几种常见的数据集，最为常见的数据集模型是多边形数据(PolyData)。之前从程序 4-2-3 开始的三个程序中都使用了 vtkPolyData 这个对象，该对象就对应着这种数据集。多边形数据用于渲染几何的图形原语，比如直线、多边形等，常被用于计算几何或者可视化算法的设计。如图 4-3-1(e)所示，这种用于多边形的数据集包括了顶点、多边形、直线、折线、多边形和三角形条带等。之所以这些几何图形被归为多边形数据，是因为其算法设计和图形显示方法与多边形处理相似。

多边形数据也是非结构化的，这些数据集里面图元的拓扑维度有可能会不同。具体而言，顶点、直线和多边形这些基本图形原语的几何维度分别为 0 维、1 维和 2 维。此外，多边形数据这种数据集还可以包括多顶点类数据、折线类数据和三角形条带类数据等多种不同形态的数据。将这些不同种类图元的数据集类型归为多边形数据的原因是考虑到这些图元的数据模型在进行技术处理时的共性特征，即它们都可以建模为多边形数据。结合数据存储紧缩性和处理性能方面的考虑，多顶点、折线和三角形条带等图元的数据模型也符合归类成多边形数据集的要求。

在构造多边形数据可视化模型时，需要建立一个点的集合，再配合顶点、直线、多边形等图元集，对应着点-顶点模型、点-直线模型、点-多边形模型，其相应需要调用的函数和对应的示例程序如表 4-3-1 所示。

表 4-3-1　多边形数据(PolyData)的用法模型

建模方法	函数	程序示例
点-顶点模型	SetVerts	程序 4-2-3
点-直线模型	SetLines	程序 4-2-4
点-多边形模型	SetPolys	程序 4-2-5

规则数据集的典型代表是图像数据(ImageData)，又称均匀网格。如图 4-3-1(a)所示，图像数据呈现出规则的形状，其图元呈现出矩形并排列起来像个格子一样，这样的数据在存储时就可以利用规则的特征仅仅保存模式信息，从而大大减少存储量。由于是规则的形状，图像数据的行、列或格子中的平面会平行于 xyz 坐标系。如果坐标点和图元归属于同一个平面，则这种数据集可能是像素图、比特图或者是一般意义上的图片数据。而如果坐标点、图元被安置在层叠的平面上，此时数据集表示的就是体数据。事实上，图像数据这种数据集可以包含直线图元(1 维)、像素图元(2 维)、体素图元(3 维)等多种图元类型。进行数据表示时，图像数据只需要维度信息、坐标原点以及间距等几个参数即可，因此可

以对具有均匀特征的数据实现更为高效的存取和运算。

　　图像数据集在成像技术和计算机图形学中经常使用。体数据则经常在医学领域用于计算机断层扫描(CT)和磁共振成像(MRI)，在数学和各类工程系统中也有广泛的应用。

　　图像数据采用了均匀网格的方式，实现起来简单高效。然而，其应用过程中会有一定的局限性。为表示更一般的直线型关系，就需要引入线性网格这种数据集。线性网格，也称为正交网格，它保留了规则性和直线型排列等特征，网格中的行、列和平面平行于 xyz 坐标系，因此这种数据集的特点是其拓扑结构是规则的，从而几何结构也具有部分规则性。线性网格允许行、列的间距进行变化，而不像图像数据那样必须要求等距的排列方式，从而使得其具有更一般性，能够实现更为细致的数据建模。线性网格中的图元一般是 2 维的像素图元(Pixel)或者是 3 维的体素图元(Voxel)。

　　与线性网络相对应的，结构化网格数据集也遵循规则拓扑结构的特征，但是它允许几何结构不规则。这种网格保持了图元之间的拓扑关系，从而使得图元之间不重叠或者相交，但是允许图元进行一定的扭曲。用于构成结构化网格的图元是四边形(2 维)或六面体(3 维)的。结构网格在有限差分分析中较为常见，属于一种近似求解偏微分方程的数值分析方法，其典型的应用包括流体运动、热传导和燃烧过程建模等。

　　在数据可视化中，也有一些模型是采用散点数据集建立的。散点数据集对应着空间中的不规则点集，属于没有拓扑结构的数据，同时其几何结构也是非结构化的。在 3 维空间中分布的散点在数量较多时会呈现出云状的形态，经常被称为点云。散点数据集所可视化的结果就是散点图，使用起来较为方便，能够对缺乏必要特征的物理或工程问题提供一种直接的数据显示方式，比如显示汽车活塞表面的温度值，配合一定的插值函数，就能够得到很多散点型的数据。

　　另一种非结构的数据集模型是非结构化网格，这也是最为通用的一种数据模型。非结构化网格的拓扑结构和几何结构都是非结构化的，因此它可以支持任意的图元，这是其他数据集所不具备的特征。无论是 0 维的顶点图元，还是 3 维的四面体、体素等各类图元均能够适用于非结构化网格模型。然而，从性能方面看，非结构化网格模型所建立的数据集并不具有优势，由于缺少结构化所带来的内存和计算方法未进行优化，使得依据非结构化网格建立的数据集会占用更多内存空间，处理起来占用计算资源也较高。因此，实际使用时，有可能的情况下应优先采用其他数据集建模方式。

　　在实际使用过程中，应结合可视化的内容来选择适当的数据集模型。比如要实现一个六面体的可视化，其适用的模型就是非结构化网格。多边形数据模型并不适用于三维物体的可视化，而非结构化网格则适用于任意维度的数据集。具体进行可视化时，应结合待可视化图元自身的特点就行数据设定。对于六面体图元而言，其坐标点的设置应选择 2 个平行面进行。由于可视化模型应由图元及其上的有序点来构成，而对于六面体图元，选定了 2 个平行表面以后，每个面上有四个点，这四个点的排列应按逆时针顺序展开。程序 4-3-1 给出了这种六面体图元可视化的代码。

程序 4-3-1　利用非结构化网格模型可视化一个六面体图元

```
import vtk
def render(mapper, actorColor):
```

```
colors = vtk.vtkNamedColors()
colors.SetColor("BkgColor", [51, 77, 102, 255])

actor = vtk.vtkActor()
actor.GetProperty().SetColor(colors.GetColor3d("PeachPuff"))
actor.SetMapper(mapper)

renderer = vtk.vtkRenderer()
window = vtk.vtkRenderWindow()
window.SetWindowName("render")
window.AddRenderer(renderer)
interactor = vtk.vtkRenderWindowInteractor()
interactor.SetRenderWindow(window)

renderer.AddActor(actor)
renderer.SetBackground(colors.GetColor3d("BkgColor"))
renderer.ResetCamera()
renderer.GetActiveCamera().Azimuth(30)
renderer.GetActiveCamera().Elevation(30)
window.Render()
interactor.Start()

if __name__ == '__main__':
    coordinates= list()
    coordinates.append([0.0, 0.0, 0.0])  # Face 1
    coordinates.append([1.0, 0.0, 0.0])
    coordinates.append([1.0, 1.0, 0.0])
    coordinates.append([0.0, 1.0, 0.0])
    coordinates.append([0.0, 0.0, 1.0])  # Face 2
    coordinates.append([1.0, 0.0, 1.0])
    coordinates.append([1.0, 1.0, 1.0])
    coordinates.append([0.0, 1.0, 1.0])

    points = vtk.vtkPoints()
    cell = vtk.vtkHexahedron()
    for i in range(0, len(coordinates)):
        points.InsertNextPoint(coordinates[i])
        cell.GetPointIds().SetId(i, i)
```

```
data = vtk.vtkUnstructuredGrid()
data.SetPoints(points)
data.InsertNextCell(cell.GetCellType(), cell.GetPointIds())
mapper = vtk.vtkDataSetMapper()
mapper.SetInputData(data)
```

```
render(mapper, 'PeachPuff')
```

程序 4-3-1 的运行结果如图 4-3-2(a)所示，这是一个立方体。程序采用了一个列表保存各个点的坐标，append 点坐标的顺序就遵循了在当前表面上逆时针添加点的顺序。与之前四边形图元中改变点的顺序相类似，这里可以调整一下[0.0, 0.0, 0.0]和[1.0, 0.0, 0.0]两个坐标点的加入顺序，即可得到 4-3-2(b)所示的结果。其具体原理也是由于图元必须通过顺序布置的坐标点根据算法将其进行渲染，调整了点的顺序就无法再得到原定想要得到的六面体模型，而是依据算法将其渲染成它该有的形状。由此可见，在通过 VTK 工具进行数据可视化时，图元及顺序排列的坐标点是必须遵循的原则。

 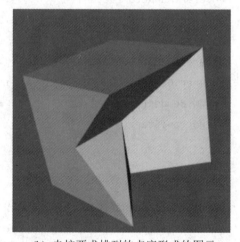

(a) 按要求排序的 8 个点所形成的图元   (b) 未按要求排列的点序形成的图元

图 4-3-2　采用不同顺序的坐标点展现出不同的立体效果

4.3.2　结构化坐标

图像数据模型是一种非常典型的结构化数据集模型，其拓扑结构和几何结构都是规则的，因此首先明确图像数据模型的坐标体系，有助于对结构化数据集中如何建立其适用的坐标系具有重要的意义。

在图像数据模型中，数据可以表示为一个向量 (n_x, n_y, n_z)，其中的三个数值分别用于表示 xyz 坐标轴上点的数量。其中的坐标原点可以表示为 $(\min(x), \min(y), \min(z))$，即各坐标轴的最小坐标值。由于点和图元都是均匀排列的，因此只需要在各个坐标轴上指定一个索引 (i, j, k) 即可确定某个具体的点或者图元。要指定一条线则只需从中任选两个序号，而要指定一个平面就只需要一个序号。

　　与图像数据模型类似，其他具有结构特征的数据集如结构化格点，因其内在的结构化特点，均可以采用这种(i,j,k)索引方式的坐标标识方法。这样自然的表示方法能够简单、方便和直接地标识具体的点和图元，而且能够适用于点、线、表面和体等各种类型的数据集。具体标识的时候也可以依据以上提到的原则，通过序号的适当组合来表现出二维表面或者三维体。在实际使用过程中，如固定i的值，即$i = C$，而允许j、k自由变化，就可以获得一个平面。假如 3 个索引值都确定，就可以直接指向某个点或者图元；如果只是确定了 2 个索引值，就相当于指定一条直线。如果三个索引值允许变化，就可以用于确定一个立体，或者是立体中的某个部分。

　　这种结构化坐标系经常用于对可视化系统中的兴趣区域(region of interest，ROI)进行分析。事实上，这种索引式的坐标不仅可以以向量的形式直接使用，也可以很方便地转变为线性化的数值，从而可以简单地利用数组进行存取。给定一个点p的坐标(i, j, k)，以及索引坐标系中xyz轴上的维度信息(n_x, n_y, n_z)，点p在一维数组中的索引idx_p可以方便地由以下公式得到：

$$idx_p = i + jn_x + kn_x n_y \tag{4-6}$$

这一公式说明，如果将点的坐标看成是基于(i, j, k)的坐标系上的点，则可以看出点在i轴上变化最快，而在k轴上变化最慢。此外，注意到图元与点的关系，可知，对于xyz坐标轴上具有点的数量如(n_x, n_y, n_z)的情况，其对应着在三个坐标轴上图元的数量为(n_x-1, n_y-1, n_z-1)。

　　因此由以上关系可以得出如果要将某一图元c的索引映射到一维数据之上，从而得到一维化的图元索引idx_c，只需进行如下运算：

$$idx_p = i + j(n_x-1) + k(n_x-1)(n_y-1) \tag{4-7}$$

　　线性网格也是一类结构化数据集模型，一般而言，数据可视化的对象往往是不规则的数据，甚至找不出什么规律。然而，数据可视化的作用恰恰是方便对无规则数据的分析，为其提供更为多样化的分析工具。比如，在程序 4-3-2 中有x、y、z三个数组，各个数组维度不同，数据分别代表三个轴向，很难找出其中的规律。然而，如果对该数据进行剖面截取，就可以提取出某个剖面的数据，而由于剖面上的数据点间距不同，这恰恰可以运用线性网格进行分析。程序 4-3-2 中，进行剖面截取的方式是通过语句

```
plane.SetExtent(0, len(x) - 1, 16, 16, 0, len(z) - 1)
```
来实现的。其中，选取了$y=16$的截面，就可以单独分析x与z之间的关系。

程序 4-3-2　利用线性网格进行数据的剖面分析

```
if __name__ == "__main__":
    colors = vtk.vtkNamedColors()

    x = [-1.22396, -1.11979, -1.06771, -0.963542, -0.859375, -0.755208, -0.703125,
```

```
-0.598958, -0.494792, -0.390625, -0.338542,
        -0.234375, -0.182292, -0.130209, -0.078125, -0.026042, 0.0260415,
0.078125, 0.130208, 0.182291, 0.234375, 0.286458]
    y = [-1.25, -1.09375, -0.9375, -0.859375, -0.703125, -0.546875, -0.46875,
-0.3125, -0.15625, 0, 0.078125, 0.15625, 0.234375, 0.3125, 0.390625, 0.46875,
0.546875, 0.625, 0.703125, 0.78125, 0.859375, 0.9375, 1.01562, 1.09375, 1.17188,
1.25]
    z = [0, 0.1, 0.2, 0.3, 0.4, 0.5, 0.6, 0.7, 0.75, 0.8, 0.9, 1, 1.1, 1.2, 1.3, 1.4,
1.5, 1.6, 1.7, 1.75, 1.8, 1.9, 2,
        2.1, 2.2, 2.3, 2.4, 2.5, 2.6, 2.7, 2.75, 2.8, 2.9, 3, 3.1, 3.2, 3.3, 3.4,
3.5, 3.6, 3.7, 3.75, 3.8, 3.9]


    xCoords = vtk.vtkDoubleArray()
    for i in range(0, len(x)):
        xCoords.InsertNextValue(x[i])
    yCoords = vtk.vtkDoubleArray()
    for i in range(0, len(y)):
        yCoords.InsertNextValue(y[i])
    zCoords = vtk.vtkDoubleArray()
    for i in range(0, len(z)):
        zCoords.InsertNextValue(z[i])


    data = vtk.vtkRectilinearGrid()
    data.SetDimensions(len(x), len(y), len(z))
    data.SetXCoordinates(xCoords)
    data.SetYCoordinates(yCoords)
    data.SetZCoordinates(zCoords)
    plane = vtk.vtkRectilinearGridGeometryFilter()
    plane.SetInputData(data)
    plane.SetExtent(0, len(x) - 1, 16, 16, 0, len(z) - 1)

    mapper = vtk.vtkPolyDataMapper()
    mapper.SetInputConnection(plane.GetOutputPort())
    actor = vtk.vtkActor()
    actor.SetMapper(mapper)
    actor.GetProperty().SetColor(colors.GetColor3d("Banana"))
    actor.GetProperty().EdgeVisibilityOn()
render(actor)   # 函数render同程序4-3-1
```

　　程序 4-3-2 利用了线性网格数据集模型 vtkRectilinearGrid 来进行数据的剖面分析。运行以后可以得到图 4-3-3 所示的剖面图，属于线性网格这种具有一定规则性的图像。

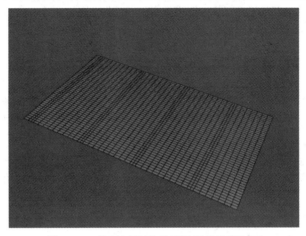

图 4-3-3　线性网格模型所展示的数据剖面

4.3.3　图元镶嵌

　　之前的图元模型介绍中主要涉及线性类型的图元。然而，在有限元等很多数学模型之中，非线性图元往往是进行数据表示过程中必不可少的部分。对于非线性图元的设定需要取决于可视化工具的支持，比如 VTK 工具支持二次图元。事实上，这并不能真正满足实际应用对于可视化的需要。现实的可视化图元模型可能含有更多的变化，如果从建模的角度看，并不能单纯地将其解释为线性图元或二次图元等简单的模型。

　　要实现更多的图元模型，或者是设计某种通用的图元，都会涉及极其复杂的模型构建和算法问题。因此，可视化系统在应对多样化的图元显示问题时，引入了图元镶嵌这一概念，即在可视化过程中，通过镶嵌算法，通过对非线性图元内部的细分，从而镶嵌出更为细致的子图元。只要细分的粒度达到一定程度，从宏观上看，通过图元细分所镶嵌出来的子图元就已经近似为线性图元。这个思路与微积分中进行数据的微观分割从而得到可计算的模型相一致。在进行图元镶嵌算法设计时，需要掌握以下几个原则：

　　(1) 图元镶嵌应选取数据集的子集分步进行，从而减少内存占用，提高运算效率；

　　(2) 为实现数据集子集的选取，应结合算法设定好图元选取的标准。

　　边细分算法就是一种简单又常见的图元镶嵌算法，这一算法无需关注图元的形状，只需循环处理图元的边，只要边的长度大于一定值，就可以对该图元的边进行细分。最简单的就是将该边均等分，为每个图元执行这个边细分算法，直到所有图元的边长小于约定的门限长度值。

　　以三角形图元为例，对其执行边细分算法时，如图 4-3-4 所示，首先对三个边进行排序，形成 edge 0、edge 1、edge 2，然后找到 edge 0 的中点，将该中点与其对面的顶点连线。此时相当于将原三角形图元分为了两个三角形，对各个三角形再次判断其边是否满足规定的门限，比如 edge 1 的长度大于规定的门限，此时就首先说明刚刚取出的对角线无法满足要求，于是去掉该边并找出 edge 1 的中点，将 edge 0 的中点与 edge 1 的中点连线，并将

edge 1 的中点与其对面的点连线。再次判断时，发现 edge 2 仍然超出门限，就取 edge 2 的中点，将该点与 edge 0 和 edge 1 的中点分别连线，并去掉之前 edge 1 的中点与对面顶点的连线。如此就形成了四个细分的三角形。此后可以对其中每个细分后的三角形再次执行边细分算法，直至所有三角形的边都已符合规定的门限值。

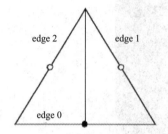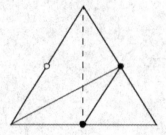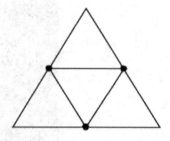

图 4-3-4　对三角形图元进行边细分的三个步骤

边细分算法实现起来不需要考虑图元本身，只需要结合具体的边即可完成，属于一种简单高效的图元镶嵌方法。而图元镶嵌是完成更好的可视化显示、提高视觉效果和可视化质量的有效手段。在进行边细分时，可以直接指定边的细分数量，如程序 4-3-3 所示，其中 SetMaximumNumberOfSubdivisions 表示是否设置边细分。程序中采用了参数坐标系作为点的坐标，为二次四面体图元设置坐标点。通过 vtkTessellatorFilter 滤波器来设置图元镶嵌，当 SetMaximumNumberOfSubdivisions(0)时，表示不进行边的细分。

程序 4-3-3　利用边细分方法实现二次四面体图元的镶嵌

```
cell = vtk.vtkQuadraticTetra()
points = vtk.vtkPoints()


pcoords = cell.GetParametricCoords()
rng = vtk.vtkMinimalStandardRandomSequence()
points.SetNumberOfPoints(cell.GetNumberOfPoints())
rng.SetSeed(5070)
for i in range(0, cell.GetNumberOfPoints()):
    perturbation = [0.0] * 3
    for j in range(0, 3):
        rng.Next()
        perturbation[j] = rng.GetRangeValue(-0.1, 0.1)
    cell.GetPointIds().SetId(i, i)
    points.SetPoint(i, pcoords[3 * i] + perturbation[0],
            pcoords[3 * i + 1] + perturbation[1],
            pcoords[3 * i + 2] + perturbation[2])


data = vtk.vtkUnstructuredGrid()
data.SetPoints(points)
```

```
data.InsertNextCell(cell.GetCellType(), cell.GetPointIds())
tessellate = vtk.vtkTessellatorFilter()
tessellate.SetInputData(data)
tessellate.SetMaximumNumberOfSubdivisions(0)


mapper = vtk.vtkDataSetMapper()
mapper.SetInputConnection(tessellate.GetOutputPort())
mapper.ScalarVisibilityOff()
actor = vtk.vtkActor(); namedColors = vtk.vtkNamedColors()
actor.SetMapper(mapper)
actor.GetProperty().SetDiffuseColor(namedColors.GetColor3d('Tomato'))
actor.GetProperty().SetEdgeColor(namedColors.GetColor3d('IvoryBlack'))
actor.GetProperty().EdgeVisibilityOn()

render(actor)  # 函数render同程序4-3-1
```

　　程序 4-3-3 的运行结果如图 4-3-5(a)所示，可见每个表面由三角形图元构成，但是由于图元数量较少，因此整体上几乎无法分辨这是一个四面体。(注：程序 4-3-3 需要在 Python 3.8+VTK-9.0.1 或更高的版本下运行)

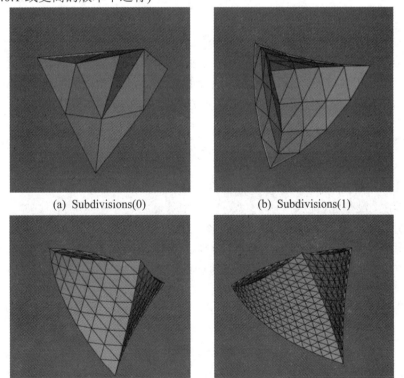

(a) Subdivisions(0)　　　　　　　(b) Subdivisions(1)

(c) Subdivisions(2)　　　　　　　(d) 不限制数量的边细分

4-3-5.mp4

图 4-3-5　二次四面体图元的镶嵌

设置 SetMaximumNumberOfSubdivisions(1)时，会最多对每个边执行一次边细分，结果呈现为图 4-3-5(b)所示的图形。此时已经基本呈现出一个大致的四面体形状，但是较为粗糙。设置 SetMaximumNumberOfSubdivisions(2)时得到图 4-3-5(c)的结果，如果去掉这一行程序，即不再约束最大的边细分数量，则可以得到图 4-3-5(d)这样非常细致和平滑的二次四面体显示结果。

本 章 小 结

要实现数据的可视化，首先应解决其数据的表示问题。从数据的结构特征来看，可视化数据具有维度的特征、拓扑特征和几何特征等特点。单纯依赖于可视化工具所预定义的图像模型，只能够对特定数据进行可视化，而点-图元方法是实现非规则数据可视化的方法，可以结合实际情况进行可视化数据及其显示的定制，具有更为广泛的适用性。可视化图元模型的引入，也使得可视化系统的坐标体系在原有的全局坐标基础上，还可以结合图元的特点进行局部坐标的设置，以及数据集的特点进行结构化坐标的设置。本章还介绍了几种常见的数据集模型，以及图元镶嵌的基本原理和算法。

习 题

1. 什么是图元拓扑与图元尺寸？如何确定图元的几何形状？

2. 图元尺寸越大的图元，就意味着其几何形状越大吗？

3. 欧拉图是指通过图中所有边且每边仅通过一次通路，相应的回路称为欧拉回路。具有欧拉回路的图称为欧拉图(Euler Graph)。参考程序 4-2-2，编写程序绘制一个四个点的欧拉图。

4. 利用 vtkChartXY，参考程序 4-1-3，选取 40 个采样点，编程实现 X2、X3 函数曲线的散点图。

5. 参考程序程序 4-2-1，设计一个具有等高色彩显示的球体，思考并实践如何让球的表面非常平滑，没有任何棱角。

6. 利用三角形图元 vtkTriangle 绘制一个直角三角形。

7. 利用折线图元 vtkPolyLine 绘制一个经过[0.0, 0.0, 0.0]、[1.0, 0.0, 0.0]、[2.0, 1.0, 0.0]、[3.0, 2.0, 2.0]、[4.0, 2.0, 4.0]等五个坐标点的折线。

第5章　可视化算法设计

上一章讨论了可视化数据的表示方法，有图像数据、结构化网格、非结构化网格、散点、多边形数据等多种模型。本章将进一步探讨如何将各类数据转化为各自的表示形式，并最终生成可以呈现的图形原语。在之前图元的介绍过程中，已经涉及了图元绘制与其坐标点顺序的关系，不同的点序会导致完全不同的展现结果。而出现这种不同显示效果的原因，就在于不同的图元绘制方法，或者说对不同图元进行可视化时其所对应的算法有一定的差异性。另一方面，尽管属性数据在可视化过程中属于附属的外部数据，并不是可视化显示结果的决定因素，然而在实际应用中，往往可视化本身就是为了以某种具有特征的视觉效果来展示这些属性数据，比如风速、温度、气压等各类指标。

属性数据往往会表现为某种标量、向量或者是张量形式的数据，本章将对这些数据的可视化算法加以详细介绍。

5.1　标量可视化

很多物理量都是只有大小没有方向的数值，如质量、体积、温度等，这种只有大小没有方向的数据就是标量。在数据可视化系统中，标量数据是属于与可视化显示结果中的某个点或图元所关联的数据值。

5.1.1　颜色对照

颜色对照又称颜色映射(Color Mapping)，是一种常见的标量数据可视化方法，它通过在数据与颜色之间建立一个映射关系，从而实现利用颜色的差异来分辨数据大小的功能，采用颜色所形成的视觉效果来呈现出不同数据之间的变化。具体实现的时候需要设置一个颜色查找表(Look Up Table，LUT)，再将标量数据作为查找表中数据项的索引加以实现。

进行具体的颜色对照时，LUT 表会确定一个颜色集合，而标量则需要确定其范围，如 $(\min, \max)$。大于 $\max$ 的标量只能取到 $\max$，对应着第 $n-1$ 个颜色，小于 $\min$ 的标量则设置为 $\min$，对应着第 0 个颜色。而对于其他值 x，其对应的颜色编号为

$$i = n\left(\frac{x-\min}{\max-\min}\right) \tag{5-1}$$

在 VTK 中进行颜色相关操作时，一个有用的对象是 vtkNamedColors，它用于通过名字来确定颜色。进行颜色显示时一般是采用 RGB 颜色方案，RGB 代表了红、绿、蓝三个

通道，该方案通过三原色的配比形成最终的颜色。在具体使用时，实际的颜色方案为 RGBA，其中的 A 即在三原色的基础上增加了一个 Alpha 通道。Alpha 通道是一个 8 位的灰度通道，该通道用 256 级灰度来记录图像中的透明度信息，定义透明、不透明和半透明区域，其中黑表示透明，白表示不透明，灰表示半透明。

对于具体的数值，一般是通过将 256 个数值标准化为 0～1 之间的浮点数来加以存储，如 1 代表 255，对于其他数值 x，则需要计算为 $\dfrac{x}{255}$。比如，yellowgreen 的 RGBA 颜色值为(154,205, 50,255)，然而，实际存储时采取的是如下的数据形式：

[0.6039215686274509, 0.803921568627451, 0.19607843137254902, 1.0]

通过 GetColor4d(color_name)方法即可以通过颜色名来获取到上述这种标准化的数值。如果不需要取出 Alpha 值，则通过 GetColor3d(color_name)方法就可以只取出 RGB 颜色值。

程序 5-1-1 就是通过颜色的名称来实现的颜色与层数值之间的映射，其中层的数值是一组标量，表示 0～6 的 7 个整数。程序中采用了离散型的 LUT 颜色查找表，因为有 7 个代表层编号的数值，所以需要设置查找表中值的数量为 $n=7$，即 SetNumberOfTableValues(n)。此后通过颜色名称来手工实现每个层的编号与颜色值的一一对应，即颜色映射。

程序 5-1-1　锥形体中通过颜色对照方法实现分层显示

```
import vtk
nc = vtk.vtkNamedColors()
source = vtk.vtkConeSource(); source.SetCenter(0.0, 0.0, 0.0)
source.SetRadius(5.0); source.SetHeight(10)
source.SetDirection(0, 1, 0); source.SetResolution(6)
elevation = vtk.vtkElevationFilter()
elevation.SetInputConnection(source.GetOutputPort())
elevation.SetLowPoint(0, -1, 0); elevation.SetHighPoint(0, 1, 0)

bcf = vtk.vtkBandedPolyDataContourFilter()
bcf.SetInputConnection(elevation.GetOutputPort())
bcf.SetScalarModeToValue(); bcf.GenerateContourEdgesOn()
n=7; bcf.GenerateValues(n, elevation.GetScalarRange())
lut = vtk.vtkLookupTable(); lut.SetNumberOfTableValues(n)

rgba = nc.GetColor4d("Red"); rgba[3] = 0.5
lut.SetTableValue(0, rgba)
lut.SetTableValue(1, nc.GetColor4d("Lime"))
lut.SetTableValue(2, nc.GetColor4d("Blue"))
lut.SetTableValue(3, nc.GetColor4d("Cyan"))
lut.SetTableValue(4, nc.GetColor4d("Magenta"))
lut.SetTableValue(5, nc.GetColor4d("Yellow"))
```

```
lut.SetTableValue(6, nc.GetColor4d("White"))
lut.SetTableRange(elevation.GetScalarRange())
lut.Build()

mapper = vtk.vtkPolyDataMapper()
mapper.SetInputConnection(bcf.GetOutputPort())
mapper.SetLookupTable(lut); mapper.SetScalarModeToUseCellData()

actor = vtk.vtkActor(); actor.SetMapper(mapper)
renderer = vtk.vtkRenderer()
window = vtk.vtkRenderWindow(); window.AddRenderer(renderer)
interactor = vtk.vtkRenderWindowInteractor()
interactor.SetRenderWindow(window)
renderer.AddActor(actor)

axes = vtk.vtkAxesActor(); transform = vtk.vtkTransform()
transform.Translate(4.0, 0.0, 0.0); axes.SetUserTransform(transform)
renderer.AddActor(axes)

renderer.SetBackground2(nc.GetColor3d('RoyalBlue'))
renderer.SetBackground(nc.GetColor3d('MistyRose'))
renderer.GradientBackgroundOn()
window.SetSize(600, 600); window.SetWindowName('NamedColors')
window.Render()
interactor.Start()
```

运行程序 5-1-1 后，可以得到如图 5-1-1 所示的显示结果。注意其中显示出的分层为 6 层，这是因为对应编号为 6 的层所对应的颜色为 White，这是编号最高的层，所对应的是一个点，所以在层次绘制时并不会显示出来。

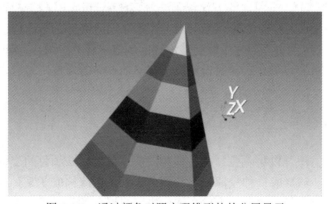

图 5-1-1 通过颜色对照实现锥形体的分层显示

程序 5-1-1 的另一个特别之处是设置了两个演员，其中一个为锥形体，另一个是个坐标轴。VTK 可以支持在一个场景中设置多个演员的方式来展示更多数据的可视化效果，因此可以根据需要在场景中任意添加演员。在程序 5-1-1 中，通过坐标变换将坐标轴在 x 轴向平移了 4 个单位，使用的语句为 transform.Translate(4.0, 0.0, 0.0)，这是由于默认情况下坐标轴会选择原点位置，一般会放置到锥形体的内部，进行平移后就可以将它移到锥形体外侧进行展示。

注意 source.SetDirection(0, 1, 0)是将锥体设置为 y 轴的方向，从坐标轴的表示可以看出，锥体是以 y 轴的方向作为自己的高。

另一个需要关注的方面是程序为第 0 层设置了透明度为 0.5，具体代码为

rgba = nc.GetColor4d(*"Red"*); rgba[3] = 0.5

lut.SetTableValue(0, rgba)

如果不改变 rgba[3]的值，即采取其默认值 1，此时表示不透明，重新运行程序即可得到图 5-1-2(b)所示的效果。对比图 5-1-2 中的(a)和(b)两个子图，可以发现一个是呈现为空心的物体，一个是有底的物体，不同透明度表现出完全不同的可视化效果。

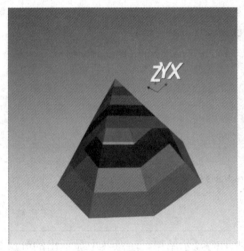 

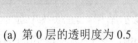

(a) 第 0 层的透明度为 0.5　　　　　　　(b) 第 0 层的透明度为 1

图 5-1-2　通过颜色对照实现锥形体的分层显示

在实际应用过程中，颜色对照方法经常与高度(Elevation，又称高程)表示相结合，通过高度与颜色相对应的方式加以实现。在程序 5-1-1 里是通过一个等高滤波器 vtkElevationFilter 来实现的，同时注意到其设置的低点坐标为 SetLowPoint(0, -1, 0)，高点坐标为 SetHighPoint(0, 1, 0)，二者的设置属于在 y 轴方向的设置，符合之前对方向的设置要求。

5.1.2　轮廓表示

采用颜色对照方法可以将颜色与标量值相对应，从而依据颜色的变化来形成可视化效果。自然的，如果能够形成一种泾渭分明的颜色表示，也就构成了某种轮廓形的样态。人们在进行视觉观察时，其实也会在无意之间将内容根据其颜色进行分区，同时会潜意识地

认为这些区域之间会有一个边界线，这种边界线就是轮廓。在三维空间中物体的轮廓不再局限于线形的边界，而是表现为一个曲面。

1. 等值面

轮廓表示方法有很多的实际应用，如在气象图中温度的等高线表示，地形图中进行等高线绘制等等。在进行轮廓表示时，将数据集中标量值等于某一常量值的部分提取出来，在二维空间中它们将表现为一条等值线，在三维空间中它们将构成一个等值面(Isosurface)。根据之前的图元方法，提取出来标量值会被实际表示为很多的多边形图元。对于医学数据而言，不同的标量值代表的是人体的不同部分，因而可以分别提取出如皮肤、骨骼或其他器官的表面图像，此外这一方法也经常用于流体运动中恒压、恒温等表面的构建。

在图 5-1-1 中通过颜色映射所实现的等高形条带就是通过颜色进行数值区分的典型代表，对这一结果可以进一步用轮廓表示加以完善，从而绘制出层间的轮廓线。具体代码如程序 5-1-2 所示，这些代码可以放置到程序 5-1-1 中 renderer.AddActor(actor)一句的后面。

程序 5-1-2　锥形体中通过颜色映射实现分层显示并提供轮廓线

```
mapper1 = vtk.vtkPolyDataMapper()
mapper1.SetInputData(bcf.GetContourEdgesOutput())
mapper1.SetScalarRange(elevation.GetScalarRange())
mapper1.SetResolveCoincidentTopologyToPolygonOffset()

actor1 = vtk.vtkActor()
actor1.SetMapper(mapper1)
actor1.GetProperty().SetColor(nc.GetColor3d("black"))
renderer.AddActor(actor1)
```

程序 5-1-2 中采用黑色线绘制每层的边界，从而形成具有轮廓的锥形体，显示结果如图 5-1-3 所示。

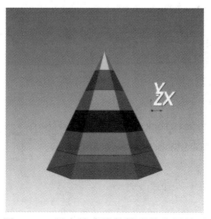

图 5-1-3　具有轮廓线的锥形体分层显示

2. 外轮廓线

谈到轮廓问题，首先应明确各类轮廓的概念和含义。进行数据可视化时，一种经常使用的轮廓是外轮廓线(Outline)，这是一种包裹在可视化图形外部边框，用于展现可视化内容的空间范围。进行取值时，找到图像上最外侧边缘上的点并连接为外边框即可。常用的程序实现方式是调用结构化网格滤波器 vtkStructuredGridOutlineFilter，即可实现对具体图形进行外轮廓线的提取。

程序 5-1-3 是对燃烧室内气体密度的流体数据进行可视化的一个案例。其中使用了两个外部的 PLOT3D 数据文件，其中 combxyz.bin 属于结构化网格文件(XYZ 文件)，combq.bin 属于空气动力学结果文件(Q 文件)。程序通过 vtkMultiBlockPLOT3Dreader 所提供的文件读取接口，可以读取和使用 PLOT3D 格式的数据文件，再利用结构化网格滤波器进行气流数据外轮廓线的提取。气流数据本身作为 actor，外轮廓线作为 actor1。

程序 5-1-3   燃烧室内气体密度的流体数据可视化

```python
import vtk
def run(renderer):
    colors = vtk.vtkNamedColors()
    renderer.SetBackground2(colors.GetColor3d('RoyalBlue'))
    renderer.SetBackground(colors.GetColor3d('MistyRose'))
    renderer.GradientBackgroundOn()
    window = vtk.vtkRenderWindow()
    window.AddRenderer(renderer)
    window.SetSize(600, 600)
    window.SetWindowName('Renderer')
    window.Render()
    interactor = vtk.vtkRenderWindowInteractor()
    interactor.SetRenderWindow(window)
    interactor.Start()


colors = vtk.vtkNamedColors()
data = vtk.vtkMultiBlockPLOT3DReader()
data.SetXYZFileName('combxyz.bin')
data.SetQFileName('combq.bin')
data.Update()
output = data.GetOutput().GetBlock(0)
plane = vtk.vtkStructuredGridGeometryFilter()
plane.SetInputData(output)
# plane.SetExtent(1, 100, 1, 100, 7, 7)

lut = vtk.vtkLookupTable()
mapper = vtk.vtkPolyDataMapper()
mapper.SetLookupTable(lut)
```

```
mapper.SetInputConnection(plane.GetOutputPort())
mapper.SetScalarRange(output.GetScalarRange())
actor = vtk.vtkActor()
actor.SetMapper(mapper)

outline = vtk.vtkStructuredGridOutlineFilter()
outline.SetInputData(output)
mapper1 = vtk.vtkPolyDataMapper()
mapper1.SetInputConnection(outline.GetOutputPort())
actor1 = vtk.vtkActor()
actor1.SetMapper(mapper1)

# lut.SetHueRange(0, 0)
# lut.SetSaturationRange(0, 0)
# lut.SetValueRange(0.2, 1.0)
lut.Build()

renderer = vtk.vtkRenderer()
# renderer.AddActor(actor1)
renderer.AddActor(actor)
run(renderer)
```

将 actor 与 actor1 分别显示，可以得到如图 5-1-4 所示的结果。其中图 5-1-4(a)单独展示 actor 所呈现的燃烧室内点状气流密度数据，通过颜色可以大致区分不同位置气流密度的分布情况。单独展示 actor1 的结果，会得到图 5-1-4(b)所示的外轮廓线，可见其外轮廓线恰好构成了气流数据的外边缘。

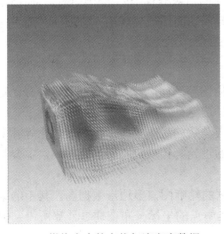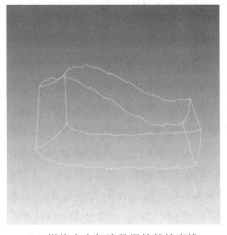

(a) 燃烧室内的点状气流密度数据　　　　　　(b) 燃烧室内气流数据的外轮廓线

图 5-1-4　燃烧室内气体密度的流体数据可视化

参考程序的注释部分，在程序中添加以下颜色查找表的设置代码：

lut.SetHueRange(0, 0)

lut.SetSaturationRange(0, 0)

lut.SetValueRange(0.2, 1.0)

即可得到该图像的灰度表示，如图 5-1-5(a)所示。

5-1-5.mp4

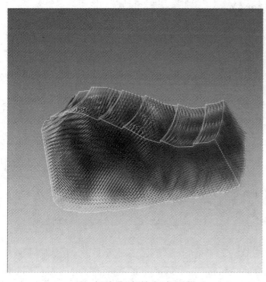

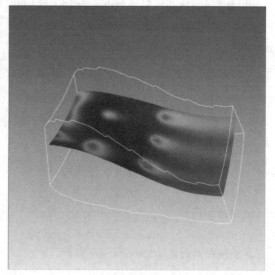

(a) 气流密度的灰度图像　　　　　　(b) 气流图像的切面

图 5-1-5　燃烧室内气体密度的流体数据可视化

对于这种三维的可视化展示，更为直观的展现方式是对其进行切片表示。具体实现时，只需添加以下语句：

plane.SetExtent(1, 100, 1, 100, 7, 7)

该语句表示在 x 轴上截取(1，100)的范围，同样在 y 轴上也截取(1，100)的范围，而在 z 轴上取范围为(7, 7)。注意这里的坐标为结构化网格数据集中的结构化坐标，而不是单纯的几何坐标，因此由 z 轴方向的索引值 7 所得到的切面图像呈现出一个曲面，而不是一个直面，如图 5-1-5(b)所示。

3. 点状数据的轮廓

对于轮廓表示问题的第二个情景是点状数据的轮廓问题。人们常常会将具有一定规则排列的点之间通过一定的轮廓线进行连接，勾勒出这些点所构成图形的大致样子。比如夜晚的星空中的星座会构成勺子形的北斗七星、天马状的星座等等，在城市绿化等各个领域中这种点状图形所构成的轮廓也被经常使用。通过轮廓构成点之间的连接时，主要是通过平滑曲线形成点之间的自然连接。

程序 5-1-4 通过对比的方式给出了点状数据的轮廓图与多边形数据图。其中的数据集模型采用了多边形数据(vtkPolyData)的方式，其中点的坐标分布在通过计算所得到的半圆形区域内，通过语句 points.InsertPoint(i, 0.1 * math.cos(angle), 0.1 * math.sin(angle), 0.0)来实现。这里圆的半径为 0.1，对应的坐标点为

$x = 0.1 * \text{math.cos(angle)}$，

$y = 0.1 * \text{math.sin(angle)}$，

$z = 0.0$。

通过多边形数据集所建立的点间连线图呈现出折线图的形态，对应着程序中的 actor。点状数据的轮廓图则是由 vtkContourWidget 直接生成的，对应着程序中的变量 widget。

程序 5-1-4　点状数据的轮廓图与多边形数据图的对比

```python
import math
import sys
import vtk
colors = vtk.vtkNamedColors()
renderer = vtk.vtkRenderer()
renderer.SetBackground(colors.GetColor3d('Gray'))
window = vtk.vtkRenderWindow()
window.AddRenderer(renderer)
window.SetWindowName('ContourWidget')
window.SetSize(600, 600)
interactor = vtk.vtkRenderWindowInteractor()
interactor.SetRenderWindow(window)

contour = vtk.vtkOrientedGlyphContourRepresentation()
contour.GetLinesProperty().SetColor(colors.GetColor3d('Red'))
widget = vtk.vtkContourWidget()
widget.SetInteractor(interactor)
widget.SetRepresentation(contour)
widget.On()

data = vtk.vtkPolyData()
points = vtk.vtkPoints()
num_pts = 11
for i in range(0, num_pts):
    angle = 2.0 * math.pi * i / 20.0
    points.InsertPoint(i, 0.1 * math.cos(angle), 0.1 * math.sin(angle), 0.0)

vertex_indices = list(range(0, num_pts))
vertex_indices.append(0)
cells = vtk.vtkCellArray()
cells.InsertNextCell(num_pts + 1, vertex_indices)
data.SetPoints(points)
```

```
data.SetLines(cells)
widget.Initialize(data, 1)
widget.Render()
renderer.ResetCamera()
window.Render()

mapper = vtk.vtkPolyDataMapper()
mapper.SetInputData(data)
actor = vtk.vtkActor()
actor.SetMapper(mapper)
actor.GetProperty().SetColor(colors.GetColor3d('Black'))
renderer.AddActor(actor)
interactor.Start()
```

　　运行程序 5-1-4 后可以得到如图 5-1-6 所示的结果。其中内侧的半圆形线为通过多边形数据方法得到的折线图，外侧的半圆形线则是对应着点状数据的轮廓图。可以看出，二者共享着程序中所设定的 11 个点，而且形状都呈现为半圆形，但点状数据的轮廓图的表现更为平滑，能够展现出大致的轮廓，而多边形数据折线图则由直线的线段构成。因此可以得出结论，点状数据与多边形数据二者具有类似的形状展示效果，但点状数据轮廓图更为平滑。

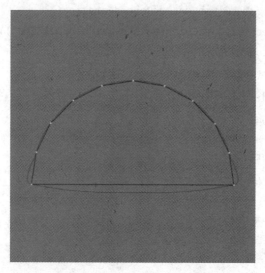

图 5-1-6　点状数据的轮廓图与多边形数据折线图的对比图

4. 等值轮廓

　　更为常见的轮廓表示为等值轮廓，其含义是通过线状或者是面状的轮廓实现对某一标量值所呈现位置的连接，结果呈现为某种特定的形状和样态。在实际应用中，如恒温面、等高线、等值面等均是等值轮廓。

　　进行等值计算时，可以有多种不同的等值计算方法。基于边插值的等值轮廓计算方法是一种等值轮廓的实现方式，称为边跟踪算法(Edge-Tracking)，适用于结构化网格中的点状标量。以二维空间中的结构化网格为例，如图 5-1-7 所示，网格线的交叉点总共有 25 个，每个交叉交叉点具有一个标量值，已经在图上进行标注，比如第一行中五个交叉点的标量值为(0，1，1，3，2)。现在要找出该网格中值为 5 的轮廓线，具体方法如下：

　　网格中的每条边会对应着两个具有标量值的端点，如两个端点为(1，6)的边。通过线性插值，很容易找到该边上 5 所对应的位置，将这一位置作为轮廓线在该边上的点，然后再找相邻边的轮廓点。其中端点标量值为(1，3)的边上不会有值为 5 的点，同样端点为(6，6)的边也要被排除，而在端点为(3，6)的边上则可以通过插值找到 5 所对应的点。将上一个点与该点进行连线，然后使用同样方法继续计算其他轮廓点。完成计算后就可以找出该图形的值为 5 的等值轮廓。

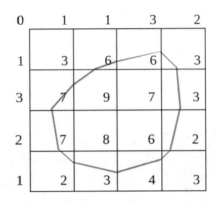

图 5-1-7　网状方格数据中以值为 5 绘制的等值轮廓图

　　另一种等值轮廓计算方法是采用分治法(Divide and Conquer)的思想，独立处理每个图元的数据。对于二维平面上的图形，其具体的方法称为移动正方形算法(Marching Squares)，对于三维空间上的图像，其具体的方法称为移动立方体算法(Marching Cubes)。以移动正方形算法为例，其基本的假设是认为轮廓通过图元的方式可以分为几种情景，记为一个 Case，保存在一个列表之中。图元的拓扑情况就参考其中顶点的数量以及顶点的位置(包含于轮廓之内，还是在轮廓之外)。对于等值轮廓，以图 5-1-7 为例，只要顶点的标量值大于轮廓值，该顶点就可以判断是处于轮廓之内，否则就在轮廓之外。如果进一步细分具体的情景，比如对于有四个顶点的图元，就可以有 $2^4 = 16$ 种轮廓穿越该图元的情景。如图 5-1-8 所示的 16 种情景，其中黑色的顶点表示标量值大于轮廓值的点，即在轮廓范围之内的顶点。

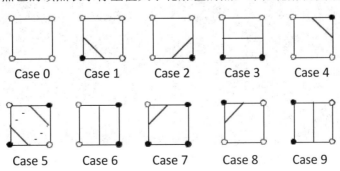

Case 0　　　Case 1　　　Case 2　　　Case 3　　　Case 4

Case 5　　　Case 6　　　Case 7　　　Case 8　　　Case 9

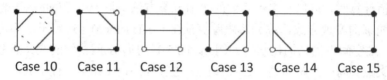

Case 10　　Case 11　　Case 12　　Case 13　　Case 14　　Case 15

图 5-1-8　二维平面上移动正方形算法的 16 种轮廓穿越图元的方式

　　移动正方形算法通过一个 4 比特的索引来表述 16 种情景，在实际计算时，首先选定图元，计算其各个顶点的位置是在轮廓内还是轮廓外，完成后就可以确定该图元的拓扑情况，从而区分出图元属于 16 种情景中的哪一个。有了具体的 Case 布局，就可以结合该 Case 的设置利用插值方法计算出图元中各条边上轮廓点的位置，同时也得到了轮廓线的位置。此后，移动到下一个图元继续重复此计算过程，直至所有图元均已被访问。该算法执行过程中对于邻接顶点和邻接边可能会在不同图元中均参与计算，此时需进行重复性顶点和边的判断，以消除可能会重复参与计算的顶点和边。

　　扩展到三维的空间，将会有 $2^8 = 256$ 种轮廓穿越图元的方式，然而，通过对其对称情景的分析，可以将这些穿越方式规约为 15 种情景(见图 5-1-9)，从而大大减少计算量。总而言之，移动正方形算法和移动立方体算法在实现过程中较为方便，每个图元可以独立进行计算，而无需其他图元的计算结果。这种优点在三维空间中具有更加积极的意义，避免了对空间中各个方向的边进行跟踪等复杂性操作。

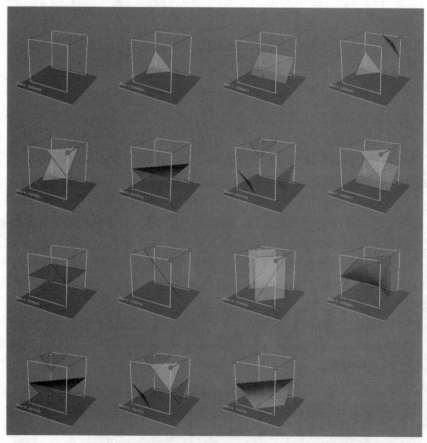

图 5-1-9　移动立方体算法通过精简得到的三维空间中 15 种轮廓穿越图元方式

医学领域中 CT 扫描(又称计算机断层扫描)是采用 X 射线实现的一种不需要手术就能进行人体内部器官病理性检查的医学技术。进行 CT 扫描后，需要利用一定方法来实现对原本并不可见的内部组织进行可视化展示。轮廓表示方法在这种 X 射线成像问题方面可以发挥主要的作用。如程序 5-1-5 所示，程序为实现对头部骨骼的可视化展示，需要通过轮廓表示方法加以实现。由于骨骼属于三维空间的数据，基于移动立方体算法(vtkMarchingCubes)并结合 CT 图像中的标量数值进行等值面绘制，由于骨骼的密度较大，此处选择了 1150 作为骨骼轮廓的等值面取值。

程序 5-1-5　采用移动立方体算法进行头部 CT 轮廓计算

```python
import vtk
def run(renderer):
    renderer.SetBackground(vtk.vtkNamedColors().GetColor3d('SlateGray'))
    renderer.ResetCamera()
    renderer.GetActiveCamera().Dolly(1.5)
    renderer.ResetCameraClippingRange()
    window = vtk.vtkRenderWindow()
    window.AddRenderer(renderer); window.SetSize(600, 600)
    window.SetWindowName('Renderer'); window.Render()
    interactor = vtk.vtkRenderWindowInteractor()
    interactor.SetRenderWindow(window)
    interactor.Start()

colors = vtk.vtkNamedColors()
reader = vtk.vtkMetaImageReader()
reader.SetFileName('FullHead.mhd')
reader.Update()
locator = vtk.vtkMergePoints(); locator.SetDivisions(64, 64, 92)
locator.SetNumberOfPointsPerBucket(2); locator.AutomaticOff()
contour = vtk.vtkMarchingCubes()  # vtk.vtkContourFilter()
contour.SetInputConnection(reader.GetOutputPort())
contour.SetValue(0, 1150)  # contour.SetValue(0, 200)
contour.SetLocator(locator)

mapper = vtk.vtkPolyDataMapper()
mapper.SetInputConnection(contour.GetOutputPort())
mapper.ScalarVisibilityOff()
actor = vtk.vtkActor(); actor.SetMapper(mapper)
actor.GetProperty().SetColor(colors.GetColor3d('Wheat'))
renderer = vtk.vtkRenderer()
```

```
renderer.AddActor(actor)
run(renderer)
```

　　程序 5-1-5 读取了外部的 CT 数据文件 FullHead.mhd，运行后可以得到如图 5-1-10(a)
所示的头部骨骼轮廓。事实上，这种轮廓的显示是利用了 CT 数据本身的标量值特征，通
过提取值为 1150 的等值面得以实现。如果调整这种等值面的取值，比如取值设定为 200，
就是提取密度较低的部位，由图 5-1-10(b)可以看出，所获取的扫描结果是头部的外部特征，
甚至可以看到头发和嘴边贴的胶布。由此可见，等值面的取值是获取不同可视化效果的关
键。此外，移动立方体算法也能够有效地实现三维空间数据的轮廓成像。

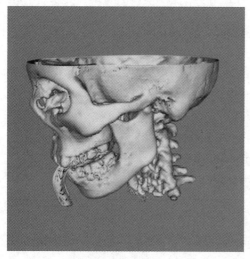
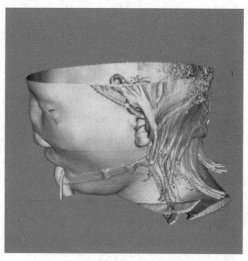

(a) SetValue (0, 1150)　　　　　　　　　　　(b) SetValue(0, 200)

图 5-1-10　采用移动立方体算法在不同取值时得到的不同部位的 CT 扫描轮廓

　　进行可视化的目的是方便进行数据分析和问题解决，然而有时过多的数据未必有
利于问题的聚焦，因此经常需要对图像内部的某个子区域进行单独可视化处理，对于
三维空间内的图像，这种分离出来的独立子区域称为兴趣区(Volum of Interest，VOI)。
通过 vtkExtractVOI 提供的处理功能可以直接提取出兴趣区，再结合 SetVOI(min_x,
max_x, min_y, max_y, min_z, max_z)函数，就可以直接对图像进行几何分割，从而提取
出兴趣区。

　　比如在程序 5-1-6 中，通过 SetVOI(0, 255, 0, 255, 45, 45)实现了对原有 CT 图像的横
切面，从而方便进行头部医学分析。由于兴趣区为面状区域，进行轮廓绘制时需要采用移
动正方形算法。进行等值线绘制时取值采用 GenerateValues(n, min, max)函数，该函数表示
对[min, max]的区域进行 $n-1$ 等分，取等分的值作为等值线的取值。比如，GenerateValues(1,
500, 1150)中，只指定了 1 个等值参数数值，因而此时会选择 500，截面轮廓如图 5-1-11(a)
所示；又如 GenerateValues(2, 500, 1150)，会选择 500、825 两个值，得到的 CT 图像截面
轮廓如图 5-1-11(b)所示。当 $n=3$ 时，就可以选择 500、825、1150，从而实现对边界值的
选取。

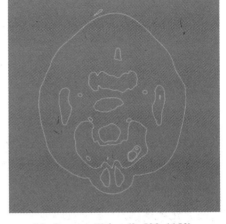

(a) GenerateValues(1, 500, 1150)　　　　　　　(b) GenerateValues(2, 500, 1150)

图 5-1-11　采用移动正方形算法绘制的 CT 图像截面轮廓

程序 5-1-6　采用移动正方形算法实现 CT 图像截面的轮廓绘制

```python
import vtk
colors = vtk.vtkNamedColors()
reader = vtk.vtkMetaImageReader()
reader.SetFileName('FullHead.mhd')
reader.Update()
voi = vtk.vtkExtractVOI()
voi.SetInputConnection(reader.GetOutputPort())
voi.SetVOI(0, 255, 0, 255, 45, 45)


contour = vtk.vtkMarchingSquares()  # vtk.vtkContourFilter()
contour.SetInputConnection(voi.GetOutputPort())
contour.GenerateValues(1, 500, 1150)
mapper = vtk.vtkPolyDataMapper()
mapper.SetInputConnection(contour.GetOutputPort())
mapper.ScalarVisibilityOff()
actor = vtk.vtkActor()
actor.SetMapper(mapper)
actor.GetProperty().SetColor(colors.GetColor3d('Wheat'))
renderer = vtk.vtkRenderer()
renderer.AddActor(actor)
run(renderer)  # run函数同程序5-1-5
```

从图 5-1-11 可以看出，在 GenerateValues(n, min, max)方法中，通过提高 n 值，对应的等值线取值越多，从而能够看到的细节更多。

要实现更为全面的头部数据分析，一般会指定更多的等值线，从而得到更为全面的分

析细节。取值设定为 GenerateValues(12，500，1150)，就可以得到如图
5-1-12(a)所示的完整头部轮廓图像。作为一个对比，选定 GenerateValues(12,
100, 1150)，让其呈现密度较低部位的轮廓显示，可以看出由于下限值变化，
造成头部内侧轮廓细节减少，但外部密度较低的头发部分则显示了出来，
如图 5-1-12(b)所示。

5-1-12.mp4

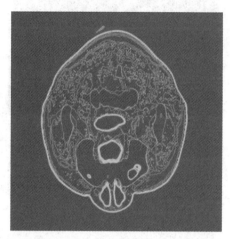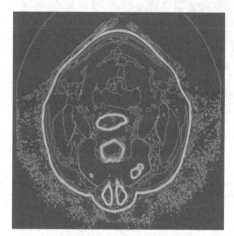

　　(a) GenerateValues(12, 500, 1150)　　　　　　(b) GenerateValues(12, 100, 1150)

图 5-1-12　设定不同取值时绘制的 CT 图像截面等值线

　　程序 5-1-5 和程序 5-1-6 都用到了轮廓绘制算法，然而一个对应于三维空间，一个对应
于二维平面，因此采用了移动立方体和移动正方形两种算法。程序中的注释部分也表明在
程序编写时可以直接使用 vtkContourFilter 这一对象，它会自动匹配三维空间和二维平面，
选择对应的算法，其运行结果与上述分别选择各自的轮廓算法相同。

5.1.3　标量生成

　　尽管颜色对照和轮廓表示等方法在处理标量可视化问题方面简单且很有效，然而在进
行实际问题处理时，人们面对的数据往往并不是非常理想的简单标量，一些数据可能会隐
藏在某种数学模型或者是复杂关系之中。这时要想方便地实现标量数据的可视化，就必须
首先解决标量生成的问题。

　　与地图相关的地形数据就是这样一类较为复杂的数据，地形数据中有 x、y、z 坐标值，
其中 x、y 坐标表示的是一个平面，而 z 坐标表示的是海拔高度。进行地形数据可视化时，
如果能够表现出具体的高度信息，形成具有高度显示的彩色地图，同时能够对海洋、高地
等以相应的颜色加以表示，显然就会大大提高地图的可视化效果。注意在这一模型之中，
地形的高度唯一地决定了其显示的颜色是蓝色的海平面高度还是有一定高度的山地等区
域，因此可以看出，在 x、y、z 坐标数据的选取中，事实上只有 z 坐标的高度数据对于地
形高度的颜色显示发挥了作用。也就是说，地形数据中的标量是 z 坐标，不需要再包含其
他坐标量。

　　尽管通过这种 z 坐标提取方法可以迅速得到地形数据中的海拔高度，然而这种前提假

设限定了数据坐标的取值，必须明确好 z 坐标的走向。在实际处理过程中，如果能够不再区分坐标轴，形成一种与坐标轴无关，又具有一定规范性的海拔高度标量值，才是更加理性的方案。因此这里采用了归一化方法再结合向量运算的方式，对数据进行归一化处理，从而找出一种标准化的海拔高度值。在地形数据中对海拔高度标量值的计算如图 5-1-13 所示，给定一个有向折线，其最低点对应着海平面的高度，记为一个向量 **l**，最高点对应着某个最高的山峰，记为一个向量 **h**。对于地形图上的任一点 i，其对应的海拔高度标准值 s 可以由以下公式计算得到：

$$s = \frac{(i-l) \cdot (h-l)}{|h-l|^2} \tag{5-2}$$

其中分子部分采用了向量的点积，最终得到的是标准化的高度标量值，$s \in [0,1]$。

图 5-1-13　地形数据中海拔高度标量值的计算原理

在程序实现时，会采用一个高度滤波器进行这种标准化高度标量的计算，原有的地形数据实际就是一种地形表面所构成的多边形数据集，可以通过 vtkPolyDataReader()方法直接读取。使用高度滤波器并根据式(5-1)可以计算出地形表面中各个点的标准化高度标量，此后结合缩放比例可以很容易计算出各点的实际高度。

程序 5-1-7 以夏威夷首府火奴鲁鲁(Honolulu)的地形数据为例，通过对海拔高度的滤波和标准化处理，生成了用于可视化的标量数据，并通过颜色对照方法将高度值对应为相应的颜色，从而得到具有高度效应的该地区彩色地图。程序中通过海拔高度滤波器 vtkElevationFilter 的使用，得到了标准化的高度值，又通过 elevation.SetScalarRange(0, 1000) 将其恢复为[0, 1000]区间上的高度数据，从而方便进行高度处理和便于理解。注意这里设定的高度峰值点为(0, 0, 1000)，高度最低点为以海平面为基准的点(0, 0, 0)。

程序 5-1-7　地形数据的可视化中对海拔高度进行标量显示

```python
import vtk
data = vtk.vtkPolyDataReader()
data.SetFileName('honolulu.vtk')
data.Update()
data.GetOutput().GetBounds([0.0] * 6)
elevation = vtk.vtkElevationFilter()
```

```
elevation.SetInputConnection(data.GetOutputPort())
elevation.SetLowPoint(0, 0, 0)
elevation.SetHighPoint(0, 0, 1000)
elevation.SetScalarRange(0, 1000)

lut = vtk.vtkLookupTable()
lut.SetHueRange(0.7, 0)
lut.SetSaturationRange(1.0, 0)
lut.SetValueRange(0.5, 1.0)
mapper = vtk.vtkDataSetMapper()
mapper.SetInputConnection(elevation.GetOutputPort())
mapper.SetScalarRange(0, 1000)
mapper.ScalarVisibilityOn()
mapper.SetLookupTable(lut)

actor = vtk.vtkActor()
actor.SetMapper(mapper)
renderer = vtk.vtkRenderer()
renderer.AddActor(actor)
run(renderer)     # run函数同程序5-1-5
```

在进行数据映射时，如果按程序 5-1-7 的设定，即 mapper.SetScalarRange(0, 1000)，
将会把海平面的颜色绘制为蓝色，其余位置设置为山脉的颜色，如图 5-1-14(a)所示。
如果将该语句改为 mapper.SetScalarRange(300, 1000)，则将海拔为 300 的位置设置为高于
海平面的标准，而低于这个标量值的位置统一看成是海平面，即绘制了更多的海洋蓝色，
从而形成图 5-1-14(b)的效果。

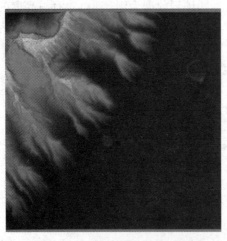

　　(a) mapper.SetScalarRange(0, 1000)　　　　　　(b) mapper.SetScalarRange(300, 1000)

图 5-1-14　通过标量生成与颜色对照所实现的夏威夷区域彩色地图

5.2　向量可视化

　　向量数据是三维空间中具有大小和方向的量，常常被形象化地表示为带箭头的线段。向量可以用于表示带有方向的物理量，如力、速度、位移、电场强度等等，也可以用于表达变化率等具有导数关系的参量，在实际应用中，常用于流体运动的可视化效果呈现。

5.2.1　有向图

　　常见的向量可视化技术是直接绘制有向的线段，该线段起始于向量所关联的点，并且具有向量数值 (v_x, v_y, v_z)。对于几何空间上的数据而言，向量数据的显示效果不同于标量数据。如上一节所提到的，标量数据往往会展示出轮廓线、轮廓面等效果，而向量数据的可视化由于其方向性，不会表现出这种连续的效果，而是会以很多条线段的形式加以显示，从而形成一种向量表示的有向图。

　　比如程序 5-2-1 实现了一个球形物体的向量表示。其中的 vtkGlyph3D 就建立了数据的向量表示，其输入为保存在变量 data 中的球体数据浅拷贝。

程序 5-2-1　球形物体的向量表示

```
colors = vtk.vtkNamedColors()
source = vtk.vtkSphereSource()
source.Update()
data = vtk.vtkPolyData()
data.ShallowCopy(source.GetOutput())

arrowSource = vtk.vtkArrowSource()
glyph = vtk.vtkGlyph3D()
# glyph.SetSourceConnection(arrowSource.GetOutputPort())
# glyph.SetVectorModeToUseNormal()
glyph.SetInputData(data)
glyph.SetScaleFactor(.2)
glyph.Update()

mapper = vtk.vtkPolyDataMapper()
mapper.SetInputConnection(source.GetOutputPort())
# mapper.SetInputConnection(glyph.GetOutputPort())
actor = vtk.vtkActor()
actor.SetMapper(mapper)
actor.GetProperty().SetColor(colors.GetColor3d('Brown'))
renderer = vtk.vtkRenderer()
renderer.AddActor(actor)
```

run(renderer)　# run函数同程序5-1-5

运行程序 5-2-1 即可得到图 5-2-1(a)所示的球体，同时原有的程序中只是展示了球体本身，将代码 mapper.SetInputConnection(source.GetOutputPort())改为 mapper.SetInputConnection(glyph.GetOutputPort())，即可实现将球体向量化的结果发送给可视化场景中的演员变量。完成这一调整后，即可将向量表示的球体发送到输出端，得到如图 5-2-1(b)所示的效果，其仍然呈现出一个球体，但球体表面的每个点表现为一个有向的线段。

(a) 球形物体　　　　　　　　　　　(b) 球体的向量表示

图 5-2-1　实现一个球体数据的向量化

对于向量化的结果是以有向线段的形式进行表示，也可以转化为有向的箭头，这样具有更好的视觉效果。在程序中添加 glyph.SetSourceConnection(arrowSource.GetOutputPort())即可将线段效果转换为箭头状的向量，从而得到图 5-2-2(a)所示的结果。同时，由于当前的向量化显示是结合球体的数据采样点进行的向量化，各点的向量指向了相同的方向。在实际进行向量化时，更为常见的做法是选取采样点的法向量作为向量表示，而不是选取一种单一的向量方向。在程序 5-2-1 中添加 glyph.SetVectorModeToUseNormal()即可转化为法向量表示。选取法向量进行向量表示时，具有更好的展示效果，可以更好地呈现出球形的外向型向量表示，如图 5-2-2(b)所示。

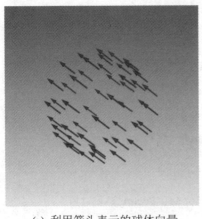 

(a) 利用箭头表示的球体向量　　　　(b) 利用法向量实现的向量化球体

图 5-2-2　球体数据向量化的两种方式

　　法向量在数据可视化过程中经常被应用，是一种非常实用的工具。曲面在某点 *P* 处的法向量为垂直于该点切平面的向量。对于一个网格模型，每个点和图元都可以计算出法向量，在三维计算机图形学中法向量一个重要的应用是光照和阴影计算。在计算网格模型法向量中，图元法向量计算比较简单，可以通过组成图元的任意两条边的点乘向量并归一化来表示。而对于点的法向量，则是由所有使用该点的单位法向量的平均值来表示。VTK 中计算法向量的 Filter 为 vtkPolyDataNormals，针对单元为三角形或者多边形类型的 vtkPolyData 数据进行计算。由于法向量分为点法向量和图元法向量，可以通过函数 SetComputeCellNormals 和 SetComputePointNormals 来设置需要计算的法向量类型。默认情况下会关闭图元法向量计算而计算点法向量。另外默认开始先对锐边缘(sharp Edge)进行处理，如果检测到存在锐边缘，则会将其分裂，因此模型的数据可能发生变化。

　　采用法向量参与可视化计算具有很多应用，但也要区分法向量与有向图的关系。并非使用了法向量所得到的可视化图形一定是有向图，如果对于法向量的使用仅仅是作为数据提取的方式，而不涉及可视化展示效果，其结果可以不是向量表示的有向图。比如程序 5-2-2 中展示了通过多边形数据法向量(vtkPolyDataNormals)提取可视化数据的可视化过程，由于最终的显示仍然采用了等值面轮廓表示的方法，使得其展示结果仍然为平滑的空间曲面，而不是向量化的有向图。

程序 5-2-2　燃烧室内值为 0.38 的等值面轮廓绘制

```python
# 以上接程序5-1-3中对应部分
actor1.SetMapper(mapper1)


contour = vtk.vtkContourFilter()
contour.SetInputData(output)
contour.SetValue(0, 0.38)
normals = vtk.vtkPolyDataNormals()
normals.SetInputConnection(contour.GetOutputPort())
normals.SetFeatureAngle(45)
mapper2 = vtk.vtkPolyDataMapper()
mapper2.SetInputConnection(normals.GetOutputPort())
mapper2.ScalarVisibilityOff()
actor2 = vtk.vtkActor()
actor2.SetMapper(mapper2)
actor2.GetProperty().SetColor(colors.GetColor3d('WhiteSmoke'))
lut.SetHueRange(0.667, 0.0)
lut.Build()


renderer = vtk.vtkRenderer()
renderer.AddActor(actor)
renderer.AddActor(actor1)
```

```
renderer.AddActor(actor2)
run(renderer)  # run函数同程序5-1-5
```

运行程序 5-2-2，可以得到如图 5-2-3(a)所示的含有等值面的气流图像。在程序 5-2-2 中去掉 renderer.AddActor(actor)，即不再显示燃烧室中的点状数据，则可以得到更为清晰的等值面展示效果，如图 5-2-3(b)所示的结果。

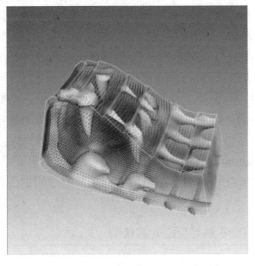 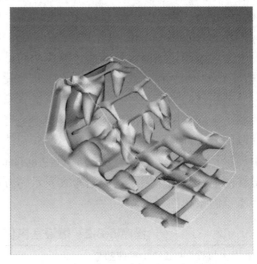

(a) 含有等值面的气流图像　　　　　　　　　　(b) 单独显示的等值面

图 5-2-3　燃烧室内气体密度可视化图中值为 0.38 的等值轮廓图

5.2.2　向量场

向量又称为矢量，通常与某种运动相关，表现为速度或者位移等形式。在空间某一区域内，除个别点外，如果对于该区域的每一点 P 都定义了一个确定的量 $f(P)$，该区域就称为量 $f(P)$ 的场。当形成场的量为向量时，也就构成了向量场。常见的向量场如风场、引力场、电磁场、水流场等。对于向量场的可视化显示，一种方式是通过如上一节所示的多个向量箭头表现的有向图来显示向量场，也有一些更为巧妙的方法来表现出向量场的作用效果，其中**翘曲变换**(Warping)采用几何变形的方法来表现空间中力的作用下所得到的扭曲效果，是一种能够给人较为直观感受的向量场可视化方法。

程序 5-2-3 给出了对简单直线段进行翘曲变换的例子。其中直线线段由 4 段构成，每段线段的长度为 1，且各个线段同属一条直线。四个线段的数据构成图元并放置在图元数组(vtkCellArray)中。翘曲的实现则对应相应的变形数据，主要是通过 (i, j, k) 坐标变换时调整 j 坐标的值实现翘曲变换的效果。

程序 5-2-3　对简单直线段的翘曲变换

```
colors = vtk.vtkNamedColors()
points = vtk.vtkPoints()
for i in range(0, 5):
```

```python
        points.InsertNextPoint(i, 0.0, 0.0)
lines = vtk.vtkCellArray()
line = vtk.vtkLine()
for i in range(0, 4):
    line.GetPointIds().SetId(0, i)
    line.GetPointIds().SetId(1, i+1)
    lines.InsertNextCell(line)

warpData = vtk.vtkDoubleArray()
warpData.SetNumberOfComponents(3)
warpData.SetName("warpData")
for j in [0.0, 0.1, 0.3, 0.0, 0.1]:
    warpData.InsertNextTuple([0.0, j, 0.0])

polydata = vtk.vtkPolyData()
polydata.SetPoints(points)
polydata.SetLines(lines)
polydata.GetPointData().AddArray(warpData)
polydata.GetPointData().SetActiveVectors(warpData.GetName())

warp = vtk.vtkWarpVector()
warp.SetInputData(polydata)
warp.Update()
mapper = vtk.vtkPolyDataMapper()
mapper.SetInputData(polydata)
# mapper.SetInputData(warp.GetPolyDataOutput())

actor = vtk.vtkActor()
actor.SetMapper(mapper)
actor.GetProperty().SetColor(colors.GetColor3d('Brown'))
renderer = vtk.vtkRenderer()
renderer.AddActor(actor)
run(renderer)  # run函数同程序5-1-5
```

　　程序通过 vtkWarpVector 可以实现翘曲向量的变形效果。如图 5-2-4(a)所示，其展示的是分布于一条直线上的四条线段，因此呈现出一条直线的效果。将程序中的 mapper.SetInputData(polydata)语句替换为 mapper.SetInputData(warp.GetPolyDataOutput())，即可实现对翘曲后的可视化图形进行展示，呈现出 5-2-4(b)所示的效果。

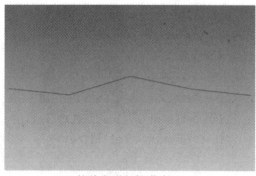

(a) 四条线段分布于一条直线上　　　　　　　　(b) 按线段进行翘曲变形

图 5-2-4　对简单直线段进行翘曲变换

　　翘曲变换在实际应用中可以突出运动的效果，因为运动的发生，造成了某一平面或区域发生变形，从而突出其运动的作用效果，这使得翘曲变换成为一种对运动效果来说很有意义的可视化方法。以前面所提到的燃烧室情景为例，之前的可视化效果虽然对其空间点的密度有所展示，但并未对其运动效果有所体现，用翘曲变换进行展示，其具体实现方法如下：

　　首先对燃烧室空间进行横截面切割，为增强可视化效果以及更好地观察各个区域的流动效果，对燃烧室空间进行 3 个切面操作，具体的切割点选择 $i = 10$、$i = 30$、$i = 45$ 等三处。其他部分则直接选取完整的 j 和 k 坐标量。具体设置为

　　plane.SetExtent(10, 10, 1, extent[3], 1, extent[5])

　　plane2.SetExtent(30, 30, 1, extent[3], 1, extent[5])

　　plane3.SetExtent(45, 45, 1, extent[3], 1, extent[5])

　　从而实现在坐标为 $i = 10$、30、45 处进行横切的操作。运行代码如程序 5-2-4 所示。

程序 5-2-4　燃烧室内对横切面实现翘曲变换

```
colors = vtk.vtkNamedColors()
data = vtk.vtkMultiBlockPLOT3DReader()
data.SetXYZFileName('combxyz.bin')
data.SetQFileName('combq.bin')
data.Update()

output = data.GetOutput().GetBlock(0)
extent = output.GetExtent()
scalarRange = output.GetScalarRange()
plane = vtk.vtkStructuredGridGeometryFilter()
plane.SetInputData(output)
plane.SetExtent(10, 10, 1, extent[3], 1, extent[5])
plane2 = vtk.vtkStructuredGridGeometryFilter()
plane2.SetInputData(output)
plane2.SetExtent(30, 30, 1, extent[3], 1, extent[5])
```

```
plane3 = vtk.vtkStructuredGridGeometryFilter()
plane3.SetInputData(output)
plane3.SetExtent(45, 45, 1, extent[3], 1, extent[5])

appendF = vtk.vtkAppendPolyData()
appendF.AddInputConnection(plane.GetOutputPort())
appendF.AddInputConnection(plane2.GetOutputPort())
appendF.AddInputConnection(plane3.GetOutputPort())
warp = vtk.vtkWarpVector()
warp.SetInputConnection(appendF.GetOutputPort())
warp.SetScaleFactor(0.005)
warp.Update()

normals = vtk.vtkPolyDataNormals()
normals.SetInputData(warp.GetPolyDataOutput())
normals.SetFeatureAngle(45)
mapper = vtk.vtkPolyDataMapper()
mapper.SetInputConnection(appendF.GetOutputPort())
# mapper.SetInputConnection(normals.GetOutputPort())
mapper.SetScalarRange(scalarRange)
actor = vtk.vtkActor()
actor.SetMapper(mapper)

outline = vtk.vtkStructuredGridOutlineFilter()
outline.SetInputData(output)
mapper1 = vtk.vtkPolyDataMapper()
mapper1.SetInputConnection(outline.GetOutputPort())
actor1 = vtk.vtkActor()
actor1.SetMapper(mapper1)
actor1.GetProperty().SetColor(colors.GetColor3d('Black'))

renderer = vtk.vtkRenderer()
renderer.AddActor(actor)
renderer.AddActor(actor1)
run(renderer)  # run函数同程序5-1-5
```

　　运行程序 5-2-4 得到如图 5-2-5(a)所示的三条横切面，注意不同颜色代表着不同的标量数值。程序中采用了翘曲向量 vtkWarpVector 并运用多边形法向量 vtkPolyDataNormals 的方法对切平面进行处理，修改代码 mapper.SetInputConnection(appendF.GetOutputPort())为

mapper.SetInputConnection(normals.GetOutputPort())，即可将经多边形法向量平滑处理后的翘曲面输出到数据映射器，从而得到图 5-2-5(b)所示的翘曲面。这里翘曲面的凹凸状效果能够有效展示不同区域的流动效果。

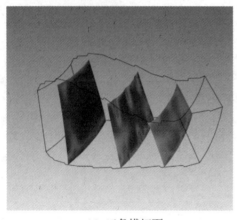

　　　　　(a)　三条横切面　　　　　　　　　　(b)　由横切面得到的翘曲面

图 5-2-5　燃烧室内横切面的翘曲变换

　　一般而言，通过向量场来控制物体进行几何变形操作时，需要同时进行一定的缩放操作。这是因为如果变形操作过小，视觉效果可能不明显，而操作太大的变形操作又可能会使其结构失去原有的规则，甚至导致自身的扭曲和交叠。因此，选择适当的缩放系数对于翘曲变换等可视化方法具有重要的意义。此时就需要再使用以下方法进行一些尝试，以获取较好的视觉效果。在本例之中，采用了一个较小的缩放因子 SetScaleFactor(0.005)，即可得到较好的显示结果。

　　物体表面上的向量位移可以通过位移图来可视化。位移图(Displacement Plots)体现的是在向量场的影响下，物体在其表面垂向的运动，具体表现为位移或者应变场。

　　位移图的应用正是体现了标量生成的思想，如图 5-2-6 所示，其向通过与表面上的法向量进行点积从而得到该点的标量值 s，

$$s = v \cdot n \tag{5-3}$$

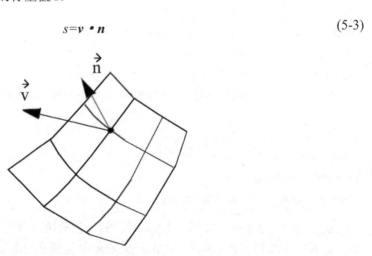

图 5-2-6　表面上一个点的向量及其法向量之点积可计算该点的标量

　　若表面上一点 P 的标量值的计算结果为正数，则该点 P 的运动方向为沿着表面垂向向外的方向，即正向位移。若计算结果为负数，则点 P 的运动方向为沿着表面垂向向内的方向，即反向位移。可见，位移图非常适合于解决表面振动等问题。

　　振动分析关注的是物体振动时的特征值(即固有共振频率)和特征向量(即振型)。位移图恰恰能够体现物体运动时的振型特征，特别是对于正向位移与负向位移之间的切换位置，相当于零位移区域，在绘制表面结构时，这些区域表现为振动的模态线。这种模态线是进行振动问题可视化研究的重要方法。

　　程序 5-2-5 给出了一个矩形梁位移图的绘制方法。其中 plate.vtk 文件中保存了一个标准的矩形梁数据，通过翘曲向量的使用，并设置较大的缩放因子 SetScaleFactor(0.5)，可以形成一种起伏振动的效果。

程序 5-2-5　矩形梁振动时位移图的绘制

```python
def MakeLUT(lut):
    nc = 256
    ctf = vtk.vtkColorTransferFunction()
    ctf.SetColorSpaceToDiverging()
    ctf.AddRGBPoint(0.0, 0.230, 0.299, 0.754)
    ctf.AddRGBPoint(1.0, 0.706, 0.016, 0.150)
    lut.SetNumberOfTableValues(nc)
    lut.Build()
    for i in range(0, nc):
        rgb = list(ctf.GetColor(float(i) / nc))
        rgb.append(1.0)
        lut.SetTableValue(i, *rgb)


plate = vtk.vtkPolyDataReader()
plate.SetFileName('plate.vtk')
plate.SetVectorsName("mode8")
plate.Update()
warp = vtk.vtkWarpVector()
warp.SetInputConnection(plate.GetOutputPort())
warp.SetScaleFactor(0.5)
normals = vtk.vtkPolyDataNormals()
normals.SetInputConnection(warp.GetOutputPort())

lut = vtk.vtkLookupTable(); MakeLUT(lut)
color = vtk.vtkVectorDot()
color.SetInputConnection(normals.GetOutputPort())
mapper = vtk.vtkDataSetMapper()
```

```
mapper.SetInputConnection(plate.GetOutputPort())
# mapper.SetInputConnection(warp.GetOutputPort())
# mapper.SetInputConnection(normals.GetOutputPort())
# mapper.SetInputConnection(color.GetOutputPort())
mapper.SetLookupTable(lut); mapper.SetScalarRange(-1, 1)

actor = vtk.vtkActor(); actor.SetMapper(mapper)
renderer = vtk.vtkRenderer(); renderer.AddActor(actor)
run(renderer)  # run函数同程序5-1-5
```

　　运行程序 5-2-5，可以得到如图 5-2-7(a)所示的标准矩形梁。将 mapper.SetInputConnection()这一函数的输入改为 warp，则可输出翘曲变换后的结果，矩形梁的振动效果如图 5-2-7(b)所示，这是一种二次扭转的振动模式。注意到由于翘曲变换是根据图元所进行的操作，因此振动效果图中可以看到图像表面的图元。此时采用法向量的方法，将输出改为 normals，即可观测到图像表面的平滑效果如图 5-2-7(c)所示。

5-2-7.mp4

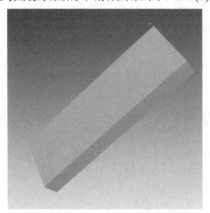

(a) 矩形梁本身(plate)

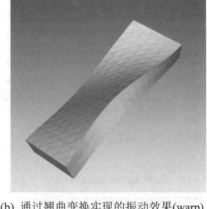

(b) 通过翘曲变换实现的振动效果(warp)

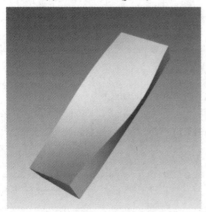

(c) 通过法向量实现的振动图(normals)

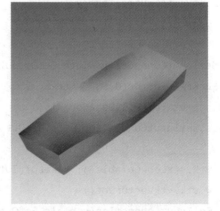

(d) color.GetOutputPort()

图 5-2-7　矩形梁位移图中可观察到明亮区域处的模态线

在程序 5-2-5 中还为数据映射器设置了对比度较强的颜色查找表(LUT)，从而突出不同点积结果的明暗度，对于振动高点采用蓝色，振动低点采用红色，都属于较暗的区域，呈现于显示结果之中，如图 5-2-7(d)所示。而点积为 0 的点处恰好处于运动起伏的交界，在图中观察到较亮的线状区域，即模态线。

5.2.3　流体运动

流体运动在现实之中具有很多应用，流动的风、液体、颗粒体等。这些运动可以看成是点或物体在单位时间内的移动。流体运动对应着速度 V，则该点的位移为

$$\mathrm{d}x = V\mathrm{d}t \tag{5-4}$$

这一模型采用微分的形式计算出单位时间跨度内的位移量，同时在计算时认为空间点的速度为与点的位置相关的常量值，因此不同点所计算的位移为速度向量与时间的积，从而得到一条有向的线段。由于不同点上的位移量与其速度向量相关，从而在空间中呈现一种多个线条的效果，采用这种算法模型得到的可视化图形称为线条图，又称刺猬图(Hedgehog)。

程序 5-2-6 给出了颈动脉血流运动的线条图绘制案例，其中采用 vtkHedgeHog 方法实现从文件 carotid.vtk 读取数据的处理，同时对处理的结果进行比例为 0.3 的缩放，从而更好地突出血管内流体运动的显示效果。

程序 5-2-6　颈动脉血流运动的线条图绘制

```
colors = vtk.vtkNamedColors()
reader = vtk.vtkStructuredPointsReader()
reader.SetFileName('carotid.vtk')
source = vtk.vtkHedgeHog()
source.SetInputConnection(reader.GetOutputPort())
source.SetScaleFactor(0.3)

mapper = vtk.vtkPolyDataMapper()
mapper.SetInputConnection(source.GetOutputPort())
mapper.SetScalarRange(50, 550)
actor = vtk.vtkActor()
actor.SetMapper(mapper)
outline = vtk.vtkOutlineFilter()
outline.SetInputConnection(reader.GetOutputPort())
mapper1 = vtk.vtkPolyDataMapper()
mapper1.SetInputConnection(outline.GetOutputPort())

actor1 = vtk.vtkActor()
actor1.SetMapper(mapper1)
actor1.GetProperty().SetColor(colors.GetColor3d('Black'))
```

```
renderer = vtk.vtkRenderer()
renderer.AddActor(actor)
renderer.AddActor(actor1)
run(renderer)  # run函数同程序5-1-5
```

运行程序 5-2-6 后得到图 5-2-8(a)所示的血流运动线条图效果，可以看出能够在一定程度上体现出流体运动的效果。放大后进一步观察刺猬图的局部空间(见图 5-2-8(b))，可以看出其显示效果正如模型给出的一样，呈现为有向的线段，从整体上看就是线条图的效果。

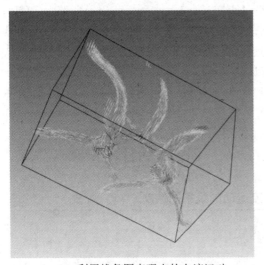

(a) 利用线条图表现出的血流运动　　　　　　　(b) 线条图局部放大的效果

图 5-2-8　颈动脉血流运动的可视化显示

图 5-2-9 给出了流体运动中一个点的运动轨迹，这些轨迹上的线路按时间度量单元分割为若干个轨迹点，由于不同轨迹点上的瞬时速度可能会有所不同，因而经过相同的时间单元其位移间隔可能会有所区别，使得整个轨迹呈现出平滑的曲线。

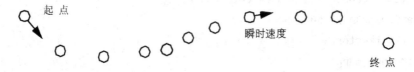

图 5-2-9　一个点的流体运动轨迹图示

从积分的角度，细分的时间单元就对应了自变量 dt，从而得到如下位移的积分模型：

$$x = \int_t V dt \tag{5-5}$$

采用积分模型后，可以利用连线将各个轨迹点串联起来，从而在宏观上看起来就是一条连续的曲线，这样就构成一种粒子轨迹图(Particle Traces)，又称为流线图(Streamlines)。流线图的使用能够从宏观上形象地观察流体的运动轨迹特征，具有更强的可视化效果。

　　绘制流线图时，重点在于起点的选取。有了起点，再给定一段时间间隔，就可以得到其终点的位置。在燃烧室的案例中，可以利用流线图绘制内部气流的轨迹。具体实施时，首先人为选择一个平面作为流线的起点，可以利用空间坐标作为该平面的原点，在程序5-2-7 中，原点的设置为坐标(2, −2, 26)，并设定 x、y 坐标轴的刻度分别为 4，同时指定空间 2 个点坐标，从而完全确定出流线图起源处的一个平面。有了起源处的平面，就可以利用 vtkStreamTracer 实现流线图的绘制，并可以指定出最大传播距离、积分间隔等参数，此处设定为 200 和 0.2。

程序 5-2-7　燃烧室内气流运动的流线图绘制

```
colors = vtk.vtkNamedColors()
data = vtk.vtkMultiBlockPLOT3DReader()
data.SetXYZFileName('combxyz.bin'); data.SetQFileName('combq.bin')
data.Update()

seeds = vtk.vtkPlaneSource()
seeds.SetXResolution(4); seeds.SetYResolution(4)
seeds.SetOrigin(2, -2, 26)
seeds.SetPoint1(2, 2, 26); seeds.SetPoint2(2, -2, 32)

streamline = vtk.vtkStreamTracer()
streamline.SetInputData(data.GetOutput().GetBlock(0))
streamline.SetSourceConnection(seeds.GetOutputPort())
streamline.SetMaximumPropagation(200)
streamline.SetInitialIntegrationStep(.2)
streamline.SetIntegrationDirectionToForward()
mapper = vtk.vtkPolyDataMapper()
mapper.SetInputConnection(streamline.GetOutputPort())
actor = vtk.vtkActor(); actor.SetMapper(mapper)

mapper1 = vtk.vtkPolyDataMapper()
mapper1.SetInputConnection(seeds.GetOutputPort())
actor1 = vtk.vtkActor(); actor1.SetMapper(mapper1)
outline = vtk.vtkStructuredGridOutlineFilter()
outline.SetInputData(data.GetOutput().GetBlock(0))
mapper2 = vtk.vtkPolyDataMapper()
mapper2.SetInputConnection(outline.GetOutputPort())
actor2 = vtk.vtkActor(); actor2.SetMapper(mapper2)

renderer = vtk.vtkRenderer()
```

```
renderer.AddActor(actor)
# renderer.AddActor(actor1)
renderer.AddActor(actor2)
run(renderer)  # run函数同程序5-1-5
```

　　运行程序 5-2-7 后即可得到如图 5-2-10(a)所示的流线图,此处就可以清晰地看到气流的运动轨迹。图中有多条流线轨迹,表面上看不出什么规律,然而,在原程序中添加 renderer.AddActor(actor1)即可观察到流线图起始处的平面,如图 5-2-10(b)所示。这个平面在物理意义上表示为通过该平面的流线,因此当前图上显示的流线事实上特指了这一部分的流线,而不是燃烧室内任意的一条流线。因为如果流线太多,不利于可视化呈现和对具体数据的观察。在程序中绘制了 actor1 之后,即可观察到起始平面,同时可以看出,表面上杂乱无章的流线事实上都是起源于该平面而绘制出的一条条流线轨迹。

5-2-10.mp4

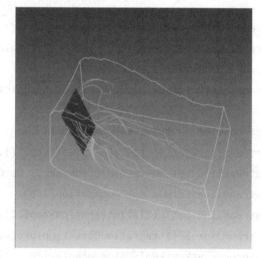

(a) 气体流动轨迹　　　　　　　　　　(b) 轨迹的起源来自一个拟定的平面

图 5-2-10　燃烧室内气流运动的流线图可视化

5.3　张量可视化

　　张量一词最初由威廉·罗恩·哈密顿于 1846 年提出,在此后的百年间,张量一直是国际上的研究热点。1915 年爱因斯坦的广义相对论完全由张量进行表述。张量在力学中有重要应用,如用于表示弹性介质中各点的应力状态,后经推广成为一种有力的物理学工具。张量方法对于现代机器学习也有着重要的意义。

5.3.1　流线形张量

　　张量(Tensor)属于一种多线性函数,对应着 n 维空间中,具有 $n \cdot r$ 个分量的数据,其中 r 称为张量的阶或秩(Rank)。第零阶张量($r = 0$)为标量(Scalar),第一阶张量($r = 1$)为向量

(Vector)，第二阶张量($r=2$)则成为矩阵(Matrix)。例如，在三维空间中的张量将表现为一个向量(x, y, z)。

对于三维物体，应力张量(Stress Tensors)和应变张量(Strain Tensors)是两个常用的概念，其中应力张量能表现出物体内部受力的状况，应力在不同方向的大小不同，与受力物体感应面有关。对于物体内部的某一点，其应力表现为一个三维空间上的向量，映射到各个坐标方向，表现为垂直于坐标平面的法向应力(Normal Stresses)和平行于坐标平面的切向应力(Shear Stresses)，分别对应于图 5-3-1 中矩阵的主对角线($\sigma_x, \sigma_y, \sigma_z$)和副对角线上的数值$\tau_{ij}$。在应变张量中，还包括了位移数据($u, v, w$)。

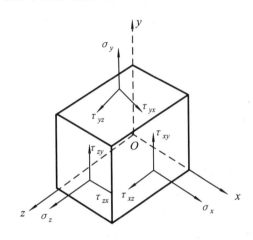

$$\begin{bmatrix} \sigma_x & \tau_{xy} & \tau_{xz} \\ \tau_{yx} & \sigma_y & \tau_{yz} \\ \tau_{zx} & \tau_{zy} & \sigma_z \end{bmatrix}$$

$$\begin{bmatrix} \dfrac{\partial u}{\partial x} & \left(\dfrac{\partial u}{\partial y}+\dfrac{\partial v}{\partial z}\right) & \left(\dfrac{\partial u}{\partial z}+\dfrac{\partial w}{\partial x}\right) \\ \left(\dfrac{\partial u}{\partial y}+\dfrac{\partial v}{\partial z}\right) & \dfrac{\partial v}{\partial y} & \left(\dfrac{\partial v}{\partial z}+\dfrac{\partial w}{\partial y}\right) \\ \left(\dfrac{\partial u}{\partial z}+\dfrac{\partial w}{\partial x}\right) & \left(\dfrac{\partial v}{\partial z}+\dfrac{\partial w}{\partial y}\right) & \dfrac{\partial w}{\partial z} \end{bmatrix}$$

(a) 应力张量　　　　　　　　　　　　　(b) 应变张量

图 5-3-1　物体内某点处的应力状态

进一步分析还能发现，应力矩阵为对称矩阵 **A**，从数学角度看，可以表示为特征向量 **x** 和特征值 λ，且

$$A \cdot x = \lambda x \tag{5-6}$$

同时，矩阵的行列式应满足

$$|A| = \lambda I \tag{5-7}$$

这里的特征向量 **x** 对应三维空间中互相垂直的三个坐标方向，在材料力学领域，这种坐标代表了材料中的主要坐标并且具有物理学意义，对应着应力中的法向应力，即主应力 **σ**，不包括切向应力，即剪应力 **τ**。同理，特征值 λ 也具有物理学意义。在振动研究领域，特征值对应物体的共振频率，而特征向量对应关联的模态。

利用张量进行应力分析时，一般会认为物体属于具有一定弹性的材质，进行弹性研究时经常会认为该材质在一个方向受一个平面的约束而在其他方向都有无穷大的可伸缩空间，这种具有约束平面的空间就属于半空间模型，对应半无限空间。

张量的半无限空间模型需要一个约束平面，同时该平面会对应一个能够施加材质应力的载荷点(Point Load)。在程序实现时，也是采用载荷点对象 vtkPointLoad 来声明张量，如程序 5-3-1 所示。其中设置了张量的量值为 100.0，并选取空间坐标为在 x、y、z 轴向上分别为[-10, 10]的区间。

程序 5-3-1 通过 vtkHyperStreamline 对象可以实现超流线模型，该模型直接以张量数据作为输入，通过积分方法建立起超流线。运行程序 5-3-1，会建立一条起点于(0, 0, -10)的超流线，形成如图 5-3-2(a)所示的一种半无限空间模型。模型顶部为起点所位于的平面，底部为采用图像数据滤波器(vtkImageDataGeometryFilter)所建立的一个显示平面，该平面对张量数据选取 $z=0$ 进行截面的切割，并利用图像平面方法绘制成一个平面，放置于超流线图的下方用于突出显示效果。

程序 5-3-1　利用超流线实现张量的可视化

```python
import vtk
def outlineActor(obj):
    outline = vtk.vtkOutlineFilter()
    outline.SetInputConnection(obj.GetOutputPort())
    outlineMapper = vtk.vtkPolyDataMapper()
    outlineMapper.SetInputConnection(outline.GetOutputPort())
    outlineActor = vtk.vtkActor()
    outlineActor.SetMapper(outlineMapper)
    return outlineActor


colors = vtk.vtkNamedColors()
ptLoad = vtk.vtkPointLoad(); ptLoad.SetLoadValue(100.0)
ptLoad.SetSampleDimensions(20, 20, 20)
ptLoad.SetModelBounds(-10, 10, -10, 10, -10, 10)
ptLoad.Update()


s1 = vtk.vtkHyperStreamline()
s1.SetInputData(ptLoad.GetOutput())
s1.SetStartPosition(0, 0, -10)  # s1.SetStartPosition(9, 9, -9)
s1.IntegrateMinorEigenvector()
s1.SetMaximumPropagationDistance(18.0)
s1.SetIntegrationStepLength(0.1); s1.SetStepLength(0.01)
# s1.SetRadius(0.25)
s1.SetNumberOfSides(18)
s1.SetIntegrationDirectionToIntegrateBothDirections()
```

```
s1.Update()

lut = vtk.vtkLogLookupTable()
mapper1 = vtk.vtkPolyDataMapper()
mapper1.SetInputConnection(s1.GetOutputPort())
mapper1.SetLookupTable(lut)
mapper1.SetScalarRange(ptLoad.GetOutput().GetScalarRange())
actor1 = vtk.vtkActor(); actor1.SetMapper(mapper1)

s2 = vtk.vtkHyperStreamline()
s2.SetInputData(ptLoad.GetOutput()); s2.SetStartPosition(-9, -9, -9)
s2.IntegrateMinorEigenvector()
s2.SetMaximumPropagationDistance(18.0)
s2.SetIntegrationStepLength(0.1); s2.SetStepLength(0.01)
s2.SetRadius(0.25); s2.SetNumberOfSides(18)
s2.SetIntegrationDirectionToIntegrateBothDirections()
s2.Update()
mapper2 = vtk.vtkPolyDataMapper()
mapper2.SetInputConnection(s2.GetOutputPort())
mapper2.SetLookupTable(lut)
mapper2.SetScalarRange(ptLoad.GetOutput().GetScalarRange())
actor2 = vtk.vtkActor(); actor2.SetMapper(mapper2)

plane = vtk.vtkImageDataGeometryFilter()
plane.SetInputData(ptLoad.GetOutput())
plane.SetExtent(0, 99, 0, 99, 0, 0)
plane.Update()
planeMapper = vtk.vtkPolyDataMapper()
planeMapper.SetInputConnection(plane.GetOutputPort())
planeMapper.SetScalarRange(plane.GetOutput().GetScalarRange())
planeActor = vtk.vtkActor(); planeActor.SetMapper(planeMapper)

renderer = vtk.vtkRenderer()
renderer.AddActor(actor1)
# renderer.AddActor(actor2)
renderer.AddActor(outlineActor(ptLoad))
renderer.AddActor(planeActor)
renderer.SetBackground(colors.GetColor3d('SlateGray'))
run(renderer)
```

将程序 5-3-1 中的 s1.SetStartPosition(0, 0, -10)，修改为 s1.SetStartPosition(9, 9, -9)进一步添加

s1.SetRadius(0.25)

renderer.AddActor(actor2)

进行这些改动后，就可以将原程序调整为实现 2 条超流线图的过程，运行后即可得到如图 5-3-2(b)所示的两条超流线。在默认情况下，超流线的半径为 0.5，若要实现多条超流线，可将半径修改为 0.25。同时注意到超流线 1 并未设置颜色查询表 LUT，因此在图 5-3-2(b)中显示为红色，而超流线 2 设置了 LUT，因此颜色值随着各点处标量值的变化而呈现渐变的效果。

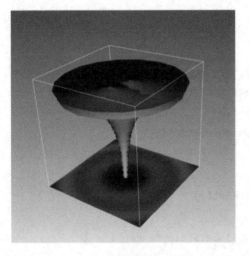

(a) 一条超流线   (b) 两条超流线

图 5-3-2   利用超流线展现张量的半无限空间模型

5.3.2   线形张量

在利用超流线展现张量的过程中采用了积分的方法实现了超流线所涉及的各部分数据的连接，从而形成一种流线的形状。流线的根部很大，表现出张力加强的状态，而顶部较小，表现出张力逐步减弱的状态。要实现张量的可视化，这种超流线模型为一种方法，但也有其他方法可以提供更好的张量数据可视化效果。

在进一步了解张量可视化方法之前，先看一下套管模型的使用。套管是一种包装在物体外部的管形的套件，可以在一定程度上起到增强视觉效果的作用，从而达到提高数据可视化效果的作用。比如程序 5-3-2 中绘制了一条红色的线段，并通过套管滤波器(vtkTubeFilter)在其外部安插了一个半透明的套管。

程序 5-3-2   套管模型的应用

```
import vtk

colors = vtk.vtkNamedColors()

source = vtk.vtkLineSource()

source.SetPoint1(1.0, 0.0, 0.0); source.SetPoint2(.0, 1.0, 0.0)
```

```
mapper = vtk.vtkPolyDataMapper()
mapper.SetInputConnection(source.GetOutputPort())
actor = vtk.vtkActor(); actor.SetMapper(mapper)
actor.GetProperty().SetColor(colors.GetColor3d('Red'))

tube = vtk.vtkTubeFilter()
tube.SetInputConnection(source.GetOutputPort())
# tube.SetRadius(0.025)
tube.SetNumberOfSides(50)
tube.Update()
mapper1 = vtk.vtkPolyDataMapper()
mapper1.SetInputConnection(tube.GetOutputPort())

actor1 = vtk.vtkActor()
actor1.SetMapper(mapper1); actor1.GetProperty().SetOpacity(0.5)
renderer = vtk.vtkRenderer()
renderer.AddActor(actor); renderer.AddActor(actor1)
run(renderer)  # run函数同程序5-1-5
```

　　在程序 5-3-2 中，默认情况下套管的半径为 0.5，运行后会得到如图 5-3-3(a)所示的套管模型，此时看起来像个大圆管，内部有一条红线。在程序中添加 tube.SetRadius(0.025)，即可得到如图 5-3-3(b)所示的常规套管。可见，增加了套管以后可以适当提高原有单个线段的视觉效果。

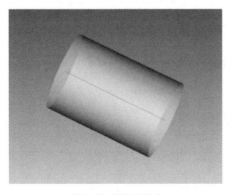 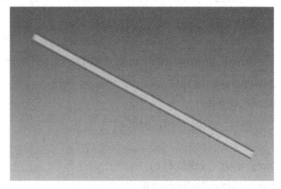

(a) 默认的套管半径为 0.5　　　　　　　　　　　(b) 半径为 0.025 的套管

图 5-3-3　在红色的线段外部添加半透明

　　要实现张量空间分布情况的可视化效果，可以采用张量的线形图来进行绘制。如程序 5-3-3 所示，其中的 vtkAxes 原本是用于构建线形 x、y、z 坐标系的对象，输入向量数据后可以展现出线形的向量。在程序中以 vtkAxes 作为张量的原始模型，最终会在空间中显示出一段段线形的向量，而整张图就构成了张量半无限空间。程序中对张量进行采样处理，使用 SetSampleDimensions(6, 6, 6)，从而实现在 x、y、z 轴向分别得到 6 段采样出的子向量。

程序 5-3-3　张量的线形图绘制

```python
import vtk
def lut():
    lut = vtk.vtkLookupTable()
    lut.SetScaleToLog10(); lut.Build()
    return lut
def coneActor():
    colors = vtk.vtkNamedColors()
    source = vtk.vtkConeSource()
    source.SetRadius(.5)
    source.SetHeight(2)
    mapper = vtk.vtkPolyDataMapper()
    mapper.SetInputConnection(source.GetOutputPort())
    actor = vtk.vtkActor()
    actor.SetMapper(mapper)
    actor.SetPosition(0, 0, 11)
    actor.RotateY(90)
    actor.GetProperty().SetColor(colors.GetColor3d('WhiteSmoke'))
    return actor
def load():
    ptLoad = vtk.vtkPointLoad()
    ptLoad.SetLoadValue(100.0)
    ptLoad.SetSampleDimensions(6, 6, 6)
    ptLoad.SetModelBounds(-10, 10, -10, 10, -10, 10)
    plane = vtk.vtkImageDataGeometryFilter()
    plane.SetInputConnection(ptLoad.GetOutputPort())
plane.SetExtent(2, 2, 0, 99, 0, 99)
plane.Update()
    return (ptLoad, plane)


axes = vtk.vtkAxes()
axes.SetScaleFactor(0.5)
source = vtk.vtkTubeFilter()
source.SetInputConnection(axes.GetOutputPort())
source.SetRadius(0.2)
source.SetNumberOfSides(6)

(ptLoad, plane) = load()
```

```
tensor = vtk.vtkTensorGlyph()
tensor.SetInputConnection(ptLoad.GetOutputPort())
tensor.SetSourceConnection(axes.GetOutputPort())
# tensor.SetSourceConnection(source.GetOutputPort())
tensor.SetScaleFactor(10)
mapper = vtk.vtkPolyDataMapper()
mapper.SetInputConnection(tensor.GetOutputPort())
mapper.SetLookupTable(lut())
mapper.SetScalarRange(plane.GetOutput().GetScalarRange())
actor = vtk.vtkActor()
actor.SetMapper(mapper)

renderer = vtk.vtkRenderer()
renderer.AddActor(actor)
renderer.AddActor(outlineActor(ptLoad))   # outlineActor函数同程序5-3-1
renderer.AddActor(coneActor())
run(renderer)   # run函数同程序5-1-5
```

运行程序 5-3-3，可以得到如图 5-3-4(a)所示的线形图，其中通过采样方法实现了在 x、y、z 三个轴向上均有 6 条线形的子向量。将程序中的 tensor.SetSourceConnection(axes. GetOutputPort())修改为 tensor.SetSourceConnection(source.GetOutputPort())，从添加套管。

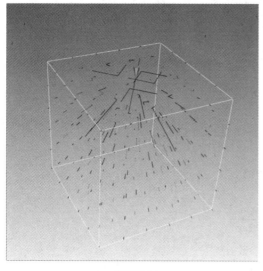

(a) 线形张量   (b) 添加了套管的线形张量

图 5-3-4　张量的线形图效果展示

完成修改后就可以实现为子向量添加套管的效果，运行程序后会得到图 5-3-4(b)中增强显示效果后的张量图。

5.3.3　椭球形张量

　　弹性力学理论认为，在半无限空间的表面处添加一个载荷点，会对材质形成一个外力P(见图 5-3-5(a))，其 z 轴位于垂直于表面的方向，x、y 轴的方向则位于表面之上，这种弹性力学问题又称为布希涅斯克(Boussinesq)问题。进行张量分析时，首先应确定其特征向量和特征值，这些特征向量具有相互正交的特征，他们构成一个本地的坐标系。而这些坐标系可以认为是一个椭球中的主轴、侧轴和次轴(见图 5-3-5(b))，因此通过这种椭球的量化就可以体现出张量的特征值和特征向量等核心特征，也就是椭球的形状、大小等指标，就能够唯一地表现出张量本身的特征。这就是建立椭球形张量的基本原理。

　　进一步的弹性力学参数还可以参考图 5-3-5(c)中给出的计算和分析方法。其中变量 ρ 代表了载荷点与平面的距离，参数 ν 则代表了载荷点与材质弹性特征的泊松比，它代表了材料在单向受拉或受压时，横向剪应变与轴向正应变的绝对值的比值，也叫横向变形系数，它是反映材料横向变形的弹性常数。

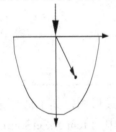　　

(a) 载荷点处施加外力 P　　　　　　(b) 椭球形张量中的三个特征向量

$$\sigma_x = -\frac{P}{2\pi\rho^2}\left(\frac{3zx^2}{\rho^3} - (1-2\nu)\left(\frac{z}{\rho} - \frac{\rho}{\rho+z} + \frac{x^2(2\rho+z)}{\rho(\rho+z)^2}\right)\right)$$

$$\sigma_y = -\frac{P}{2\pi\rho^2}\left(\frac{3zy^2}{\rho^3} - (1-2\nu)\left(\frac{z}{\rho} - \frac{\rho}{\rho+z} + \frac{y^2(2\rho+z)}{\rho(\rho+z)^2}\right)\right)$$

$$\sigma_z = -\frac{3Pz^3}{2\pi\rho^5}$$

$$\tau_{xy} = \tau_{yx} = -\frac{P}{2\pi\rho^2}\left(\frac{3xyz}{\rho^3} - (1-2\nu)(\frac{xy(2\rho+z)}{\rho(\rho+z)^2})\right)$$

$$\tau_{xz} = \tau_{zx} = -\frac{3Pxz^2}{2\pi\rho^5}$$

$$\tau_{yz} = \tau_{zy} = -\frac{3Pyz^2}{2\pi\rho^5}$$

(c) 张量中各参数的解

图 5-3-5　椭球形张量的原理图示

　　程序 5-3-4 给出了椭球形张量的绘制方法，其中首先建立一个球形的原始模型，并将其作为张量图(vtkTensorGlyph)的源。程序为该张量图指定载荷点的数据为 ptLoad，且该张量的载荷数值与程序 5-3-3 保持一致。将球形模型赋给张量图以后，即可在半无限空间中呈现出一条条采样出的椭球形张量。

程序 5-3-4　椭球形张量的绘制

```
(ptLoad, plane) = load()  # load函数同程序5-3-3
sphere = vtk.vtkSphereSource()
sphere.SetThetaResolution(8)
sphere.SetPhiResolution(8)
tensor = vtk.vtkTensorGlyph()
tensor.SetInputConnection(ptLoad.GetOutputPort())
tensor.SetSourceConnection(sphere.GetOutputPort())
tensor.SetScaleFactor(10)
data = vtk.vtkPolyDataNormals()
data.SetInputConnection(tensor.GetOutputPort())

mapper = vtk.vtkPolyDataMapper()
mapper.SetInputConnection(tensor.GetOutputPort())
# mapper.SetInputConnection(data.GetOutputPort())
mapper.SetLookupTable(lut())  # lut函数同程序5-3-3
mapper.SetScalarRange(plane.GetOutput().GetScalarRange())
actor = vtk.vtkActor()
actor.SetMapper(mapper)
renderer = vtk.vtkRenderer()
renderer.AddActor(actor)
renderer.AddActor(outlineActor(ptLoad))  # outlineActor函数同程序5-3-1
renderer.AddActor(coneActor())  # coneActor函数同程序5-3-3
run(renderer)  # run函数同程序5-1-5
```

运行程序 5-3-4 即可看到如图 5-3-6(a)所示的椭球形张量。可见，接近载荷点所在平面的 4 条椭球形张量最大，对应着更大的特征值，而远离载荷平面的张量椭球则逐渐变小变细。

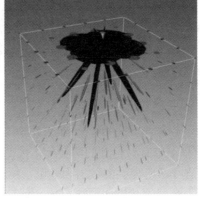

5-3-6.mp4

(a) 椭球形张量　　　　　　(b) 采用法向量实现的椭球形张量

图 5-3-6　张量的椭球图效果展示

本 章 小 结

对于标量、向量、张量等数据形式的掌握，是进行可视化算法设计的基础。这里应重点掌握标量数据的可视化，它往往代表了质量、温度等最大多数有意义的物理量值。颜色对照方法已经被运用于多种可视化图示中，成为一种非常有效的可视化手段，另外轮廓、等值面、外轮廓线的使用，代表了数据可视化中最为常用的方法和技术。向量可视化可以以向量场、线条图、流线图等方式展现出与运动相关的可视化数据，代表了不同算法所实现的动态可视化效果。张量可视化则属于最为热门的研究方向和领域，其中超流线表示法、线形张量、椭球形张量等代表了不同的可视化方法，分别可以形成不同的可视化效果图。

习　　题

1. 试述 CT 扫描的成像原理，CT 成像是用于显示骨骼还是皮肤？为什么？

2. 进行数据可视化时为什么常常要进行标量生成？其中 SetScalarRange(min, max)这个方法有什么作用？

3 金字塔是底部为正方形、侧面为三角形的结构，参考程序 5-1-1，绘制一个底部为实芯且具有分层颜色表示的金字塔，如图 5-e-1(a)所示(提示：金字塔可看成边数为 4 的锥形体，同时注意其高度的设定)。

　　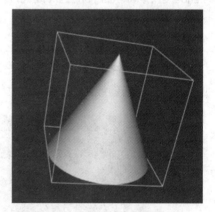

(a) 具有分层颜色表示的金字塔　　　　　　　(b) 具有外轮廓的圆锥体

图 5-e-1　金字塔与圆锥体

4. 绘制一个带有外轮廓的圆锥体，如图 5-e-1(b)所示。

5. 以图 5-1-7 所提供的数据为基础，绘制出值为 5 的等值轮廓图，要求图中能够显示出网格本身，实现的结果如图 5-e-2(a)所示。(提示：可利用图元方法构建方框，如上部最左侧图元所使用点的编号为[0,5,6,1]，可以采用 vtkPolyDataMapper 映射器建立演员模型，同时注意 GetProperty().SetRepresentationToWireframe()方法可以将图形以线框形式展现出来，即表现出格子状)

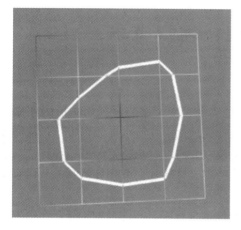

(a)　网状方格数据中以值为 5 的等值轮廓图　　　　　　　　(b)　盘形物体

图 5-e-2　轮廓与盘形物体

　　6. 盘状模型 (vtkDiskSource()) 可以绘制出一种盘型的图形，采用多边形映射器 vtkPolyDataMapper()即可实现对该形状的映射。试设计一个如图 5-e-2(b)所示的盘型物体。

　　7. 参考程序 5-3-1，设计一个如图 5-e-3 所示的具有 4 个超流线的张量半无限空间。

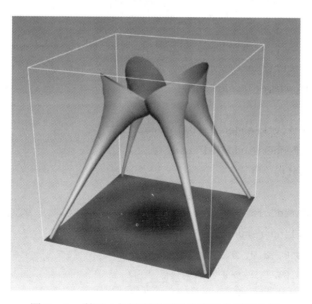

图 5-e-3　利用 4 条超流线展现的张量半无限空间

第 6 章　可视化建模技术

　　建模是实现数据可视化的核心所在，也是实现千变万化的可视化图形图像显示的关键。对于建模技术，应着重把握其内在的关键特征，找出其特点并加以推广，从而实现对更多同类问题的求解。一般而言，可视化建模技术会通过一些特定的方法和算法，来实现对于某类数据集的处理，产生出某种能够展现特定含义的几何或拓扑形状，从而实现数据可视化的目的。

　　前面的章节中已经大量运用了可视化建模技术进行图形和图像的构建，其中主要采取的方法是利用 VTK 系统中内置的源对象模型(Source Object)来建立可视化管线中的演员模型。球形体、锥形体或其他简单的几何物体都可以采用这种方法来直接构建。这种单一的几何形体一般会用于可视化一些现实世界中常见的简单物体，比如家具、门、窗等，也经常在三维 CAD 设计中作为基本的几何图像元素。

程序 6-1-1　通过内置的源对象模型构建出圆柱体图像

```python
import vtk
def run(renderer):
    window = vtk.vtkRenderWindow()
    window.AddRenderer(renderer)
    window.SetWindowName('Renderer')
    window.Render()
    interactor = vtk.vtkRenderWindowInteractor()
    interactor.SetRenderWindow(window)
    interactor.Start()


colors = vtk.vtkNamedColors()
source = vtk.vtkCylinderSource()
source.SetCenter(0.0, 0.0, 0.0)
source.SetRadius(5.0)
source.SetHeight(7.0)
source.SetResolution(100)


mapper = vtk.vtkPolyDataMapper()
mapper.SetInputConnection(source.GetOutputPort())
actor = vtk.vtkActor()
```

```
actor.GetProperty().SetColor(colors.GetColor3d('Cornsilk'))
actor.SetMapper(mapper)
renderer = vtk.vtkRenderer()
renderer.AddActor(actor)
renderer.SetBackground(colors.GetColor3d('SlateGray'))
run(renderer)
```

程序 6-1-1 利用 vtkCylinderSource 源对象模型建立出圆柱体的图像，其设置了中心点 (0.0, 0.0, 0.0)、半径 5.0、高度 7.0 和精度 100。运行程序后，得到如图 6-1-1 所示的圆柱体，可见这是一个体形的对象，通过精度(Resolution)的设置，物体将具有细致的可视化效果。

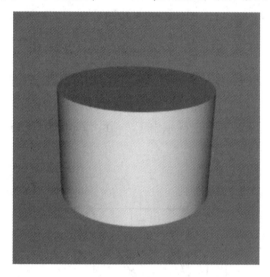

图 6-1-1　通过源对象模型构建的圆柱体

几何物体的可视化过程中，也可以采取一些辅助性几何方法(Supporting Geometry)，比如在可视化图像上添加坐标轴辅助观察其位置信息，再如在程序 5-3-3 中所采用的利用管套模型，它起到加强可视化效果的作用。除此之外，还可以利用一些辅助性几何方法来实现对流线等复杂几何体的可视化。

6.1　隐函数方法

几何物体在可视化过程中，其数据属性的构建是一个核心的任务。比如材质的运用，或者是标量值的生成等。在这一过程中，隐函数是一个重要的标量值生成方法。

6.1.1　隐函数轮廓

隐函数一般具有以下函数形式

$$F(x, y, z) = c \qquad\qquad (6\text{-}1)$$

其中 c 为一个任意的常量，表示隐函数的取值。

在实际使用过程中，隐函数常被用于实现对一些常见几何形体的建模，比如面状体、球体、圆柱体、锥形体、椭球体、曲面体等等。

引入了隐函数以后，就可以利用该函数实现标量的生成。只要对函数进行数据的采样，即可得到对应于隐函数的值 c 的各个样本点 (x_i, y_i, z_i)，有了这些样本点，自然可以计算出等值面，即隐函数所对应的轮廓。

隐函数等式右边的值即隐函数的取值，通过对隐函数的取值可以对空间进行划分，其中 $F(x, y, z) < c$ 表示隐函数表面轮廓内侧区域，$F(x, y, z) = c$ 表示隐函数表面轮廓，$F(x, y, z) > c$ 则表示隐函数表面轮廓外部区域。

以球体的隐函数为例，通过表面轮廓即可构建球体，因此其隐函数为

$$F(x, y, z) = x^2 + y^2 + z^2 - R^2 = 0 \tag{6-2}$$

这种表面轮廓所定义的球体轮廓就是 $F(x, y, z) = 0$，表现为球面，$F(x, y, z) < 0$ 表示球的内侧，$F(x, y, z) > 0$ 表示球的外侧。这种通过球面所形成的球体在二维平面的切面表现为一个圆，如图 6-1-2 所示，其中也标示出了 $F=0$、$F<0$ 和 $F>0$ 所对应的位置。

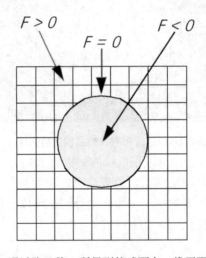

图 6-1-2　通过隐函数 F 所得到的球面在二维平面上的切面

VTK 中一些内置的图像模型本身就可以作为隐函数来使用。比如程序 6-1-2 中使用了 vtkCylinder 模型来建立圆柱体，并将此隐函数模型赋值给变量 source。通过 vtkSampleFunction 建立隐函数的采样函数，将此隐函数的值赋给变量 sample，并通过 sample.SetImplicitFunction(source) 来设置隐函数为圆柱体函数。注意在程序 6-1-1 中建立圆柱体采用了源对象模型 vtkCylinderSource，这种源对象模型不能作为隐函数来使用。程序中设定了在各个坐标轴上的取值范围为 [−0.5, 0.5]，同时指定在各个坐标轴上的采样维度均为 20。有了采样出的标量值，就可以利用轮廓滤波器 vtkContourFilter 实现圆柱体的表面轮廓表示。

程序 6-1-2　对隐函数进行采样生成的标量做轮廓表示

```
colors = vtk.vtkNamedColors()
source = vtk.vtkCylinder()
sample = vtk.vtkSampleFunction()
sample.SetImplicitFunction(source)
sample.SetModelBounds(-.5, .5, -.5, .5, -.5, .5)
sample.SetSampleDimensions(20, 20, 20)
sample.ComputeNormalsOff()
contour = vtk.vtkContourFilter()
contour.SetInputConnection(sample.GetOutputPort())
contour.SetValue(0, 0.0)

mapper = vtk.vtkPolyDataMapper()
mapper.SetInputConnection(contour.GetOutputPort())
mapper.ScalarVisibilityOff()
actor = vtk.vtkActor()
actor.SetMapper(mapper)
# actor.GetProperty().EdgeVisibilityOn()
actor.GetProperty().SetColor(colors.GetColor3d('AliceBlue'))
actor.GetProperty().SetEdgeColor(colors.GetColor3d('SteelBlue'))

renderer = vtk.vtkRenderer()
renderer.AddActor(actor)
renderer.SetBackground(colors.GetColor3d('SlateGray'))
run(renderer)  # run函数同程序6-1-1
```

运行程序 6-1-2 以后，得到图 6-1-3(a)所示的显示结果。由于隐函数方法利用等值面轮廓来实现可视化演员模型，可以看出该圆柱体仅包括侧表面且并没有底面。在程序中添加 actor.GetProperty().EdgeVisibilityOn()即可得到如图 6-1-3(b)所示的结果，此时是将图元间的边显示出来，使得圆柱体表面呈现出一定纹理。

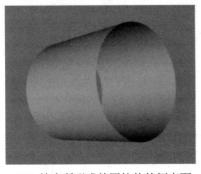 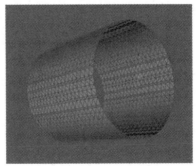

(a) 轮廓所形成的圆柱体的侧表面　　　　　(b) 设置了 EdgeVisibilityOn()

图 6-1-3　通过隐函数轮廓方法产生出用侧表面表示的圆柱体

6.1.2 二项式隐函数

二项式隐函数是一种较为常用的隐函数模型，能够表示很多种不同的形体关系。二项式隐函数具有以下形式

$$F(x, y, z)=a_0 x^2 + a_1 y^2 + a_2 z^2 + a_3 xy + a_4 yz + a_5 xz + a_6 x + a_7 y + a_8 z + a_9 \tag{6-3}$$

其中 a_i 为常量参数。适当调整各 a_i 的取值，就可以依据二项式隐函数得到球体、圆锥体、圆柱体、椭球等各类形体。

程序 6-1-3 给出了利用二项式隐函数方法实现圆柱体表面的代码。程序中采用 vtkQuadric 对象建立隐函数模型，并用 SetCoefficients(1, 1, 0, 0, 0, 0, 0, 0, 0, 0)设置二项式隐函数的系数，其中的 10 个参数分别对应 a_0 到 a_9 中的各个参数。同时注意到程序中有 contour.SetValue(1, 1)用于为等值轮廓表面设置隐函数值，此处设置的值为 1。因此，程序所对应的隐函数为

$$F(x, y, z)=x^2 + y^2 = 1$$

此函数与 z 轴无关，且在 z 轴横切面上表现为一个半径为 1 的圆，因此对应着圆柱体的侧表面，且不包括底面。

程序 6-1-3　利用二项式隐函数方法实现的圆柱体表面

```python
def outlineActor(obj):
    outline = vtk.vtkOutlineFilter()
    outline.SetInputConnection(obj.GetOutputPort())
    outlineMapper = vtk.vtkPolyDataMapper()
    outlineMapper.SetInputConnection(outline.GetOutputPort())
    outlineActor = vtk.vtkActor()
    outlineActor.SetMapper(outlineMapper)
    return outlineActor


colors = vtk.vtkNamedColors()
quadric = vtk.vtkQuadric()
quadric.SetCoefficients(1, 1, 0, 0, 0, 0, 0, 0, 0, 0)
sample = vtk.vtkSampleFunction()
sample.SetSampleDimensions(50, 50, 50)
sample.SetImplicitFunction(quadric)
contour = vtk.vtkContourFilter()
contour.SetInputConnection(sample.GetOutputPort())
# contour.GenerateValues(5, 0, 1.2)
contour.SetValue(1, 1)
contourMapper = vtk.vtkPolyDataMapper()
```

```
contourMapper.SetInputConnection(contour.GetOutputPort())
contourMapper.SetScalarRange(0, 1.2)
contourActor = vtk.vtkActor()
contourActor.SetMapper(contourMapper)

axes = vtk.vtkAxesActor()
transform = vtk.vtkTransform()
transform.Translate(1.0, 1.0, 0.0)
# axes.SetUserTransform(transform)
renderer = vtk.vtkRenderer()
renderer.AddActor(axes)
renderer.AddActor(contourActor)
renderer.AddActor(outlineActor(sample))
renderer.SetBackground(colors.GetColor3d('SlateGray'))
run(renderer)    # run函数同程序6-1-1
```

运行程序 6-1-3，得到如图 6-1-4(a)所示的结果。由于在程序中设置了一个坐标轴，因此在圆柱体内部可以看到圆柱体与 x、y、z 轴之间的关系。

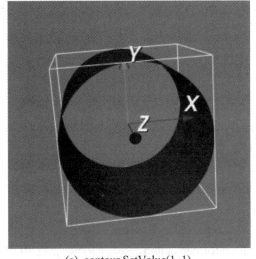 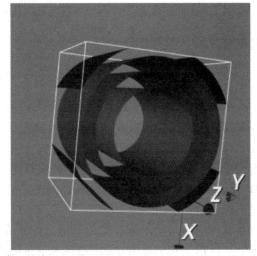

　　　(a)　contour.SetValue(1, 1)　　　　　　　　(b)　contour.GenerateValues(5, 0, 1.2)

图 6-1-4　利用二项式隐函数实现的圆柱体表面

(其中图(a)是利用 contour.SetValue(1, 1)得到的单一表面，

图(b)是利用 contour.GenerateValues(5, 0, 1.2)得到的四层表面)

　　下面对程序 6-1-3 进行一些调整，删掉程序中 contour.SetValue(1, 1)这条语句，并且添加 contour.GenerateValues(5, 0, 1.2)和 axes.SetUserTransform(transform)

两条语句。这里通过 GenerateValues(5, 0, 1.2)将产生 0 到 1.2 之间的 5 个数，分别是 0、0.3、0.6、0.9、1.2。

完成以上调整后的运行结果如图 6-1-4(b)所示。其中 0 表示一个点，在结果中无法显示，而 1.2 在最外层，显示并不完整，其余三个值对应着三个圆柱体侧表面。添加了坐标轴变换的语句后，可以将坐标轴原点平移到(1.0, 1.0, 0.0)处，方便观察显示结果的坐标分布情况：平移后的坐标轴原点正好落在可视化图像外轮廓的边缘。同时内部具有四个圆柱体侧表面，而最外层的表面呈现出不完整的显示结果。

6.1.3　隐函数组合成像

在实际使用时，隐函数可以独立发挥作用，也可以组合使用于对几何物体的建模，从而形成一种混合式的函数模型。具体应用时，可以根据情况利用一些隐函数的组合方法来产生一些特殊的效果。

隐函数组合成像方法是利用隐函数的组合来创建更为复杂的对象，具体操作是利用布尔运算实现并集、交集和差集。比如对于两个隐函数 $F(x, y, z)$、$G(x, y, z)$，其并集 $F \cup G$ 可以计算如下：

$$F \cup G = \left\{ \max\left(F(\vec{x}), G(\vec{x})\right) \middle| \vec{x} \in R^n \right\} \tag{6-4}$$

其交集 $F \cup G$ 可以计算如下：

$$F \cup G = \left\{ \min\left(F(\vec{x}), G(\vec{x})\right) \middle| \vec{x} \in R^n \right\} \tag{6-5}$$

其差集 $F - G$ 可以计算如下：

$$F \cup G = \left\{ \min\left(F(\vec{x}), -G(\vec{x})\right) \middle| \vec{x} \in R^n \right\} \tag{6-6}$$

下面首先以一组平面的组合运算为例进行说明。通过隐函数方法定义一个平面时，只需要指定平面的隐函数 vtkPlane，再设定其原点和法向量即可完成平面的指定。此时的平面具有法向量所指定的方向，属于一个有向平面。程序 6-1-4 给出了对两个隐函数所指示的平面进行组合成像的过程。同时需注意到，两个平面设置了相同的法向量 SetNormal(1, 0, 0)，但其中一个平面的原点是(0.1, 0, 0)，另一个平面的原点为(1.2, 0, 0)，因此其交集将会是原点为(0.1, 0, 0)的平面。

具体的隐函数组合成像运算通过隐式布尔对象(vtkImplicitBoolean)加以实现，具体设置时通过指定其运算为交集，操作 SetOperationTypeToIntersection，并将两个隐函数所指定的平面通过 AddFunction 添加到隐式布尔对象。完成设定后就可以通过采样方法生成平面上数据点的标量，并利用轮廓滤波器 vtkContourFilter 实现轮廓的绘制。

程序 6-1-4　对两个隐函数所指示的平面进行组合成像

```
def contourActor(sample):
    sample.SetSampleDimensions(128, 128, 128)
    sample.ComputeNormalsOff()
    contour = vtk.vtkContourFilter()
    contour.SetInputConnection(sample.GetOutputPort())
```

```python
        contour.SetValue(0, 0.0)
        mapper = vtk.vtkPolyDataMapper()
        mapper.SetInputConnection(contour.GetOutputPort())
        mapper.ScalarVisibilityOff()
        actor = vtk.vtkActor()
        actor.SetMapper(mapper)
        return actor


def coneActor():
        vertPlane = vtk.vtkPlane()
vertPlane.SetOrigin(.1, 0, 0)
vertPlane.SetNormal(1, 0, 0)
# vertPlane.SetNormal(-1, 0, 0)
        basePlane = vtk.vtkPlane()
        basePlane.SetOrigin(1.2, 0, 0)
        basePlane.SetNormal(1, 0, 0)

        ibool = vtk.vtkImplicitBoolean()
        ibool.SetOperationTypeToIntersection()
        ibool.AddFunction(vertPlane)
        ibool.AddFunction(basePlane)
        sample = vtk.vtkSampleFunction()
        sample.SetImplicitFunction(ibool)
        sample.SetModelBounds(-1, 1.5, -1.25, 1.25, -1.25, 1.25)
        return contourActor(sample)


def main():
        colors = vtk.vtkNamedColors()
        actor1 = coneActor()
        actor1.GetProperty().SetColor(colors.GetColor3d('Chocolate'))
        renderer = vtk.vtkRenderer()
        renderer.AddActor(actor1)
        axes = vtk.vtkAxesActor()
        renderer.AddActor(axes)
        renderer.SetBackground(colors.GetColor3d('SlateGray'))
run(renderer)   # run函数同程序6-1-1


main()
```

运行程序 6-1-4 后可得到如图 6-1-5(a)所示的单个平面。这个平面对应着原点为(0.1, 0, 0)平面，是之前两个平面进行交集运算所得到的结果。同时注意到其法向量为(1, 0, 0)，对应着 x 轴的正向，与图中显示的结果相同。将程序中的 vertPlane.SetNormal(1, 0, 0)修改为 vertPlane.SetNormal(-1, 0, 0)，也就是让两个有向平面的朝向相反，此时再对其进行其交集运算。由于两个相反方向的有向平面间的交集就是两个平面间的部分，因此最终会显示出如图 6-1-5(b)所示的两个平面。

6-1-5.mp4

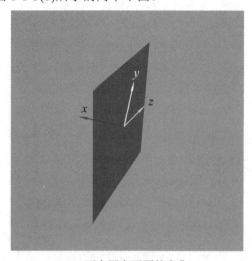

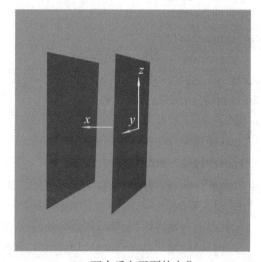

(a) 两个同向平面的交集　　　　　　(b) 两个反向平面的交集

图 6-1-5　两个隐函数所指示的平面组合成像以后的结果

程序 6-1-5 保留了以上的两个平面，并且利用隐函数组合成像方法实现对锥形体的切割。程序中直接运行的是显示锥形体的代码，采用 vtkCone 隐函数建立起锥形体的模型。

程序 6-1-5　利用隐函数组合成像方法实现锥形体的切割

```python
def coneActor():
    cone = vtk.vtkCone()
    cone.SetAngle(20)

    vertPlane = vtk.vtkPlane()
    vertPlane.SetOrigin(.1, 0, 0)
    vertPlane.SetNormal(-1, 0, 0)
    vertPlane.SetNormal(1, 0, 0)
    basePlane = vtk.vtkPlane()
    basePlane.SetOrigin(1.2, 0, 0)
    basePlane.SetNormal(1, 0, 0)

    ibool = vtk.vtkImplicitBoolean()
    ibool.SetOperationTypeToIntersection()
```

```
    ibool.AddFunction(cone)
    # ibool.AddFunction(vertPlane)
  # ibool.AddFunction(basePlane)
sample = vtk.vtkSampleFunction()
    sample.SetImplicitFunction(ibool)
    sample.SetModelBounds(-1, 1.5, -1.25, 1.25, -1.25, 1.25)
return contourActor(sample)    # contourActor函数定义同程序6-1-4
```

```
main()    # main函数定义同程序6-1-4
```

运行程序后可以得到如图 6-1-6(a)所示的结果，可见其事实上是对称分布的空间锥形体。在程序中添加

ibool.AddFunction(vertPlane)

ibool.AddFunction(basePlane)

两句话，同时需注意到程序中的隐式布尔操作采用的是交集运算，运算对象为两个反向的平面，以及两个反向平面间夹着的锥形体。其运算结果将是两个平面间与锥形体相交的部分，最终将显示为如图 6-1-6(b)所示的锥形体中的一个切割体。

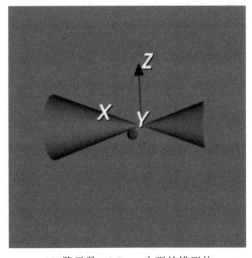 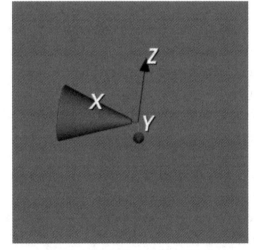

(a) 隐函数 vtkCone 实现的锥形体　　　　　(b) 通过交集运算实现的切割效果

图 6-1-6　利用隐函数组合成像实现锥形体切割效果

下面进一步看一个具体的例子——实现冰激凌被咬了一口的效果。冰激凌的模型可以用球形进行表示，咬一口也可以利用球体的一部分进行建模以展现效果。只要二者的模型都采用隐函数方法进行设立，就可以利用组合成像方法中的差集运算进行操作。差集运算的含义是，只要是二者相交的部分，就会被减掉。

程序 6-1-6 就给出了完整实现冰激凌被咬一口效果的程序代码。其中冰激凌圆锥形手柄部分的设计已经在之前的程序中给出，此处主要给出冰激凌本身部分的实现。程序中利用两个 vtkSphere 隐函数模型来构建出冰激凌球和咬一口后球的模型。

程序 6-1-6　利用隐函数组合成像方法建模咬了一口的冰激凌

```python
def creamActor():
    iceCream = vtk.vtkSphere()
    iceCream.SetCenter(1.333, 0, 0)
    iceCream.SetRadius(0.5)
    bite = vtk.vtkSphere()
    bite.SetCenter(1.5, 0, 0.5)
    bite.SetRadius(0.25)

    ibool = vtk.vtkImplicitBoolean()
    ibool.SetOperationTypeToDifference()
    ibool.AddFunction(iceCream)
    ibool.AddFunction(bite)
    sample = vtk.vtkSampleFunction()
    sample.SetImplicitFunction(ibool)
    sample.SetModelBounds(0, 2.5, -1.25, 1.25, -1.25, 1.25)
    return contourActor(sample)    # contourActor函数同程序6-1-4


colors = vtk.vtkNamedColors()
actor1 = coneActor()    # coneActor函数定义参见程序6-1-5
actor1.GetProperty().SetColor(colors.GetColor3d('Chocolate'))
actor2 = creamActor()
actor2.GetProperty().SetDiffuseColor(colors.GetColor3d('Mint'))


renderer = vtk.vtkRenderer()
# renderer.AddActor(actor1)
renderer.AddActor(actor2)
axes = vtk.vtkAxesActor()
renderer.AddActor(axes)
renderer.SetBackground(colors.GetColor3d('SlateGray'))
run(renderer)    # run函数同程序6-1-1
```

　　首先来观察一下咬一口的球体，在程序 6-1-6 中临时删除 ibool.AddFunction(iceCream) 这一句话，运行以后就可以单独展示出咬一口的球，如图 6-1-7(a)所示。下面将以上临时删除掉的代码恢复，并运行程序 6-1-6。需注意到程序中采用了差集运算 SetOperationTypeToDifference 来实现冰激凌球和咬一口球的差，相当于在冰激凌球上减掉咬一口球，因此得到了如图 6-1-7(b)所示的效果。

　　细心的读者可能会发现，为何是咬一口球在冰激凌球上减掉一块，而不是冰激凌球在咬一口球体上减掉其重合的部分？对于这个问题，临时调整一下以下两个语句的执行顺序：

  ibool.AddFunction(iceCream)

  ibool.AddFunction(bite)

临时调整为

  ibool.AddFunction(bite)

  ibool.AddFunction(iceCream)

6-1-7.mp4

此时所实现的就是以咬一口球为主体，减掉与冰激凌球的交集。具体的执行结果如图 6-1-7(c)所示，当然这并不是我们需要实现的效果，因此仍然将其恢复为临时调整之前的顺序。

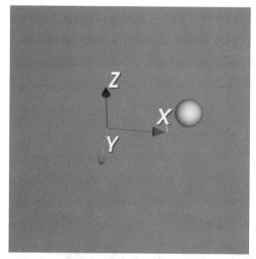

(a) 用于建模咬一口的球体

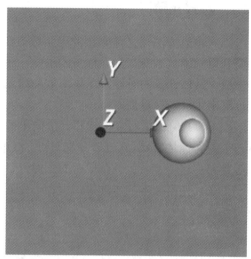

(b) 在冰激凌上咬了一口

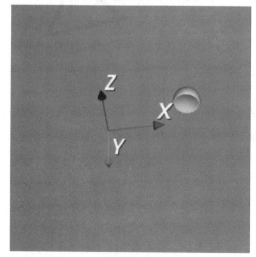

(c) 利用咬一口球减掉冰激凌球造成的效果

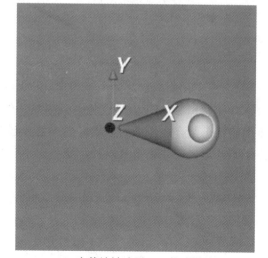

(d) 完整地被咬了一口的冰激凌

图 6-1-7　利用隐函数组合成像建模咬了一口的冰激凌

  在程序 6-1-6 中添加 renderer.AddActor(actor1)，即可将手柄部分也显示出来，最后的结果就是图 6-1-7(d)所示的完整效果。

6.2　算法模型

隐函数是一种实现可视化建模的有力工具。利用隐函数可以实现几何模型的构建，也可以利用隐函数的布尔运算实现多个几何物体的组合成像。然而这只是一种实现几何物体建模的方式要实现更多的可视化效果，还可以采用一些专用的算法模型，以下我们对这睦专用的算法模型加以详细介绍。

6.2.1　隐式建模

隐式建模方法与之前介绍的隐函数方法有一定相似性，　二者的区别在于隐函数方法需要利用隐函数本身来实现标量的生成，而隐式建模方法是利用一个距离函数来实现标量的生成。具体计算的时候，距离函数会通过选取的点、线或多边形作为参考，通过几何方式计算出距离的标量值。

图 6-2-1 给出了对点、线和一个简单的三角形进行距离函数计算的图示，这样如果给定一个距离标量值 d，就可以分别对点、线或多边形生成一个由距离标量所形成的等值面，即等距面，这一表面包裹在原有的图形外部，如果精度足够高，就可以近似出原有图形的一个图像，使得原本的二维图形根据等距标量的取值而成为一个三维的立体。

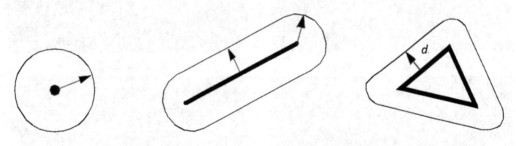

图 6-2-1　对点、线和三角形进行距离函数的计算

具体过程参见图 6-2-2，其中原图部分包括了两个点和一条线，隐式建模所形成的等距面相当于组合成像中的并集。图 6-2-2 给出了等距面所形成的图像在平面上的投影，除了二者形成的并集组合以外，还给出了交集以及差集的图示。

原　图　　　　　　　并集（Union）　　　　　交集（Intersection）　　　　差集（Difference）

图 6-2-2　等距面所形成的图像在平面上的投影

下面以具体例子看一下隐式建模方法。程序 6-2-1 首先从文件中读取出"HELLO"的字形数据，然后以多边形的方式将其展示出来，展示过程中适当设置一下多边形的线

宽为 3.0。

程序 6-2-1　HELLO 字形数据的线形表示

```python
def lineActor(inputConnection):
    mapper = vtk.vtkPolyDataMapper()
    mapper.SetInputConnection(inputConnection)
    actor = vtk.vtkActor()
    actor.SetMapper(mapper)
    actor.GetProperty().SetLineWidth(3.0)
    return actor


colors = vtk.vtkNamedColors()
reader = vtk.vtkPolyDataReader()
reader.SetFileName('hello.vtk')
actor1 = lineActor(reader.GetOutputPort())
actor1.GetProperty().SetColor(colors.GetColor3d('Tomato'))
renderer = vtk.vtkRenderer()
renderer.AddActor(actor1)
renderer.SetBackground(colors.GetColor3d('Wheat'))
run(renderer)    # run函数同程序6-1-1
```

程序 6-2-1 的运行结果如图 6-2-3(a)所示，可以看出这是一个以线段表示出的 HELLO 文字。

(a) 线形表示的 HELLO

(b) 值为 0.25 的等距面构成的 HELLO

图 6-2-3　HELLO 字形的显示

程序 6-2-2 为"HELLO"字形进一步设置了隐函数建模方法。通过隐函数建模，并根据字形的特点设置采样维度为 $110 \times 40 \times 20$，同时设定等距值为 0.25，从而建立一个值为

0.25 的等距面，注意由于等距面也属于一种等值面轮廓，因此需要利用轮廓滤波器并指定轮廓值为 0.25 来最终实现等距面的显示。运行程序后将显示出如图 6-2-3(b)所示的等距面轮廓图。

程序 6-2-2　利用隐函数建模方法为"HELLO"字形设置等距面

```python
def impActor(inputConnection):
    imp = vtk.vtkImplicitModeller()
    imp.SetInputConnection(inputConnection)
imp.SetSampleDimensions(110, 40, 20)
value = 0.25
# value = 0.5
    imp.SetMaximumDistance(value)
    imp.SetModelBounds(-1.0, 10.0, -1.0, 3.0, -1.0, 1.0)

    contour = vtk.vtkContourFilter()
    contour.SetInputConnection(imp.GetOutputPort())
    contour.SetValue(0, value)
    impMapper = vtk.vtkPolyDataMapper()
    impMapper.SetInputConnection(contour.GetOutputPort())
    impMapper.ScalarVisibilityOff()
    impActor = vtk.vtkActor()
    impActor.SetMapper(impMapper)
    impActor.GetProperty().SetOpacity(0.5)
    return impActor


colors = vtk.vtkNamedColors()
reader = vtk.vtkPolyDataReader()
reader.SetFileName('hello.vtk')
actor1 = lineActor(reader.GetOutputPort())  #lineActor函数同程序6-2-1
actor1.GetProperty().SetColor(colors.GetColor3d('Tomato'))
actor2 = impActor(reader.GetOutputPort())
actor2.GetProperty().SetColor(colors.GetColor3d('Peacock'))
renderer = vtk.vtkRenderer()
# renderer.AddActor(actor1)
renderer.AddActor(actor2)
renderer.SetBackground(colors.GetColor3d('Wheat'))
run(renderer)    # run函数同程序6-1-1
```

为了显示效果，程序 6-2-2 在等距面轮廓表示时设置了其透明度为 0.5，使得在显示轮廓的同时，也能够看清轮廓内部的演员显示。需注意到程序当前仅显示了 actor2，如果要在程序中添加对 actor1 的显示，需增加 renderer.AddActor(actor1)这样就能够将演员 1 也显示出来，即显示出原有的"HELLO"字形。具体显示效果如图 6-2-4(a)所示。

当值为 0.25 时，隐函数建模所形成的等距面显示出较好的效果。如果设置等距值不合适，也可以出现一些特殊效果的文字。比如在本例中，将原有的 value = 0.25 修改为 value = 0.5 则可以得到如图 6-2-4(b)中更为突出的显示效果。

(a) 等距面与原有字形图混合　　　　　　(b) 值为 0.5 的等距面构成的 HELLO

图 6-2-4　"HELLO"字形的等距面所形成的立体字形

6.2.2　模底凸生

隐式建模方法以某一隐函数或者某种图形为基础，通过构建某种等值面的方式来建模特定的形状和图像。这是一种有效的方法，然而也有其他的方法来实现图像的建模。模底凸生方法是以某一图像作为模板，称为模底，将其向上拉起形成一种凸生(Extrusion)的效果，并配以一定的变化，从而形成一种拉伸的图像。

如程序 6-2-3 所示，采用点状图元为基础连成一个多边形。具体而言，其中设置了八个点的坐标，这些点的坐标正好可以构成一个正八边形。

程序 6-2-3　利用多边形映射器将点状图元连成一个多边形

```
def cellData():
    points = vtk.vtkPoints()
    points.InsertPoint(0, 1.0, 0.0, 0.0)
    points.InsertPoint(1, 1.0732, 0.0, -0.1768)
    points.InsertPoint(2, 1.25, 0.0, -0.25)
    points.InsertPoint(3, 1.4268, 0.0, -0.1768)
    points.InsertPoint(4, 1.5, 0.0, 0.00)
    points.InsertPoint(5, 1.4268, 0.0, 0.1768)
    points.InsertPoint(6, 1.25, 0.0, 0.25)
```

```
    points.InsertPoint(7, 1.0732, 0.0, 0.1768)

    cell = vtk.vtkCellArray()
    m = 8  # The number of points
    cell.InsertNextCell(m)
    for i in range(m):
        cell.InsertCellPoint(i)
    data = vtk.vtkPolyData()
    data.SetPoints(points)
    data.SetPolys(cell)
    return data

colors = vtk.vtkNamedColors()
data = cellData()
mapper = vtk.vtkPolyDataMapper()
mapper.SetInputData(data)
actor = vtk.vtkActor()
actor.SetMapper(mapper)
actor.GetProperty().SetColor(colors.GetColor3d("PowderBlue"))

renderer = vtk.vtkRenderer()
renderer.AddActor(actor)
renderer.SetBackground(colors.GetColor3d("Burlywood"))
run(renderer)    # run函数同程序6-1-1
```

程序 6-2-3 的执行结果如图 6-2-5(a)所示，呈现出一个标准的正八边形。

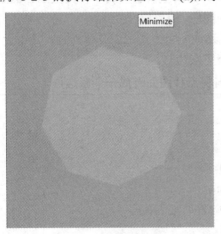
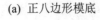
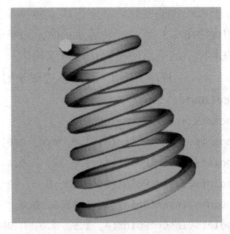

(a) 正八边形模底　　　　　　　　(b) 横切面为正八边形的弹簧

图 6-2-5　以正八边形为模底凸生出一个弹簧的图像

以正八边形为模底，可以将其延展和凸生出一定的形状。在凸生过程中进行一些特定的设置，就可以凸生出特定的形状，比如说一个弹簧。具体做法是利用旋转凸生滤波器(vtkRotationalExtrusionFilter)来实现底面的凸生，并设定该弹簧具有六个旋度，旋转角度为 360×6，各次旋度的半径差为 1.0，从而形成出下粗上细的弹簧效果。具体实现方式如程序 6-2-4 所示。

程序 6-2-4　以正八边形为模底凸生出一个弹簧

```python
def rotationalExtrusion(data):
    extrude = vtk.vtkRotationalExtrusionFilter()
    extrude.SetInputData(data)
    r = 360; n = 6  # six revolutions
    extrude.SetResolution(r); extrude.SetTranslation(n)
    extrude.SetDeltaRadius(1.0); extrude.SetAngle(r*n)
    return extrude


colors = vtk.vtkNamedColors()
data = cellData()
extrude = rotationalExtrusion(data)
normals = vtk.vtkPolyDataNormals()
normals.SetInputConnection(extrude.GetOutputPort())
normals.SetFeatureAngle(60)
mapper = vtk.vtkPolyDataMapper()
mapper.SetInputConnection(extrude.GetOutputPort())
# mapper.SetInputConnection(normals.GetOutputPort())


actor = vtk.vtkActor()
actor.SetMapper(mapper)
actor.GetProperty().SetColor(colors.GetColor3d("PowderBlue"))
# actor.GetProperty().SetDiffuse(0.7) #漫反射光
# actor.GetProperty().SetSpecular(0.4) #镜面光
# actor.GetProperty().SetSpecularPower(20) #镜面光强


renderer = vtk.vtkRenderer()
renderer.AddActor(actor)
renderer.SetBackground(colors.GetColor3d("Burlywood"))
run(renderer)   # run函数同程序6-1-1
```

运行程序以后，得到如图 6-2-5(b)所示的结果。然而这一结果看起来比较粗糙，表面很不平整，可以看出表面的多边形痕迹。要实现显示表面的平整性，利用多边形法向量的方法是一种有效的方式。因此将 mapper.SetInputConnection (extrude.GetOutputPort()) 修 改 为 mapper.SetInputConnection (normals. GetOutputPort())

6-2-6.mp4

即可将程序的输出转换为法向量，从而得到如图 6-2-6(a)所示的结果。此时已经展示出非常光滑的弹簧体图像，且其横切面可以清晰看到与模底的正八边形相同。此时的图像色彩还有些偏淡，且其光亮度不够。因此在程序中添加

actor.GetProperty().SetDiffuse(0.7) #漫反射光

actor.GetProperty().SetSpecular(0.4) #镜面光

actor.GetProperty().SetSpecularPower(20) #镜面光强

如此便添加了漫反射光、镜面光，并使镜面光具有一定光强，从而提高了弹簧的显示效果(图 6-2-6(b))。

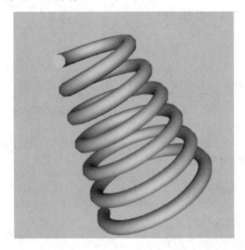
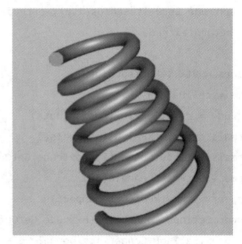

(a) 选取多边形法向量展示出的弹簧　　　　(b) 增加了反射光效果的弹簧

图 6-2-6　以正八边形为模底凸生出的弹簧

6.2.3　图符表示

图符(Glyph)技术提供了很多对各类数据类型进行可视化的功能。根据输入数据的不同，图符可能会表现为不同几何形状或者图片的一种对象。图符也可以根据数据的不同而有一定的方向，还可以进行大小的伸缩、变换、变形等各类变换。在张量可视化部分所介绍的有向线形图或者是采用箭头等表示的张量在空间上的分布情况，也相当于是一种简单的图符。

在可视化过程中图符可以形成一种与数据具有一定关联的显示结果，且可以形成一定的整体效果，实现对某种空间分布情况的可视化。比如张量可视化过程中的线形图就相当于利用图符实现了在各个点的张量表示。在具体使用中，如可以通过图符的使用来呈现人脸上各点的凹凸情况，比如在人脸上放置一些小的圆锥体等，使得各个点具有方向显示效果的图符。

　　程序 6-2-5 是一个在球体上放置一些小的圆锥体图符的示例。此处球体和圆锥体均采用图像的源对象模型来设计，分别为 vtkSphereSource 和 vtkConeSource。由于圆锥体是作为图符点缀到球体之上的，因此需要设置一个三维的图符对象 vtkGlyph3D，并将球体作为其输入，同时将图符的源模型设置为圆锥体对象，即

　　glyph.SetInputConnection(sphere.GetOutputPort())

　　glyph.SetSourceConnection(cone.GetOutputPort())

程序 6-2-5　在球体上放置一些小的圆锥体图符

```
colors = vtk.vtkNamedColors()
renderer = vtk.vtkRenderer()
sphere = vtk.vtkSphereSource()
sphere.SetThetaResolution(8); sphere.SetPhiResolution(8)
sphereMapper = vtk.vtkPolyDataMapper()
sphereMapper.SetInputConnection(sphere.GetOutputPort())
sphereActor = vtk.vtkActor()
sphereActor.SetMapper(sphereMapper)
sphereActor.GetProperty().SetColor(colors.GetColor3d('Silver'))

cone = vtk.vtkConeSource(); cone.SetResolution(6)
glyph = vtk.vtkGlyph3D()
glyph.SetInputConnection(sphere.GetOutputPort())
glyph.SetSourceConnection(cone.GetOutputPort())
glyph.SetVectorModeToUseNormal(); glyph.SetScaleFactor(0.25)
mapper = vtk.vtkPolyDataMapper()
mapper.SetInputConnection(glyph.GetOutputPort())
actor = vtk.vtkActor()
actor.SetMapper(mapper)
actor.GetProperty().SetColor(colors.GetColor3d('Silver'))

renderer.AddActor(sphereActor); renderer.AddActor(actor)
renderer.SetBackground(colors.GetColor3d('SlateGray'))
run(renderer)   # run函数同程序6-1-1
```

　　运行程序 6-2-5，即可得到如图 6-2-7(a)所示的刺球效果。程序中将图符的方向设置为法向量的方向，使用法向量的设置语句 glyph.SetVectorModeToUseNormal()，这样锥体图符的使用就在球体上呈现出尖刺的效果。如果去掉这一法向量的设置语句，就会失去其突触的尖刺效果，如图 6-2-7(b)所示。因此，在几何体外采用图符的方式增强其显示方向和效果的时候，一般需要将图符的方向设置为表面的法向量方向，这样会具有更为理想的可视化表现力。

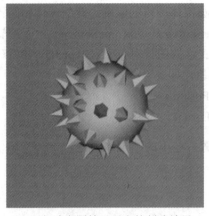 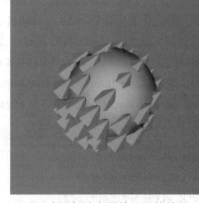

(a) 添加法向图符呈现出的刺球效果　　　　　(b) 未添加法向图符呈现的效果

图 6-2-7　为球体添加锥形图符所呈现出的效果

6.3　数据选取

进行数据分析和可视化时，常常会遇到需要对局部区域进行显示和单独分析的情况，此时就要设计数据的提取以及图像剪切等操作，根据一定条件对原有图像进行必要的切割，从而得到剪切面。也可以通过对一定的点或图元进行选取等操作进行更为便捷的剪切。

6.3.1　数据提取

隐函数方法可以实现较为直接的数据提取。由之前的讨论可知，隐函数的使用可以方便地构成等值线或者等值面，这样就可以直接构成一种可计算的关系，方便实现对于点或图元的选取。

给定一个点 (x, y, z)，若其值 $F(x, y, z)$ 小于隐函数所确定的等值线或等值面的取值，意味着该点位于等值图形内部，能够被选取。对于某个凸多边形图元，若其中的每个顶点都能够被选取，意味着该图元会被隐函数方法选中。如图 6-3-1 所示，通过隐函数所建立的椭圆形可以成功地从左侧图形中提取出右侧的数据。

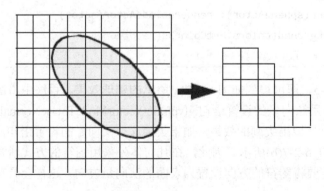

图 6-3-1　利用隐函数实现对数据的提取

在进一步讨论数据提取过程之前，首先探讨一下利用二项式隐函数所表示的复杂曲面问题。如以下的二项式隐函数：

$$F(x, y, z) = 0.5x^2 + y^2 + 0.2z^2 + 0.1yz + 0.2y \tag{6-7}$$

式(6-7)是一个较为复杂的二项式隐函数，无法直接表示其具体的形态。下面利用隐函数采样和等值面轮廓方法来实现这一复杂曲面的可视化。

如程序 6-3-1 所示，其中的 sampleQuadric()函数实现了对二项式隐函数的设置和采样，并通过轮廓滤波器 vtkContourFilter 实现了轮廓的提取。通过使用 GenerateValues(5, 0, 1.2)方法生成 5 个隐函数的取值，这意味着系统将产生 5 层等值面轮廓。

程序 6-3-1　利用二项式隐函数表示复杂曲面

```python
import vtk
def run(renderer):
    window = vtk.vtkRenderWindow()
    window.AddRenderer(renderer); window.SetWindowName('Renderer')
    window.Render()
    interactor = vtk.vtkRenderWindowInteractor()
    interactor.SetRenderWindow(window)
    interactor.Start()
def sampleQuadric():
    quadric = vtk.vtkQuadric()
    quadric.SetCoefficients(0.5, 1, 0.2, 0, 0.1, 0, 0, 0.2, 0, 0)
    sample = vtk.vtkSampleFunction()
    sample.SetSampleDimensions(50, 50, 50)
    sample.SetImplicitFunction(quadric)
    sample.ComputeNormalsOff()
    return sample


colors = vtk.vtkNamedColors(); sample = sampleQuadric()
contour = vtk.vtkContourFilter()
contour.SetInputConnection(sample.GetOutputPort())
contour.GenerateValues(5, 0, 1.2)
mapper = vtk.vtkPolyDataMapper()
mapper.SetInputConnection(contour.GetOutputPort())
mapper.SetScalarRange(0, 1.2)
actor = vtk.vtkActor(); actor.SetMapper(mapper)


renderer = vtk.vtkRenderer(); renderer.AddActor(actor)
```

```
renderer.SetBackground(colors.GetColor3d("SlateGray"))
run(renderer)
```

运行程序 6-3-1，可得到如图 6-3-2 所示的三维空间中自内向外的 5 层等值面轮廓。其中最内部的等值面为一个完整的椭球体，而外部的 4 层等值面不同程度地出现一些残缺。

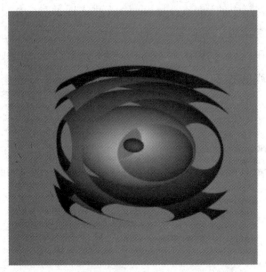

图 6-3-2　通过生成 5 个隐函数值所形成的 5 层等值面

在上述等值面图的绘制中我们采用了轮廓滤波器和多边形数据映射器，这是进行等值面显示的常用方法。继续使用这种方法，并且为二项式隐函数所表现出的空间轮廓建立对应的数据提取图。如程序 6-3-2 所示的案例，其中通过 transSpheres 函数建立一个空间为正交的两个椭球，并通过一个隐式布尔函数实现了这两个椭球体的合并。程序在 extract_shrink 函数中利用 vtkExtractGeometry 方法建立一个用于数据提取的对象，该对象以原有二项式隐函数的采样数据作为输入，同时设置其隐函数为隐式布尔函数对象，具体做法为使用以下两条语句：

extract.SetInputConnection(sample.GetOutputPort())

extract.SetImplicitFunction(ibool)

如此就生成了用于数据提取的对象 extract。

程序 6-3-2　通过轮廓滤波器加多边形数据映射器展示数据提取图

```
def transSpheres():
    trans = vtk.vtkTransform(); trans.Scale(1, 0.5, 0.333)
    sphere = vtk.vtkSphere()
    sphere.SetRadius(0.25); sphere.SetTransform(trans)
    trans2 = vtk.vtkTransform(); trans2.Scale(0.25, 0.5, 1.0)
    sphere2 = vtk.vtkSphere()
    sphere2.SetRadius(0.25); sphere2.SetTransform(trans2)
```

```
        return (sphere, sphere2)
def extract_shrink(sample, ibool):
        extract = vtk.vtkExtractGeometry()
        extract.SetInputConnection(sample.GetOutputPort())
        extract.SetImplicitFunction(ibool)
        shrink = vtk.vtkShrinkFilter()
        shrink.SetInputConnection(extract.GetOutputPort())
        shrink.SetShrinkFactor(0.5)
        return (extract, shrink)


colors = vtk.vtkNamedColors()
sample = sampleQuadric()   # sampleQuadric函数同程序6-3-1
(sphere, sphere2) = transSpheres()
ibool = vtk.vtkImplicitBoolean()
ibool.AddFunction(sphere); ibool.AddFunction(sphere2)
ibool.SetOperationType(0)   # boolean Union


(extract, shrink) = extract_shrink(sample, ibool)
contour = vtk.vtkContourFilter()
contour.SetInputConnection(extract.GetOutputPort())
# contour.SetInputConnection(shrink.GetOutputPort())
contour.GenerateValues(5, 0, 1.2)
mapper = vtk.vtkPolyDataMapper()
mapper.SetInputConnection(contour.GetOutputPort())
mapper.SetScalarRange(0, 1.2)
actor = vtk.vtkActor()
actor.SetMapper(mapper)
renderer = vtk.vtkRenderer()
renderer.AddActor(actor)
renderer.SetBackground(colors.GetColor3d("SlateGray"))
run(renderer)   # run函数同程序6-3-1
```

　　运行程序 6-3-2，可得到如图 6-3-3(a)所示的数据提取图。注意这一提取图的获取使用的是等值轮廓滤波器以及多边形数据映射器，而提取图的构建依赖的是隐式并集操作代码 ibool.SetOperationType(0)。

　　程序 6-3-2 中还使用了缩进滤波器 vtkShrinkFilter 以实现对显示图像的缩略图显示，在缩进因子为 0.5 的情况下，意味着原有图像仅保留一半的显示。将程序中的 contour.SetInputConnection(extract.GetOutputPort())替换为 contour.SetInputConnection (shrink.GetOutputPort())即可完成对缩略图的显示。具体效果如 6-3-3(b)所示，可见缩进后的图像具有原有图像的完整形态，但内部显示具有一定通透性。

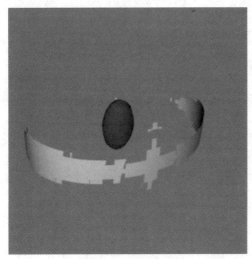

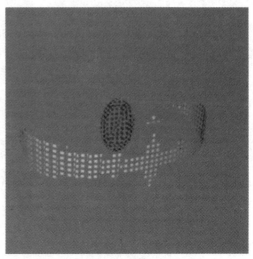

(a) 数据提取图的轮廓表示　　　　　　　(b) 数据提取轮廓的缩略图表示

图 6-3-3　两个椭球形区域所形成的数据提取图

由于以上的可视化过程使用等值轮廓方法，因此显示图像虽然呈三维空间布局，但本质上只有空间曲面的显示结果，而不是实际意义上的三维形体。要实现三维形体的可视化效果，需要将原有的多边形数据映射器调整为数据集映射器 vtkDataSetMapper。与此同时，不需要再构建等值轮廓，数据集映射器可以直接以采样的数据作为输入，展示其空间效果，具体如程序 6-3-3 所示。

程序 6-3-3　通过数据集映射器展示数据提取图

```
colors = vtk.vtkNamedColors()
sample = sampleQuadric()  # sampleQuadric函数同程序6-3-1
(sphere, sphere2) = transSpheres()  #transSpheres函数同程序6-3-2
ibool = vtk.vtkImplicitBoolean()
ibool.AddFunction(sphere); ibool.AddFunction(sphere2)
ibool.SetOperationType(0)  # boolean Union
(extract, shrink) = extract_shrink(sample, ibool)  # extract_shrink函数同程序6-3-2
mapper = vtk.vtkDataSetMapper()
mapper.SetInputConnection(sample.GetOutputPort())
# mapper.SetInputConnection(extract.GetOutputPort())
# mapper.SetInputConnection(shrink.GetOutputPort())

actor = vtk.vtkActor(); actor.SetMapper(mapper)
renderer = vtk.vtkRenderer(); renderer.AddActor(actor)
renderer.SetBackground(colors.GetColor3d("SlateGray"))
run(renderer)   # run函数同程序6-3-1
```

运行程序 6-3-3，可得到如图 6-3-4 所示的立方体。由于在函数 sampleQuadric()中设置的各坐标轴采样维度为(50, 50, 50)，即在各个坐标轴上取得相同数量的数据，因此最终展示的是个立方体。同时由于立方体中不同区域的采样值不同，因此内部具有能够立体式展现隐函数取值的效果。不同于轮廓表示法，以等值面的方式形成的离散化空间表示过程中所形成的几层空间曲面，在数据集映射器中会建立起空间中的每个体元素，最终呈现出更能反映空间数据取值效果的三维形体。

图 6-3-4　通过数据集映射器绘制的数据采样效果

下面进一步探讨数据集映射器产生的数据提取效果。继续沿用之前确定的两个正交布局的椭球体围成的区域作为数据提取区，通过隐式并集操作实现该区域的构建。具体提取出的数据保存在 extract 对象中，同时其缩略图的数据保存在 shrink 之中。当前程序显示的是 sample 对象中的采样数据，将 mapper.SetInputConnection(sample.GetOutputPort()) 分别修改为 mapper.SetInputConnection(extract.GetOutputPort()) 以及 mapper.SetInputConnection(shrink.GetOutputPort())就可以实现对数据提取结果的显示，运行结果为图 6-3-5(a)所示，以及对提取结果进行缩略图表示，运行结果为图 6-3-5(b)所示。

6-3-5.mp4

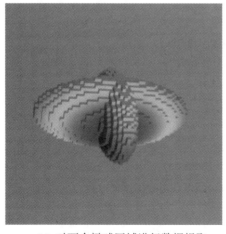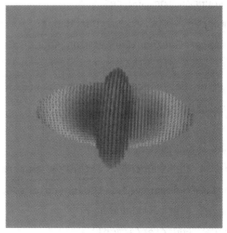

(a) 对两个椭球区域进行数据提取　　　(b) 对数据提取结果进行缩略图表示

图 6-3-5　通过数据集映射器绘制的数据提取图

根据以上结果可见，通过数据集映射器绘制的数据提取图更能体现三维空间中的图形的可视化效果。在本例之中，通过图 6-3-5 能够清晰地看出用于确定提取空间的两个垂直放置的椭球体形状，而数据本身则在提取出的几何体上通过不同的颜色加以展示。

6.3.2　图形剪切

在上一小节的介绍中，提到了如何实现对特定空间区域进行数据提取，产生被选取的三维图形。然而在实际应用中，可能仅仅是对原有的图形进行一个剪切操作，从而形成一个切面。特别地，对于单纯通过构建表面形成的空间图形，此时若要实现剪切操作，就需要利用一定的插值关系来生成剪切面上的数据。对于图形的剪切问题，也可以采用隐函数来定义出剪切面，从而在原有图形中建立一个切片的效果。在这一过程中，可以在剪切面上利用颜色变化体现出标量值的改变，同时也可以利用向量关系形成剪切曲面的扭曲等效果。

进一步分析可以发现，若要实现图形的剪切，一般需要确定一个切割的位置，剩下的任务就是建立一个隐函数来将此位置信息转化为标量值。有了标量数据，就可以通过构建等值面的方法来建立剪切面。具体而言，只要对数据集所对应的图元集合中每个点的标量值建立起隐函数，并形成如 $F(x, y, z)=0$ 的隐函数关系即可。

为简化问题描述，下面建立一个长方体模型，然后对其进行内部的剪切操作。长方体的建立可以直接使用立方体模型(vtkCubeSource)，并指定其 x、y 和 z 轴的长度。在程序 6-3-4 中设置了长方体在三个坐标轴的长度分别为 40、30、20，并利用多边形数据映射器来连接数据模型与演员模型，最终实现可视化。

程序 6-3-4　利用立方体模型绘制一个三维长方体

```
def cubeSource():
source = vtk.vtkCubeSource(); source.SetXLength(40)
source.SetYLength(30); source.SetZLength(20)
    return source
def sourceActor(source):
    mapper = vtk.vtkPolyDataMapper()
    mapper.SetInputConnection(source.GetOutputPort())
    actor = vtk.vtkActor()
    actor.GetProperty().SetOpacity(0.5); actor.SetMapper(mapper)
    return actor

colors = vtk.vtkNamedColors()
source = cubeSource(); actor1 = sourceActor(source)
actor1.GetProperty().SetColor(colors.GetColor3d('Aquamarine'))
renderer = vtk.vtkRenderer()
renderer.AddActor(actor1)
renderer.SetBackground(colors.GetColor3d('Silver'))
```

```
run(renderer)    # run函数同程序6-3-1
```

　　注意程序在 sourceActor 函数中设置了演员模型为半透明(SetOpacity(0.5))，运行程序
6-3-4，可得到如图 6-3-6 所示的半透明长方体。

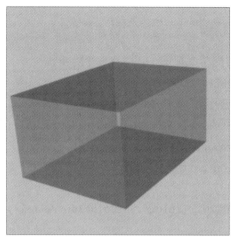

图 6-3-6　一个三维的半透明长方体

　　对于利用 vtkCubeSource 绘制的长方体，其坐标原点位于其长、宽、高的中心位置，
即(0, 0, 0)点的位置。要实现对长方体的剪切，首先应确定剪切的位置如点(2, 0, 0)，意味
着剪切位置在长方体正中间稍偏一点。然而单纯的一个点不能确定一个平面，要确定剪
切面，给定一个点再加一条法向量即可。在程序 6-3-5 中，选取 x 轴的正向作为剪切面的
法向量，即(1, 0, 0)。程序利用 vtkPlane 方法建立剪切面的对象 plane，并在 cut 函数中利
用 vtkCutter 方法建立剪切模型，设定剪切面为 plane，并指定 source.GetOutputPort()作为
其输入的数据源。

　　建立了剪切模型以后，就可以利用 cut 函数建立一个剪切对象 cutter，并利用多边形数
据映射器将其对应到 actor2 演员模型上。加上原本的长方体演员模型 actor1，将二者都作
为演员添加到渲染器对象 renderer 之中，即可实现在图形中显示出长方体及其剪切的形状。

程序 6-3-5　对长方体的横断面进行剪切

```
def cut(source, plane):
    cutter = vtk.vtkCutter(); cutter.SetCutFunction(plane)
    cutter.SetInputConnection(source.GetOutputPort())
    cutter.Update()
    return cutter
def mapActor(mapper):
    actor = vtk.vtkActor()
    actor.SetMapper(mapper)
    actor.GetProperty().SetAmbient(1.0)
    actor.GetProperty().SetDiffuse(0.0)
    actor.GetProperty().SetLineWidth(2)
```

```
    actor.GetProperty().EdgeVisibilityOn()
    return actor

colors = vtk.vtkNamedColors()
source = cubeSource()  # cubeSource函数同程序6-3-4
plane = vtk.vtkPlane()
plane.SetOrigin(2, 0, 0); plane.SetNormal(1, 0, 0)
cutter = cut(source, plane)
actor1 = sourceActor(source)  # sourceActor函数同程序6-3-4
actor1.GetProperty().SetColor(colors.GetColor3d('Aquamarine'))
mapper = vtk.vtkPolyDataMapper()
mapper.SetInputConnection(cutter.GetOutputPort())
actor2 = mapActor(mapper)
actor2.GetProperty().SetColor(colors.GetColor3d('Yellow'))

renderer = vtk.vtkRenderer()
renderer.AddActor(actor1); renderer.AddActor(actor2)
renderer.SetBackground(colors.GetColor3d('Silver'))
run(renderer)  # run函数同程序6-3-1
```

运行程序 6-3-5，注意用于表示剪切图形的对象为 actor2，其颜色设置为黄色(Yellow)，程序运行的结果如图 6-3-7(a)所示，长方体表面有一个矩形的黄色剪切线。如果在程序中去掉 renderer.AddActor(actor1)可让可视化结果仅显示代表剪切图形的 actor2。运行后，可以发现系统此时单独显示出黄色的剪切线，如图 6-3-7(b)所示。

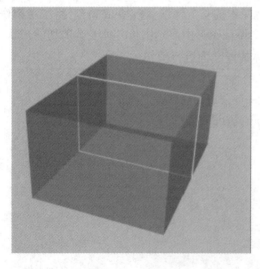

(a) 长方体上的剪切图形   (b) 单独提取出的剪切图形

图 6-3-7 对长方体的横断面进行剪切的示意图

　　通过剪切器(vtkCutter)的使用，可以实现在原有图形的表面建立剪切线的效果，最终形成闭合的剪切图形。如图 6-3-7(b)所示，由于是对长方体的横断面进行剪切，最终的剪切图形表现为一个矩形。此时的剪切图形主要表现为被剪切图像的外表面，属于一个剪切面的外边框。要实现剪切图形内部的填充，可以采用剥离器(vtkStripper)来显示更为完整的剪切面。剥离器将所选的数据集以点、线图元的方式表示，完成剥离后，可以将其结果送入多边形数据(vtkPolyData)之中可视化展示，具体如程序 6-3-6 中的 stripper 函数所示。

程序 6-3-6　通过剥离器(vtkStripper)的使用突出显示长方体内的剪切面

```python
def stripper(cutter):
    strips = vtk.vtkStripper()
    strips.SetInputConnection(cutter.GetOutputPort())
    strips.Update()
    data = vtk.vtkPolyData()
    data.SetPoints((strips.GetOutput()).GetPoints())
    data.SetPolys((strips.GetOutput()).GetLines())
    return data


colors = vtk.vtkNamedColors()
source = cubeSource()  # cubeSource函数同程序6-3-4
plane = vtk.vtkPlane()
plane.SetOrigin(2, 0, 0); plane.SetNormal(1, 0, 0)
cutter = cut(source, plane)  # cut函数同程序6-3-5
actor1 = sourceActor(source)  # sourceActor函数同程序6-3-4
actor1.GetProperty().SetColor(colors.GetColor3d('Aquamarine'))
mapper = vtk.vtkPolyDataMapper()
mapper.SetInputData(stripper(cutter))
actor2 = mapActor(mapper)  # mapActor函数同程序6-3-5
actor2.GetProperty().SetColor(colors.GetColor3d('Yellow'))
actor2.GetProperty().SetEdgeColor(colors.GetColor3d('Red'))


renderer = vtk.vtkRenderer()
renderer.AddActor(actor1); renderer.AddActor(actor2)
renderer.SetBackground(colors.GetColor3d('Silver'))
run(renderer)  # run函数同程序6-3-1
```

　　程序 6-3-6 还提供了将剥离出的剪切面进行可视化展示的功能，由于剥离的结果放入在多边形数据映射器之中，此时再为 actor2 设置颜色为黄色(Yellow)，则整个剪切面内部呈现出黄色，同时程序还设置了 actor2 的边框颜色为红色(Red)，效果如图 6-3-8(a)所示。单独显示 actor2 时，会独立展示出被红色边框包裹的黄色剪切面，如图 6-3-8(b)所示。

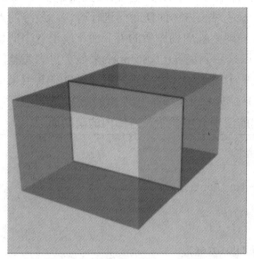

(a) 剪切面设置为内部黄色、边框红色　　　　　(b) 单独显示的剪切面

图 6-3-8　将剪切面突出显示出来

6.3.3　图元选取

图形的剪切是很多应用经常需要进行的操作，然而，对于由图元所构成的图像，可以有更为方便的方法来完成剪切。具体做法是直接对特定区域的图元进行选取，有了这种选中的图元，就可以提取出选取的图元数据，如果反向选取原有的图像，也就完成了对图像的剪切操作。这种图元选取的方法也是一种十分有效和实用的数据选取方法。

6-3-8.mp4

下面以一个球体为例对图元选取的方法加以说明。程序 6-3-7 中利用球体模型 vtkSphereSource 建立一个球体对象 source，首先输出其点的数量和图元的数量，经运行可以得到具体的输出结果，点的数量为 50，图元的数量为 96。注意在调用 GetNumberOfPoints 和 GetNumberOfCells 之前，首先需要调用 source.Update()，才能实际更新球体模型的数据，获得期望的结果。

程序 6-3-7　利用球体模型建立球体并观察其点和图元的数量

```python
import vtk
def render(actor):
    colors = vtk.vtkNamedColors()
    renderer = vtk.vtkRenderer()
    renderer.SetBackground(colors.GetColor3d('Burlywood'))
    actor.GetProperty().SetColor(colors.GetColor3d('MistyRose'))
    renderer.AddActor(actor)
    run(renderer)  # run函数同程序6-3-1
```

```
source = vtk.vtkSphereSource(); source.Update()
print('There are %s input points' % source.GetOutput().GetNumberOfPoints())
print('There are %s input cells' % source.GetOutput().GetNumberOfCells())
mapper = vtk.vtkDataSetMapper()
mapper.SetInputConnection(source.GetOutputPort())
actor = vtk.vtkActor(); actor.SetMapper(mapper)
render(actor)
```

运行程序 6-3-7 后可得到如图 6-3-9 所示的球体，可以观察对，为方便图元展示，此球体的精度并不高，能清晰地看出球体表面的图元。

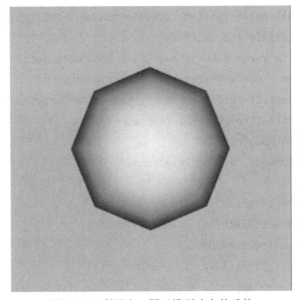

图 6-3-9　利用点、图元模型建立的球体

直接根据图元的 ID 值进行图形选取是一种十分方便的做法，具体可以利用 ID 数组(vtkIdTypeArray)来保存一个图元的列表 ids。如程序 6-3-8 中的 extract 函数所示，该函数将标号设置为 10～19 的图元插入到列表 ids 之中。保存选取图元的列表 ids 就可以直接送入被选节点(vtkSelectionNode)之中，而这种选取节点需要添加到选取对象(vtkSelection)，才能最终由提取选择对象(vtkExtractSelection)加以提取。

程序 6-3-8　实现球体表面图元的选取

```
def render(actor):
    colors = vtk.vtkNamedColors()
    renderer = vtk.vtkRenderer()
    renderer.SetBackground(colors.GetColor3d('Burlywood'))
    actor.GetProperty().SetColor(colors.GetColor3d('MistyRose'))
    renderer.AddActor(actor)
    backfaces = vtk.vtkProperty()
```

```
    backfaces.SetColor(colors.GetColor3d('Gold'))
    # actor.SetBackfaceProperty(backfaces)
    run(renderer)
def extract(source):
    ids = vtk.vtkIdTypeArray(); ids.SetNumberOfComponents(1)
    i = 10
    while i < 20:
        ids.InsertNextValue(i); i += 1
    selectionNode = vtk.vtkSelectionNode()
    selectionNode.SetFieldType(vtk.vtkSelectionNode.CELL)
    selectionNode.SetContentType(vtk.vtkSelectionNode.INDICES)
    selectionNode.SetSelectionList(ids)
    selection = vtk.vtkSelection(); selection.AddNode(selectionNode)
    extractSelection = vtk.vtkExtractSelection()
    extractSelection.SetInputConnection(0, source.GetOutputPort())
    extractSelection.SetInputData(1, selection)
    extractSelection.Update()
    return (selectionNode, extractSelection)


source = vtk.vtkSphereSource()
(selectionNode, extractSelection) = extract(source)
selected = vtk.vtkUnstructuredGrid()
selected.ShallowCopy(extractSelection.GetOutput())
mapper = vtk.vtkDataSetMapper(); mapper.SetInputData(selected)
actor = vtk.vtkActor(); actor.SetMapper(mapper)
render(actor)    # render函数同程序6-3-7
```

　　如程序 6-3-8 所示，有了提取选择对象 extractSelection，就可以使用无结构网格数据集 (vtkUnstructuredGrid)对提取出的数据加以利用，并由数据集映射器关联到演员模型中，最终加以渲染，生成可视化结果，表现为球体外表面的两个切片，如图 6-3-10(a)所示。注意展示结果中包含了两部分展示效果，一个是球体表面的外侧，一个为球体表面的内侧，二者的反光效果有细微的差异。事实上，图像的内表面属性可以单独加以提取和展示，并可根据需要来调整设置。在程序 6-3-8 的 render 函数中，添加语句 actor.SetBackfaceProperty(backfaces)，就实现了演员内表面属性的设置，该语句为设置颜色呈金黄色(Gold)。

　　这就完成了图像表面图元的选取，而对于图元的剪切则直接进行反向选取操作，即可实现，并最终可以形成在原有图像上展现出剪切的效果。如程序 6-3-9 所示，反向选取操作需要通过被选节点(本程序中为 selectionNode)来实现，具体为语句 selectionNode.GetProperties().Set(vtk.vtkSelectionNode.INVERSE(), 1)，最后再通过无结构网格数据集将选取结果收集起来并最终显示。

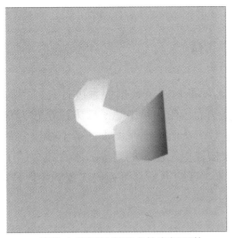
(a) 选取出的图元所形成的空间形体

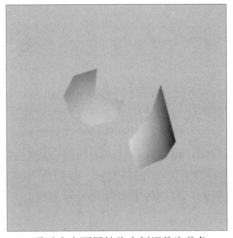
(b) 通过内表面属性将内侧调整为黄色

图 6-3-10　球体表面图元的选取

程序 6-3-9　通过对图元的反向选取实现剪切图元的效果

```
source = vtk.vtkSphereSource()
(selectionNode, extractSelection) = extract(source)  # extract函数同程序6-3-8
selectionNode.GetProperties().Set(vtk.vtkSelectionNode.INVERSE(), 1)
extractSelection.Update()
notSelected = vtk.vtkUnstructuredGrid()
notSelected.ShallowCopy(extractSelection.GetOutput())
mapper = vtk.vtkDataSetMapper(); mapper.SetInputData(notSelected)
actor = vtk.vtkActor(); actor.SetMapper(mapper)
render(actor)  # render函数同程序6-3-7
```

运行程序 6-3-9，可得到如图 6-3-11 所示的图元剪切效果，该图像恰好为对图 6-3-10 所示的图元反向选取的结果。在图 6-3-11 中也保留了内表面属性的设定，因此其球体内表面的颜色呈金黄色。

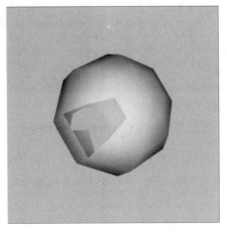

6-3-11.mp4

图 6-3-11　反向选取图元会形成在原图上剪切图元的效果

本 章 小 结

要实现更为广泛的数据可视化，就需要对客观事物以及数据关系进行几何图像的建模。可视化建模过程往往涉及一些建模方法和算法的运用，其中隐函数方法是较为常用的建模方式，其核心思想是通过隐函数构成等值轮廓，从而实现平面上的等值线或者空间中的等值面，也可以通过隐函数组合成像的方法来构建更为复杂的对象。本章还介绍了隐式建模、模底凸生、图符表示、数据选取等多种技术，有助于丰富可视化建模的手段和成效，构建更为丰富的数据可视化展示效果。

习 题

1. 试述为何隐函数方法建模的图像一般其外表面的值为 0，并且说明如何确定空间上的一个点(x, y, z)在隐函数图像内部还是外部？

2. 利用隐函数方法生成一个圆心为点$(0，0，0)$、半径为 0.5 且具有表面网纹的球体(如图 6-e-1(a)所示)。

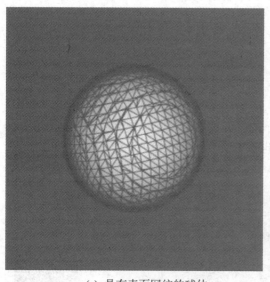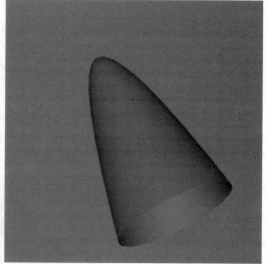

(a) 具有表面网纹的球体   (b) 曲面圆锥体

图 6-e-1　球体与曲面圆锥体

3. 设计一个二次曲面圆锥体，$F(x, y, z) = x^2 + y^2 - z$ (如图 6-e-1(b)所示)。

4. 绘制一个带有表面网纹的椭球体，具体的隐函数为

$$F(x, y, z) = \frac{5x^2 + 10y^2 + 2z^2 + yz - 10z}{10}$$

5. 参考程序 6-3-6，实现一个球体内部的剪切面的展示，效果如图 6-e-2(a)所示。

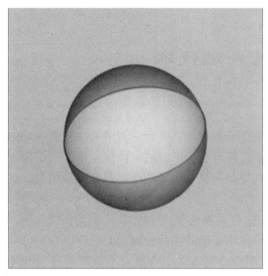

(a) 球体内部的剪切面　　　　　　　　　(b) 长方体内的纵向剪切面

图 6-e-2　剪切面的实现

6. 修改程序 6-3-6，实现对长方体的纵向剪切面效果，如图 6-e-2(b)所示。

7. 参考程序 6-3-9 进行球体表面图元选取，要求是对球体表面所有的编号为偶数(编号为 0、2、4 ..)的图元进行选取和剪切，从而实现如图 6-e-3 所示的效果。

图 6-e-3　剪切面的实现效果

第 7 章　图像处理技术

图像处理技术领域属于数字计算机时代的主要计算领域，关于它的研究往往侧重于如何提高图片的显示质量，或者是近期利用机器学习等方法实现的用于计算机视觉的图像分析。而数据可视化系统中的图像处理技术更加强调如何提高对于图像内容的处理结果，从而为后续处理和解释提供支持。

以医学中常用的 CT(计算机断层扫描)和 MRI(磁共振成像)等技术所产生的图像为例，两者的噪声数据有时会产生一些错误的显示，导致不正确的医疗诊断。此时，以数据可视化为目标的图像处理技术就可以从图像降噪、图像分割等多个方面对图像数据进行预处理，经过这种处理后的结果可以进一步利用等值面、体渲染或其他 3D 技术来实现更好的显示和数据可视化效果，实现显示质量和准确性的提升。本章将对这些数据可视化相关的图像处理技术及其实现方法加以讨论。

7.1　图像数据表示

在第 4 章的介绍中提到了数据集包括结构和数据的属性，其中结构又分为拓扑结构和几何结构。理论上图像对应图像数据集(ImageData)，从实际处理的角度看，图像处理技术又有很多独特而复杂的技术。

一般而言，图像是指在二维空间下的结构化点集。在可视化场景的三维空间中，也可以进一步将其推广为 x、y、z 这样的空间坐标系，有时候为进行时间序列分析，还会增加一个时间维度 t，进行流式分析和处理。

从图像数据集的角度看，图像本身具有规则的拓扑和几何形态，从而可以支持很多规则数据集特有的操作。其中，兴趣区域的处理就是一种常用的技术和手段。在处理大型结构化的体数据时，进行局部的兴趣区域数据提取，不但可以提高处理效率，还能够更为精确地突出局部的显示效果，更加突出可视化的目的和作用。

尽管理论上兴趣区域可以任意选取，但在实际处理过程中，由于图像数据对应结构化的规则点集，通常按一定的规则选取最为常见的是直角坐标系下的点，此时可以方便地通过矩形区域来确定一个兴趣区域。也可以利用极坐标系来表示规则图像数据，此时兴趣区域就呈现出"π"的形状(见图 7-1-1)。这些矩形或"π"形的块状区域的选取方式决定了对于兴趣区域的操作，就意味着进行窗口式的处理，在直角坐标系下，就可以方便地通过两个对角点的坐标 (x_1, y_1, x_2, y_2) 来定义矩形的窗口区域，并以此为基础进行各类后续的数据处理。

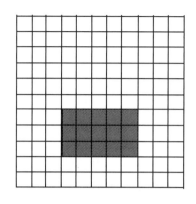
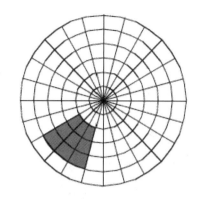

(a) 直角坐标系下呈现矩形　　　　　　　(b) 极坐标系下呈现"π"形

图 7-1-1　直角坐标系和极坐标系下的兴趣区域选取

7.1.1　纹理贴图

图像数据在数据可视化过程的应用中，一种较为直接的方式就是利用图像为可视化结果提供纹理贴图。其作用方式是将内存中的图像数据包裹在渲染物体的表面，表面的图像起到了物体外表面纹理的作用，经贴图后则有为物体提供外表面材质的作用，因此纹理贴图又称为材质贴图。

vtkPlaneSource 是一个常用的平面对象，可用于建立一个平面。在程序 7-1-1 中，除建立了这样一个平面以外，还为其设置了浅橙色(LightSalmon)的表面色彩。

程序 7-1-1　利用 vtkPlaneSource 建立一个普通的平面

```python
import vtk
def run(renderer):
    window = vtk.vtkRenderWindow()
    window.AddRenderer(renderer)
    window.SetWindowName('Renderer')
    window.SetSize(500, 500)
    window.Render()
    interactor = vtk.vtkRenderWindowInteractor()
    interactor.SetRenderWindow(window)
    interactor.Start()
def getActor():
    source = vtk.vtkPlaneSource()
    mapper = vtk.vtkPolyDataMapper()
    mapper.SetInputConnection(source.GetOutputPort())
    actor = vtk.vtkActor()
    actor.SetMapper(mapper)
    return actor
```

```
colors = vtk.vtkNamedColors()
actor = getActor()
actor.GetProperty().SetColor(colors.GetColor3d('LightSalmon'))
renderer = vtk.vtkRenderer()
renderer.AddActor(actor)
renderer.SetBackground(colors.GetColor3d('SlateGray'))
run(renderer)
```

　　运行程序 7-1-1 即可得到如图 7-1-2(a)所示的浅橙色平面。下面采用纹理贴图方法对该平面进行贴图，从而实现一些特殊的显示效果。

(a) 颜色设置为浅橙色的平面　　　　　　　　　　(b) 半边透明的贴图所形成的平面

图 7-1-2　利用 vtkPlaneSource 实现一个三维空间中的平面

　　程序 7-1-2 为平面对象设置了一个普通的纹理贴图，贴图的材质为石材。通过引入材质对象 vtkTexture 来建立材质，并将图片文件'masonry.bmp'作为材质的输入，最终保存在变量 texture 之中。在可视化过程中，将要展示对象(演员)的材质属性设置为材质变量，即 actor.SetTexture(texture)，如此即为平面设置了表面纹理。

程序 7-1-2　为平面对象设置纹理贴图

```
def imageReader(fileName):
    reader = vtk.vtkImageReader2Factory()
    image = reader.CreateImageReader2(fileName)
    image.SetFileName(fileName)
    image.Update()
    return image
def getTexture(image):
```

```
texture = vtk.vtkTexture()
texture.SetInputConnection(image.GetOutputPort())
return texture


colors = vtk.vtkNamedColors()
texture = getTexture(imageReader('masonry.bmp'))
texture.InterpolateOn()     # 图7-1-2-a
#texture.InterpolateOff()   # 图7-1-2-b
actor = getActor()     # getActor函数同程序7-1-1
actor.SetTexture(texture)
actor.GetProperty().SetColor(colors.GetColor3d('LightSalmon'))
renderer = vtk.vtkRenderer()
renderer.AddActor(actor)
renderer.SetBackground(colors.GetColor3d('SlateGray'))
run(renderer)     # run函数同程序7-1-1
```

程序 7-1-2 中采用了材质的插值方法，即 texture.InterpolateOn()，可以提高纹理贴图的显示效果，如图 7-1-3(a)所示，展现的纹理贴图较为清晰。如果关闭材质的插值，即 texture.InterpolateOff()，则显示效果会稍逊于有插值的纹理贴图(见图 7-1-3(b))。

(a) 设置了插值效果的纹理贴图　　　　　　　(b) 没有设置插值效果的纹理贴图

图 7-1-3　为普通的平面设置纹理贴图

巧妙地使用纹理贴图可以创建丰富多彩的效果，使得可视化呈现更为多样化。比如程序 7-1-3 就采用了半边透明的材质，从而实现仅有一半的显示效果。程序运行后可以得到如图 7-1-2(b)所示的结果，图中的平面只显示了半边，另外半边由于贴图材质为透明而呈现透明的效果，同时观察到图像另一边的边缘有条黑色的线条。

程序 7-1-3　为平面设置半边透明的贴图

```python
def texThres():
    image = vtk.vtkStructuredPointsReader()
    image.SetFileName('texThres.vtk')
    texture = getTexture(image)
    return texture


colors = vtk.vtkNamedColors()
texture = texThres()
actor = getActor()      # getActor函数同程序7-1-1
actor.SetTexture(texture)
actor.GetProperty().SetColor(colors.GetColor3d('LightSalmon'))


renderer = vtk.vtkRenderer()
renderer.AddActor(actor)
renderer.SetBackground(colors.GetColor3d('SlateGray'))
run(renderer)    # run函数同程序7-1-1
```

　　单纯对普通平面提供半边透明的贴图还不能很好地体现出贴图特殊的可视化效果，程序 7-1-4 利用这种半边透明的材质实现了一个可看到内部细节的半开口球体的特殊效果。程序首先通过球模型(vtkSphereSource)创建了两个同心球体，其中一号球(sphere1)的半径为 0.5，二号球(sphere2)的半径为 1。

程序 7-1-4　利用贴图方法实现一个可看到内部细节的半开口球体

```python
colors = vtk.vtkNamedColors()
sphere1 = vtk.vtkSphereSource()
sphere1.SetRadius(0.5)
mapper1 = vtk.vtkPolyDataMapper()
mapper1.SetInputConnection(sphere1.GetOutputPort())
actor1 = vtk.vtkActor()
actor1.SetMapper(mapper1)
actor1.GetProperty().SetColor(colors.GetColor3d('BlanchedAlmond'))
sphere2 = vtk.vtkSphereSource()
sphere2.SetRadius(1.0)
sphere2.SetPhiResolution(21)
sphere2.SetThetaResolution(21)

points = vtk.vtkPoints()
points.SetNumberOfPoints(2)
points.SetPoint(0, [0, 0, 0])
```

```
points.SetPoint(1, [0, 0, 0])
normals = vtk.vtkDoubleArray()
normals.SetNumberOfComponents(3)
normals.SetNumberOfTuples(2)
normals.SetTuple(0, [1, 0, 0])
normals.SetTuple(1, [0, 1, 0])

planes = vtk.vtkPlanes()
planes.SetPoints(points)
planes.SetNormals(normals)
tcoords = vtk.vtkImplicitTextureCoords()
tcoords.SetInputConnection(sphere2.GetOutputPort())
tcoords.SetRFunction(planes)
mapper2 = vtk.vtkDataSetMapper()
mapper2.SetInputConnection(tcoords.GetOutputPort())
texture = texThres()    # texThres函数同程序7-1-3
actor2 = vtk.vtkActor()
actor2.SetMapper(mapper2)
actor2.SetTexture(texture)
actor2.GetProperty().SetColor(colors.GetColor3d('LightSalmon'))

renderer = vtk.vtkRenderer()
renderer.AddActor(actor1)
renderer.AddActor(actor2)
renderer.SetBackground(colors.GetColor3d('SlateGray'))
run(renderer)    # run函数同程序7-1-1
```

　　图 7-1-4 所显示的就是这种半开口球体，注意其中的半开口效果其实对应的是两个相互垂直的切割平面，且这两个平面都过两个球体的共有球心[0, 0, 0]。依据平面构成原理，给定一个点和一条法向量即可确定一个平面，其中的两个法向量可以分别取为[1, 0, 0]和[0, 1, 0]。同时由第 6.1 节的隐函数方法可知，隐函数方法是一种较为常用的图像切割手段。因此直接建立一组隐函数平面 vtkPlanes，为其设置两个点和两个法向量，

　　　　points.SetPoint(0, [0, 0, 0])
　　　　points.SetPoint(1, [0, 0, 0])
　　　　normals.SetTuple(0, [1, 0, 0])
　　　　normals.SetTuple(1, [0, 1, 0])

如此就建立了一组垂直的隐式平面。进一步的处理还需要隐式纹理坐标滤波器 (vtkImplicitTextureCoords)的参与，这一滤波器可以结合隐函数的使用而生成纹理坐标，经常被用于通过纹理坐标对数据集的几何形体进行高亮显示或剪切，从而实现利用简单的方

法即可完成复杂几何处理方式的效果。由于纹理坐标在内部处理时会被标识为 *r-s-t* 坐标，分别对应于深度(depth)、宽度(width)和高度(height)，此处的处理是对二号球进行表面切割，首先将二号球设置为隐式纹理坐标滤波器的输入，然后将相互垂直的隐式平面组合 planes 指定为该滤波器的隐函数，即

　　　　tcoords = vtk.vtkImplicitTextureCoords()

　　　　tcoords.SetInputConnection(sphere2.GetOutputPort())

　　由于 planes 选择了在 *x* 和 *y* 方向上建立的垂直平面，在进行隐函数设置时，需要在深度方向(*r* 向)建立隐函数，即 tcoords.SetRFunction(planes)，得到隐式纹理坐标滤波器 tcoords 后，即可通过映射器实现对数据集的投影，

　　　　mapper2 = vtk.vtkDataSetMapper()

　　　　mapper2.SetInputConnection(tcoords.GetOutputPort())

　　此后，只需要为可视化物体(actor2)设置映射器和纹理即可得到期望的剪切效果，

　　　　actor2.SetMapper(mapper2)

　　　　actor2.SetTexture(texture)

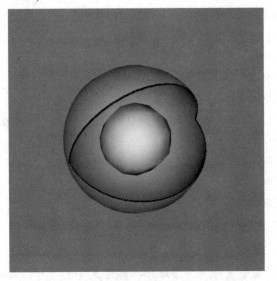

7-1-4.mp4

图 7-1-4　一个可看到内部细节的半开口球体

　　如图 7-1-4 所示，经过隐式纹理坐标滤波器处理后，可以将两个半边透明的材质组合在一起，并在剩余的边界留一条黑色的线，实现半开口球体的特殊显示效果。

7.1.2　图像生成

　　在上一小节中，图像数据采用外部图片的形式，并以纹理贴图的方式展现出来。这一小节通过算法直接生成图像数据，比如图像画板(vtkImageCanvasSource2D)可以直接建立二维图像。

　　程序 7-1-5 读取之前用于纹理贴图的图片，并利用图像数据几何滤波器 (vtkImageDataGeometryFilter)实现对图像的直接显示。

程序 7-1-5　利用图像数据几何滤波器实现图像的显示

```
def renderImage(source):
    image = vtk.vtkImageDataGeometryFilter()
    image.SetInputConnection(source.GetOutputPort())
    image.Update()
    mapper = vtk.vtkPolyDataMapper()
    mapper.SetInputConnection(image.GetOutputPort())
    actor = vtk.vtkActor()
    actor.SetMapper(mapper)
    renderer = vtk.vtkRenderer()
    renderer.SetBackground(colors.GetColor3d('SlateGray'))
    renderer.AddActor(actor)
    run(renderer)    # run函数同程序7-1-1


source = imageReader('masonry.bmp')    # imageReader函数同程序7-1-2
renderImage(source)
```

运行程序 7-1-5 得到如图 7-1-5(a)所示的结果，与之前通过纹理贴图方式所得到的图 7-1-2 相比，并无明显不同，二者的颜色区别是由于程序 7-1-2 中设置了物体的颜色为浅橙色(LightSalmon)。

 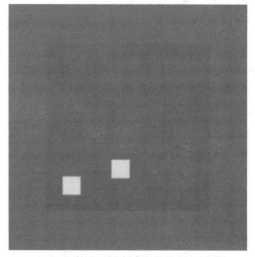

　　　(a) 直接显示用于贴图的图片　　　　　　(b) 显示出利用画板方法自行绘制的图像

图 7-1-5　利用图像数据几何滤波器显示的图像

程序 7-1-6 直接利用画板对象(vtkImageCanvasSource2D)绘制图像，利用 FillBox(0，100，0，100)填充了一个 100×100 的方框，作为画图空间，其中 FillBox(x_1，x_2，y_1，y_2)方法是以填充的方式绘制坐标点间的矩形空间。并利用 FillBox(10，20，10，20)和 FillBox(40，50，20，30)在画图空间中绘制了两个 10×10 的方框。程序运行后仍然通过像数据几何滤波器(vtkImageDataGeometryFilter)处理，最终的结果如图 7-1-5(b)所示。

程序 7-1-6　利用图像画板绘制出一个图像

```python
def canvas2D(colors):
    source = vtk.vtkImageCanvasSource2D()
    source.SetScalarTypeToUnsignedChar()
    source.SetNumberOfScalarComponents(3)
    source.SetExtent(0, 100, 0, 100, 0, 0)
    source.SetDrawColor(colors.GetColor4ub('SteelBlue'))
    source.FillBox(0, 100, 0, 100)
    source.SetDrawColor(colors.GetColor4ub('PaleGoldenrod'))
    source.FillBox(10, 20, 10, 20)
    source.FillBox(40, 50, 20, 30)
    source.Update()
    return source


colors = vtk.vtkNamedColors()
source = canvas2D(colors)
renderImage(source)     # renderImage函数同程序7-1-5
```

利用一定算法和数学模型来构建图像是一种常用的图像生成方法，程序 7-1-7 就利用了正弦波模型来构建函数，通过 vtkImageSinusoidSource 对象来生成正弦波图像。在之前的例子中，我们采用图像数据几何滤波器(vtkImageDataGeometryFilter)实现对输入数据的处理，并利用多边形数据映射器(vtkPolyDataMapper)转换为可视化的演员模型，从而最终实现图像的渲染。程序 7-1-7 使用了更为简洁的方法，首先将输入数据通过图像转换器(vtkImageCast)进行转换，然后直接作为输入构成图像演员模型(vtkImageActor)，这两步已经将图像数据几何滤波器和多边形数据映射器内置处理，因此能够更为方便地实现图像的渲染。

程序 7-1-7　对利用正弦波所形成的图像进行可视化展示

```python
def imageCast(source):
    cast = vtk.vtkImageCast()
    cast.SetInputConnection(source.GetOutputPort()); cast.Update()
    return cast
def imageActor(cast):
    actor = vtk.vtkImageActor()
    actor.GetMapper().SetInputConnection(cast.GetOutputPort())
    return actor
def sinusoidSource():
    source = vtk.vtkImageSinusoidSource()
    source.SetWholeExtent(0, 255, 0, 255, 0, 0); source.Update()
    return source
```

```
def renderImageCast(source):
    colors = vtk.vtkNamedColors()
    renderer = vtk.vtkRenderer()
    renderer.SetBackground(colors.GetColor3d('SteelBlue'))
    cast = imageCast(source)
    cast.SetOutputScalarTypeToUnsignedChar()
    renderer.AddActor(imageActor(cast))
    run(renderer)


source = sinusoidSource()
renderImageCast(source)
```

　　运行程序 7-1-7 以后，得到图 7-1-6(a)所示的正弦波图像。它的表现形式虽然是平面图形，但可以观察到每个线条犹如正弦波在连续地起伏变换。

　　可以通过图形归一化处理方法对正弦波图像进行标准化变换，此时大于 0 的部分为 1，小于 0 的部分为 0，处理的结果呈现黑白线条的形态，如图 7-1-6(b)所示。程序 7-1-8 利用了 vtkImageNormalize 对象实现这种图像的归一化处理。

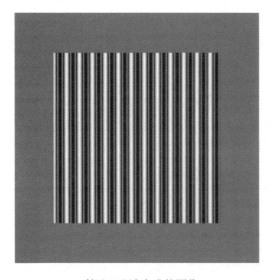

(a) 利用正弦波生成的图像　　　　　　　　　　(b) 经过归一化处理后的正弦波图像

图 7-1-6　经过图像数据类型转换后展示利用正弦波所生成的图像

程序 7-1-8　对正弦波图像进行归一化处理

```
source = sinusoidSource()    # sinusoidSource函数同程序7-1-7
normalize = vtk.vtkImageNormalize()
normalize.SetInputConnection(source.GetOutputPort())
normalize.Update()
renderImageCast(normalize)    # renderImage函数同程序7-1-7
```

7.1.3　图像合成

图像合成也是一种较为常用的图像处理技术，它能够将两幅或者多幅图像的信息合成显示在一幅合成图像之上，从而实现各类期望的效果。较为直接的合成方法是直接将图像中的一部分通过分割和提取等处理单独隔离出来，作为基础元素替换另一幅图像中对应区域的元素，从而完成图像合成。也可以通过一定算法实现对两幅图像的组合，从而实现一些特殊的图像组合效果。

为展示图像的合成，一组图像采用上一小节中介绍的正弦波图像，另一组图像采用一种算法生成的图像，该算法即曼德勃罗(Mandelbrot)集合，它是一种在复平面上组成分形点的集合，可以使用复二次多项式进行迭代来获得。vtkImageMandelbrotSource 对象提供了曼德勃罗分形图形的实现，并可以输出为图像(见程序 7-1-9)。

程序 7-1-9　曼德勃罗(Mandelbrot)分形数据所形成的图像

```
def mandelbrotSource():
    source = vtk.vtkImageMandelbrotSource()
    source.SetWholeExtent(0, 255, 0, 255, 0, 0); source.Update()
    return source


source = mandelbrotSource()
renderImageCast(source)   # renderImageCast函数同程序7-1-7
```

运行程序 7-1-9 以后，得到图 7-1-7(a)所示的显示结果。下面将曼德勃罗分形图像与正弦波图像进行组合，此处采取图像加权和对象(vtkImageWeightedSum)实现二者的有机组合，其中曼德勃罗分形图像的权重为 0.8，正弦波图像的权重为 0.2。

程序 7-1-10　利用图像加权和方法实现两个图像的合成

```
colors = vtk.vtkNamedColors()
source1 = imageCast(mandelbrotSource())   # 程序7-1-7和程序7-1-9
source1.SetOutputScalarTypeToDouble()
source2 = sinusoidSource()   # sinusoidSource函数同程序7-1-7


sumFilter = vtk.vtkImageWeightedSum()
sumFilter.SetWeight(0, 0.8); sumFilter.SetWeight(1, 0.2)
sumFilter.AddInputConnection(source1.GetOutputPort())
sumFilter.AddInputConnection(source2.GetOutputPort())
sumFilter.Update()
renderImageCast(sumFilter)   # renderImageCast函数同程序7-1-7
```

运行程序 7-1-10 后，得到如图 7-1-7(b)所示的组合图像，可以清楚地看到曼德勃罗图像的形状，同时它又显示在正弦波图像之上。

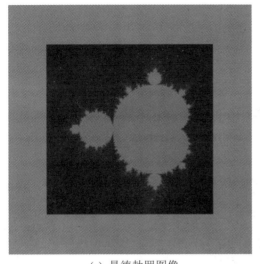 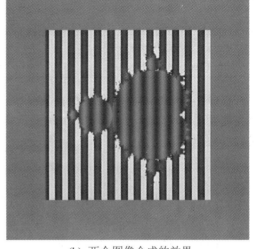

(a) 曼德勃罗图像　　　　　　　　　　　(b) 两个图像合成的效果

图 7-1-7　曼德勃罗图像与正弦波图像的合成

7-1-7.mp4

7.2　图像平滑处理

对于数字图像而言，在各类数据处理过程中都会带来一些噪声和瑕疵问题。出现了瑕疵就意味着图像视觉效果的降低，如果能够通过一些统计和机器学习方法实现有效的滤波，来最小化这些噪声或瑕疵所引发的影响，就有望提高图像的质量。

7.2.1　图像修复

从物理学的角度看，一幅图像本身虽然是空间数据，但也可以通过空间信号处理转换为频率数据，从而可以利用频率域的方法进行分析处理。图像可以看成是一个定义在二维平面上的信号，该信号的幅值对应像素的灰度(彩色图像对应 RGB 三个分量)。如果仅仅考虑一帧图像的某一行像素，则可以看成是一维空间的信号。与常见的时域信号不同，图像还可以看成是在空间域上的频谱型号，图像的频率属于空间频率，指单位长度内亮度进行周期变化的次数。它反映了图像的像素灰度在空间中的变化情况，从傅立叶频谱上可以看到明暗不一的亮点，这些亮点反映的就是某点与邻域间的差异程度。例如一帧图像的背景或者一些变化缓慢的区域，其灰度值分布比较平坦，呈现出较大的同色的和等亮度区域，则说明这些区域低频分量比较强。如果图像的边缘、细节以及噪声的像素灰度在空间的变化更为剧烈，则为高频分量。

在进行图像处理时，以正弦波为例，如果其中夹杂了一个瑕疵，该瑕疵如同一个毛刺一样嵌入到图像的某处。一般正弦波的变化较为缓慢，频率较低，而毛刺的出现使得局部变化周期加快，频率较高，这就相当于在低频信号中夹杂了一个高频信号，通过低通滤波器即可实现对该瑕疵的处理。而这样的处理过程也就达到了对图像进行修复，从而减少噪声和瑕疵的目的。

程序 7-2-1　原图片的读取和渲染

```
source = imageReader('Gourds.png')   # imageReader函数同程序7-1-2
render(imageActor(source), "SlateGray")   # imageActor函数同程序7-1-7
```

程序 7-2-1 完成了一幅图像的渲染，如图 7-2-1(b)所示。要对这幅图像运用低通滤波器，首先就要选择一个用于图像窗口处理的内核，然后通过算法将原有图像与内核区域按窗口进行卷积，

$$f(i,j)*k(x,y) = \sum_{i,j} f(i,j)k((x-i),(y-j)) \tag{7-1}$$

其中 $f(i,j)$ 代表了图像窗口上的点，$k(x,y)$ 代表了内核中对应的点。

内核是对应着图像的扫描窗口，因此如果内核选择过大，就意味着图像处理时计算量较高，增加了处理负担。另一方面，对于内核的设置如果采取常量内核，由于缺少变化，通过常量内核进行处理的图像就难以更好地达到除噪提质的效果。因此一种常用的方法是对内核区域利用高斯变化形成一种缓慢变化的内核，这样能够更加有效地处理图像之中的瑕疵和噪声。

在实际使用过程中，也可以将高斯滤波器进行 1 维分解，如

$$g(i,j) = \frac{1}{2\pi\sigma^2}\exp(-\frac{i^2+j^2}{2\sigma^2}) = \frac{1}{\sqrt{2\pi}\sigma}\exp(-\frac{i^2}{2\sigma^2}) \cdot \frac{1}{\sqrt{2\pi}\sigma}\exp(-\frac{j^2}{2\sigma^2}) \tag{7-2}$$

这样单独地沿着 x 轴向和 y 轴向进行卷积，也就等同于进行 2 维高斯内核的卷积，但计算起来更加方便。

7-2-1.mp4

(a) 高斯内核　　　　　　(b) 原有图像　　　　　　(c) 平滑处理后的图像

图 7-2-1　图像的高斯平滑处理

图 7-2-1(a)中就是放大了的高斯内核，可以利用 vtkImageGaussianSmooth 对象来生成出内核的数据，并且允许指定 x、y 轴方向的标准方差以及内核图像的半径等指标，原始图像经过 imageCast 函数进行处理后可以直接利用高斯内核进行平滑处理(见程序 7-2-2)。

程序 7-2-2　对图像进行高斯平滑处理

```python
def imageGaussianSmooth(stdx, stdy, rx, ry):
    gaussian = vtk.vtkImageGaussianSmooth()
    gaussian.SetDimensionality(2)
    gaussian.SetStandardDeviations(stdx, stdy)
    gaussian.SetRadiusFactors(rx, ry)
    return gaussian


source = imageReader('Gourds.png')   # imageReader函数同程序7-1-2
cast = imageCast(source)   # imageCast函数同程序7-1-7
cast.SetOutputScalarTypeToFloat()
gaussian = imageGaussianSmooth(4.0, 4.0, 2.0, 2.0)
gaussian.SetInputConnection(cast.GetOutputPort())
render(imageActor(gaussian), "SlateGray")   # 函数同程序7-1-7、7-2-1
```

运行程序 7-2-2 后，即可得到如图 7-2-1(c)所示的平滑处理后的图像。可以看出，经过平滑处理的图像更加柔和，减少了其中边线等区域颜色和亮度的显著变化。

7.2.2　图像噪声

噪声从数字图像的获取开始就会一直存在，它可能由采集过程中的尘埃、遮挡物以及采集设备自身的处理机制和运算过程等各个地方所产生。白噪声(White Noise)是随机噪声的统称，其变化往往服从某种高斯(正态)分布，而功率谱则类似于白色光谱，均匀分布于整个频率域。

图像中的白噪声属于较难完全清除的噪声指标，有时候即使运用了低通滤波器，也只能起到部分去除白噪声的作用。程序 7-2-3 以算法模拟的方式为图像添加了一些噪声，通过噪声发生器 vtkImageNoiseSource 来创建噪声源，模拟出 0.0 到 1.0 之间的白噪声。通过 AddShotNoise 函数设置了噪声的振幅为 2000.0，噪声分离系数为 0.1，并且指定整幅图像范围皆提供噪声的模拟数据。

程序 7-2-3　为 CT 图像提供模拟噪声

```python
def imageDataActor(data):
    actor = vtk.vtkImageActor()
    actor.GetMapper().SetInputData(data)
    return actor
def AddShotNoise(inputImage, outputImage, noiseAmplitude, noiseFraction, extent):
    shotNoiseSource = vtk.vtkImageNoiseSource()
    shotNoiseSource.SetWholeExtent(extent)
    shotNoiseSource.SetMinimum(0.0); shotNoiseSource.SetMaximum(1.0)
    shotNoiseThresh1 = vtk.vtkImageThreshold()
```

```
        shotNoiseThresh1.SetInputConnection(shotNoiseSource.GetOutputPort())
        shotNoiseThresh1.ThresholdByLower(1.0 - noiseFraction)
        shotNoiseThresh1.SetInValue(0)
        shotNoiseThresh1.SetOutValue(noiseAmplitude)
        shotNoiseThresh2 = vtk.vtkImageThreshold()
        shotNoiseThresh2.SetInputConnection(shotNoiseSource.GetOutputPort())
        shotNoiseThresh2.ThresholdByLower(noiseFraction)
        shotNoiseThresh2.SetInValue(1.0 - noiseAmplitude)
        shotNoiseThresh2.SetOutValue(0.0)
        shotNoise = vtk.vtkImageMathematics()
        shotNoise.SetInputConnection(0, shotNoiseThresh1.GetOutputPort())
        shotNoise.SetInputConnection(1, shotNoiseThresh2.GetOutputPort())
        shotNoise.SetOperationToAdd()
        add = vtk.vtkImageMathematics(); add.SetInputData(0, inputImage)
        add.SetInputConnection(1, shotNoise.GetOutputPort())
        add.SetOperationToAdd()
        add.Update()
        outputImage.DeepCopy(add.GetOutput())
    def setScalarRange(source):
        scalarRange = [0] * 2
        scalarRange[0] =
    source.GetOutput().GetPointData().GetScalars().GetRange()[0]
        scalarRange[1] =
    source.GetOutput().GetPointData().GetScalars().GetRange()[1]
        return scalarRange
    def setImageActor(imageActor, scalarRange):
        colors = vtk.vtkNamedColors()
        colorWindow = (scalarRange[1] - scalarRange[0]) * 0.8
        colorLevel = colorWindow / 2
        imageActor.GetProperty().SetColorWindow(colorWindow)
        imageActor.GetProperty().SetColorLevel(colorLevel)
        imageActor.GetProperty().SetInterpolationTypeToNearest()
        return imageActor
    def getOriginalData(source):
        cast = imageCast(source)      # imageCast函数同程序7-1-7
        cast.SetOutputScalarTypeToDouble()
        cast.Update()
        originalData = vtk.vtkImageData()
        originalData.DeepCopy(cast.GetOutput())
```

```
    return originalData
def getData():
    source = imageReader('FullHead.mhd')    # imageReader函数同程序7-1-2
    scalarRange = setScalarRange(source)
    originalData = getOriginalData(source)
    originalActor = setImageActor(imageDataActor(originalData), scalarRange)
    noisyData = vtk.vtkImageData()
    AddShotNoise(originalData, noisyData, 2000.0, 0.1,
source.GetOutput().GetExtent())
    return (scalarRange, originalData, noisyData)


scalarRange, originalData, noisyData = getData()
originalActor = setImageActor(imageDataActor(originalData), scalarRange)
render(originalActor, "SlateGray")    # render函数同程序7-2-1
```

程序 7-2-3 对原有图像进行渲染，最终通过 render 函数的调用显示出如图 7-2-2(a)所示的头部 CT 图像。

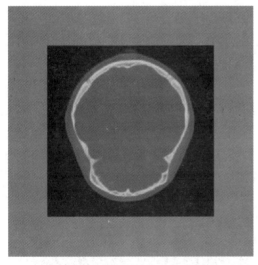

(a) 原有的 CT 图像　　　　　　　　　(b) 通过模拟方法生成的噪声图像

图 7-2-2　头部 CT 的噪声图像

程序 7-2-4 则提供了对噪声数据的渲染，如图 7-2-2(b)所示，已经呈现布满噪声和瑕疵的低质量图像。

程序 7-2-4　通过模拟噪声的方式将 CT 图像转为噪声图像

```
scalarRange, originalData, noisyData = getData()    # 函数同程序7-2-3
noisyActor = setImageActor(imageDataActor(noisyData), scalarRange)
render(noisyActor, "SlateGray")    # render函数同程序7-2-1
```

7.2.3　非线性平滑

　　在第 7.2.1 小节的介绍中，采用了高斯平滑的方法对图像进行处理，然而其结果也造成了原有图像中物体的边缘因平滑处理而出现模糊的现象，影响了显示效果。尽管在图像之中高频信号只占了很小的一部分，但从人类视觉特征的角度看，人们观察物体时往往依赖于物体中特殊的高频变化区域来区分物体的边缘。事实上，视网膜神经在处理视觉信号时也会忽略很多低频信号，而着重捕捉物体中的高频信号。

　　根据数字图像滤波器的输出是否为线性函数，可将其分为线性滤波器和非线性滤波器。其中非线性滤波器的原始数据与滤波结果一般会维护某种逻辑关系，根据其逻辑方式的不同，形成如最大值滤波器、最小值滤波器、中值滤波器等。中值滤波器可以在保持物体边缘存在的同时进行平滑处理，这样就有望解决高斯平滑方法所面临的物体边缘模糊的问题。中值滤波器的处理依据以像素为中心的邻域中标量值的中值来代替像素值，因而能够有效处理低概率但高振幅噪声的问题。要控制噪声的振幅和规模，可以采取改变邻域大小的方式，也可以尝试多次使用过滤器。中值滤波器可以保持物体的边缘存在，同时又能够让边角更加圆滑并且去除一些细线。

　　对于上一小节中的模拟噪声，首先使用如程序 7-2-5 所示的高斯平滑方法来实现噪声消除，该方法调用了 imageGaussianSmooth 这一高斯平滑函数。

程序 7-2-5　利用高斯平滑实现噪声消除

```
scalarRange, originalData, noisyData = getData()    # 函数同程序7-2-3
gaussian = imageGaussianSmooth(2.0, 2.0, 2.0, 2.0)   # 同程序7-2-2
gaussian.SetInputData(noisyData)
gaussianActor = setImageActor(imageActor(gaussian), scalarRange)
render(gaussianActor, "SlateGray")    # render函数同程序7-2-1
```

　　运行程序 7-2-5 以后，得到如图 7-2-3(a)所示的显示结果。可以看出，处理的结果较为模糊，图像质量远低于如图 7-2-2(a)所示的原有图像。

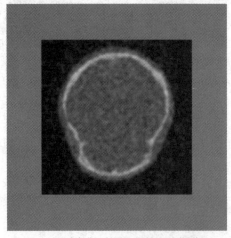 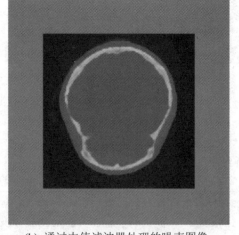

　　(a) 通过高斯平滑处理的噪声图像　　　　　　　(b) 通过中值滤波器处理的噪声图像

图 7-2-3　通过平滑处理实现图像的降低图像的噪声

中值滤波器从像素的邻接矩形区域中计算出中值来代替目标图像中的像素值,适用于低概率高振幅一类的噪声。如程序 7-2-6 所示,vtkImageMedian3D 对象提供了中值滤波器方法,以噪声图像作为输入,同时滤波器本身能够处理三维空间中的数据,在本例中由于只需要二维数据,在进行滤波器中窗口处理内核的设置时,需要将第三维数据设置为 1,并设置其他两个维度的内核空间大小,如 median.SetKernelSize(5, 5, 1)中设置了水平和垂直轴向的内核大小均为 5,从而形成二维的图像内核。程序运行后会得到如图 7-2-3(b)所示的非线性平滑处理结果,对比图 7-2-2(a)中的原有图像,可以看出二者的图像质量相差无几。

程序 7-2-6　利用中值滤波器实现的非线性平滑来降低图像的噪声

```
scalarRange, originalData, noisyData = getData()    # 函数同程序7-2-3
median = vtk.vtkImageMedian3D()
median.SetInputData(noisyData)
median.SetKernelSize(5, 5, 1)
medianActor = setImageActor(imageActor(median), scalarRange)
render(medianActor, "SlateGray")    # render函数同程序7-2-1
```

7.3　图像频谱分析

7.3.1　图像亚采样

对于数据源所提供的模拟图像,要实现数字图像的转换,就要在空间上实现离散化,一般是通过等间隔进行取样,称为图像采样。与之对应的,图像中取样点灰度值的离散化过程就是图像的量化。有时候,为减少图像数据的空间占用,可以采取降低采样频率的方式,或者依据采样的原理,设定每隔几个像素进行一次采样,以保留一个像素,丢弃其余像素的方式来实现出对图像的亚采样(Subsampling)。

进行图像亚采样时可能会引发一类锯齿形的瑕疵,使得原有的图像形状出现走样,无法更为精确地表现出原来的精致图形。依据采样学原理,对于间隔为 S 的离散采样信号,可以表现出频率低于 $S/2$ 的信号。对信号进行亚采样相当于以更低的采样频率获取信号,并不能够有效采集到原有的高频信号,使得高频信号被错误地表现为采样的低频信号,从而发生了信号的失真,在宏观表现上就是亚采样出的图像可能会造成其表现物体形状的走样。如图 7-3-1 所示,其中(a)为图像本身的高频信号,经过等间隔的采样得到(a)中黑色的圆点,即采样点。然而由于亚采样采用了相对较低的采样频率,不足以表达出原有的高频信号特征,将采样点以光滑曲线进行连接以后,会呈现出如图 7-3-1(b)所示的低频信号,以此作为采样得到的原有高频信号,这样的拟合显然使原煤有信号产生了严重的失真,最终造成图像亚采样的图形发生走样。

要解决图像走样的问题,可以在进行图像亚采样前先用低通滤波器对图像中的高频信号进行处理,从而减少因高频信号所导致的图像走样。事实上,在进行数据采集时也会发生数据走样的问题。如模拟信号源中有高频信号,在进行离散数据处理时由于要进行数据采样，可能会造成高频信号的走样。因此一般需要用高精度数据，并利用平滑和亚采样等方法来减少数据样本的大小。

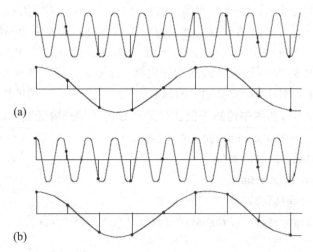

图 7-3-1　对高频信号进行亚采样导致走样从而呈现出低频的瑕疵

程序 7-3-1 就提供了图像亚采样的示例，其中读取了 **FullHead.mhd** 这一头部 CT 图像，同时利用 imageShrink3D 函数对图像进行缩减，这一缩减的过程就是图像的亚采样，从而输出低精度的图像。程序对亚采样后的图像还利用移动立方体方法进行了等值面的提取，然后利用多边形数据映射器实现了物体的映射，并最后进行渲染。

程序 7-3-1　对图像进行亚采样，输出低精度的图像

```python
def marchingCubes(source, x, y):
    iso = vtk.vtkImageMarchingCubes()
    iso.SetInputConnection(source.GetOutputPort())
    iso.SetValue(x, y)
    return iso
def polyDataActor(data, colors):
    mapper = vtk.vtkPolyDataMapper()
    mapper.SetInputConnection(data.GetOutputPort())
    mapper.ScalarVisibilityOff()
    actor = vtk.vtkActor(); actor.SetMapper(mapper)
    actor.GetProperty().SetColor(colors.GetColor3d("Ivory"))
    return actor
def imageShrink3D(source):
    subsample = vtk.vtkImageShrink3D()
    subsample.SetInputConnection(source.GetOutputPort())
    subsample.SetShrinkFactors(4, 4, 1)
    return subsample
def render(actor, colors):
```

```python
    renderer = vtk.vtkRenderer(); renderer.AddActor(actor)
    renderer.SetBackground(colors.GetColor3d('DarkSlateGray'))
    run(renderer)    # run函数同程序7-1-1
def renderSubsample(source):
    colors = vtk.vtkNamedColors(); subsample = imageShrink3D(source)
    iso = marchingCubes(subsample, 0, 1150)
actor = polyDataActor(iso, colors)
render(actor, colors)


source = imageReader('FullHead.mhd')    # imageReader函数同程序7-1-2
renderSubsample(source)
```

　　运行程序 7-3-1，得到如图 7-3-2(a)所示的运行结果，可以看到其中有图像走样的问题，呈现出锯齿状的低频瑕疵。此时就需要在图像亚采样前使用低通滤波器来减少走样，如程序 7-3-2 所示，其中通过三维高斯平滑作为低通滤波器来实现图像的预处理，最后生成的效果如图 7-3-2(b)所示，可以看出图像较为平滑，没有明显的锯齿效果。

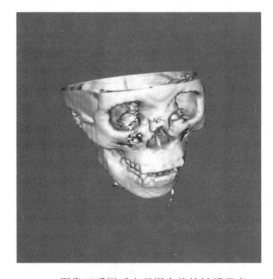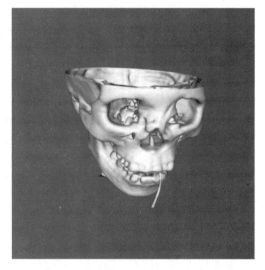

(a) 图像亚采样后出现锯齿状的低频瑕疵　　　　　(b) 在亚采样前使用低通滤波器的效果

图 7-3-2　图像亚采样过程中出现的走样(Aliasing)问题及其消除方法

程序 7-3-2　利用三维高斯平滑方法作为低通滤波器来预处理

```python
def imageGaussianSmooth3(source, stdx, stdy, stdz):
    gaussian = vtk.vtkImageGaussianSmooth()
    gaussian.SetDimensionality(3)
    gaussian.SetInputConnection(source.GetOutputPort())
    gaussian.SetStandardDeviations(stdx, stdy, stdz)
    gaussian.SetRadiusFactor(2)
    return gaussian
```

```
source = imageReader('FullHead.mhd')    # imageReader函数同程序7-1-2
smooth = imageGaussianSmooth3(source, 1.75, 1.75, 0.0)
renderSubsample(smooth)   # run函数同程序7-3-1
```

7.3.2　图像衰减

　　进行数据采集时也有可能会引发一些低频的瑕疵,未必一定属于图像走样这种类别。比如说基线偏移问题,当数据经历了一段采集时间以后,其数据的均值(即基线)可能会出现一些变化。要想消除这种基线偏移,就要在数据采集以后使用高通滤波器。也可以考虑进行多次数据采集来参照对比其基线,整合出更优化和更准确的采集结果。总之,找出必要的措施来纠正和消除出可能的瑕疵,总比得到一些不准确的结果要好。

　　用于数据采集的传感器位置也有可能导致图像的渐进变化,离传感器较远的位置其信号的振幅可能会减弱,比如程序 7-3-3 就提供了读取一幅因传感器位置而发生衰减的 MRI 图像。程序读取 AttenuationArtifact.pgm 以后,采用 imageCast 函数进行转换,并设置了 SetOutputScalarTypeToDouble(),这种转换是将像素点的标量转化为[−1, 1]区间上的双精度浮点数值。

程序 7-3-3　读取一幅因传感器位置而发生衰减的 MRI 图像

```
def renderActor(data):
    colors = vtk.vtkNamedColors()
    actor = vtk.vtkImageActor()
    actor.GetMapper().SetInputConnection(data.GetOutputPort())
    render(actor, colors)    # render函数同程序7-3-1
def castSource():
    source = imageReader('AttenuationArtifact.pgm')  # 同程序7-1-2
    cast = imageCast(source)    # imageCast函数同程序7-1-7
    cast.SetOutputScalarTypeToDouble()
    return cast


cast = castSource()
renderActor(cast)
```

　　运行程序 7-3-3,得到如图 7-3-3(a)所示的显示结果。可见,右侧离传感器较近,图像更为清晰,左侧亮度较暗,属于离传感器较远的位置。这样的效果影响了图像的质量,属于一种瑕疵,然而它又不同于锯齿一类的走样问题。

　　要实现发生衰减后的图像修复,如程序 7-3-4 所示,通过设置一个采样函数 vtkSampleFunction,它可以对结构化的点集运用隐函数方法,适用于标准化的双精度数据。使用的时候,需要指定采样的维度和位置。

　　另一个有用的工具是 vtkImageShiftScale,它可以指定图像的偏移和缩放比例,此处设定了 SetScale(0.000095),是很小的处理单位。在隐函数中应用这种小的单位,可以实现突出显示图像数值的作用，而黑色区域由于为 0，采用隐函数以后并不会进行改变，最后图像通过 vtkImageMathematics()方法的运用，就可以实现图像中有色区域的突出显示。

　　运行程序 7-3-4 可以得到如图 7-3-3(b)所示的结果，可见已基本实现了图像衰减这一瑕疵的修复。可以从图 7-3-3(c)中更为清晰地看出图像在修复后与修复前标量值分布的对比，此处是将标量值转化为[0, 255]的显示，可见，修复前大部分像素点的数值集中在较低的值区间，而像素的标量值在 255 附近较少，因此图像呈现出黑色的部分较多，白色点较少。修复后的像素点集中在中间部位，表明图像的可视化效果更好地表现了出来。

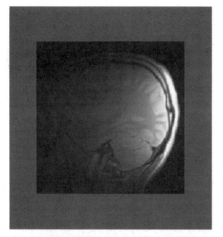

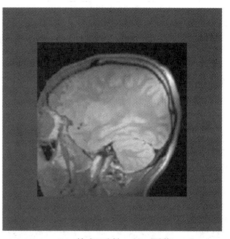

(a) 因传感器导致 MRI 图像发生衰减　　　　　　　(b) 修复后的 MRI 图像

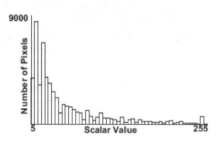

(c) 修复后与修复前标量值分布的对比

图 7-3-3　出现衰减的 MRI 图像及其修复

程序 7-3-4　利用算法实现图像衰减的修复

```
cast = castSource()    # castSource函数同程序7-3- 3
smooth = imageGaussianSmooth3(cast, 0.8, 0.8, 0.0)   # 同程序7-3- 2
m1 = vtk.vtkSphere()
m1.SetCenter(310, 130, 0); m1.SetRadius(0)
m2 = vtk.vtkSampleFunction(); m2.SetImplicitFunction(m1)
m2.SetModelBounds(0, 264, 0, 264, 0, 1)
m2.SetSampleDimensions(264, 264, 1)
m3 = vtk.vtkImageShiftScale()
m3.SetInputConnection(m2.GetOutputPort())
```

```
m3.SetScale(0.000095)    # 设置为0.01和0.00001并观察其效果

div = vtk.vtkImageMathematics()
div.SetInputConnection(0, smooth.GetOutputPort())
div.SetInputConnection(1, m3.GetOutputPort())
div.SetOperationToMultiply()
renderActor(div)    # renderActor函数同程序7-3-3
```

通过调整隐函数的比例系数，会得到不同的显示效果，如图 7-3-4(a)中所示的 m3.SetScale(0.01)的结果，此时设置的比例系数较大，因此经隐函数处理后会实现更大范围的显示，使得图像大范围变为白色，而当设置为 m3.SetScale(0.00001)时，由于设置的比例过低，使得图像中只能保留更小的值，从而呈现出较暗的亮度显示，如图 7-3-4(b)所示。

7-3-4.mp4

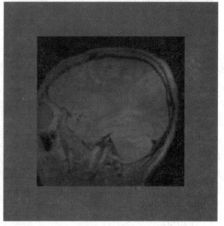

(a) m3.SetScale(0.01)　　　　　　　(b) m3.SetScale(0.00001)

图 7-3-4　不同比例系数的设置会得到不同的图像调整效果

7.3.3　图像频域变换

傅立叶变换滤波是进行图像处理的基本方法之一，经过这种滤波处理以后图像的信息并不会改变。傅立叶变换的输出就是频域信号，原有图像中的像素值将转变为正弦波的数值。像素的大小编码、正弦波的振幅和像素在复平面的方向确定了正弦波的相位，这样，经过频域变换，原有的像素就转换成了具有不同方向和频率的正弦曲线。

对于图像而言，以无压缩的位图为例，它是属于在连续空间上采样得到的一系列点的集合。一般采用二维矩阵表示空间上的点，则图像上像素点的值可以表示为其横纵坐标的函数，即 $f(x, y)$。如程序 7-3-5 所示，这是一个写着文字的图片文件。

程序 7-3-5　读取一个写着文字的图片文件

```
colors = vtk.vtkNamedColors()
source = imageReader('vtks.pgm')    # imageReader函数同程序7-1-2
```

```
actor = imageActor(source)      # imageActor函数同程序7-1-7
actor.GetProperty().SetInterpolationTypeToNearest()
render(actor, colors)      # render函数同程序7-3-1
```

图 7-3-5(a)给出了程序 7-3-5 的运行结果，是一个长方形的二维图像，其中每个像素对应横纵坐标的 $f(x, y)$ 函数值。从数学的角度看，对于二维的连续函数 $f(x, y)$ 的傅立叶变换定义如下：

$$F(u,v) = \int_{-\infty}^{\infty} \int_{-\infty}^{\infty} f(x,y) \exp[-j2\pi(ux+vy)] dxdy \tag{7-3}$$

对于尺寸为 $M \times N$ 的图像而言，图像的像素值将表现为一组二维的离散点函数 $f(x, y)$，这是空间域状态下的变量，而其像素值之间存在有差异且变化着的速度、梯度等指标。因而对式(7-3)进行离散化后即可获得离散傅立叶变换 $F(u,v)$，获取像素点 (u,v) 的频率，具体为

$$F(u,v) = \frac{1}{MN} \sum_{x=0}^{M-1} \sum_{y=0}^{N-1} f(x,y) \exp\left[-j2\pi(\frac{ux}{M} + \frac{vy}{N})\right] \tag{7-4}$$

其中 $u \in [0, M-1]$，$v \in [0, N-1]$。

通过调用 vtkImageFFT 方法，就可以获得图像的离散傅立叶变换的结果，进一步地，还可以利用 vtkImageMagnitude 方法来获取傅立叶变换后的频谱图在每个像素点的振幅大小的数值。由于图像的空间有各自的特点，与频谱本身的变换空间有所区别，一般需要将频谱图进行迁移，并选择频率为 0 的点作为原点，经过这样的频移所建立的频谱图，会呈现出以原点为中心，左右对称的形态。根据傅立叶变换的公式，有

$$F(u,v) = F(-u,-v) \tag{7-5}$$

在程序中可以通过 vtkImageFourierCenter 方法来实现频谱图的中心化，如程序 7-3-6 所示。运行该程序可以得到如图 7-3-5(b)所示的结果，此处为 renderActor(fft) 的结果，为图像的傅立叶变换频率图。

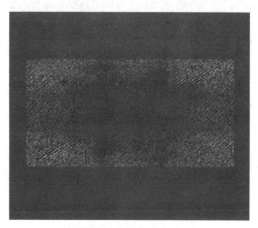

(a) 原有的图像　　　　　　　　　　　　(b) 图像的傅立叶变换频率图

图 7-3-5　通过离散傅立叶变换将图像从空间域变为频率域

程序 7-3-6　利用离散傅立叶变换将图像从空间域转变为频率域

```
def getFFT():
    source = imageReader('vtks.pgm')    # imageReader函数同程序7-1-2
    fft = vtk.vtkImageFFT()
    fft.SetInputConnection(source.GetOutputPort())
    mag = vtk.vtkImageMagnitude()
    mag.SetInputConnection(fft.GetOutputPort())
    center = vtk.vtkImageFourierCenter()
    center.SetInputConnection(mag.GetOutputPort())
    compress = vtk.vtkImageLogarithmicScale()
    compress.SetInputConnection(center.GetOutputPort())
    compress.SetConstant(15)
    compress.Update()
    return (fft, mag, center, compress)


colors = vtk.vtkNamedColors()
fft, mag, center, compress = getFFT()
renderActor(fft)    # renderActor函数同程序7-3-3
```

　　也可以进一步观察图像的傅立叶变换量值图，在程序 7-3-6 中采用 renderActor(mag)，具体结果如图 7-3-6(a)所示。可以进一步显示经中心化处理后的傅立叶图像，在程序中设置 renderActor(center)，则可得到如图 7-3-6(b)所示的结果，此处可见其中心部分面积较大且明亮，说明图像的低频部分较多，且图像的梯度变化较大，符合白底黑字之间梯度变化的特点。

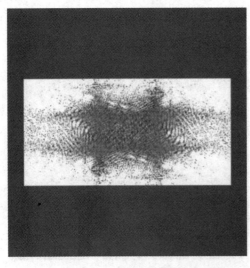

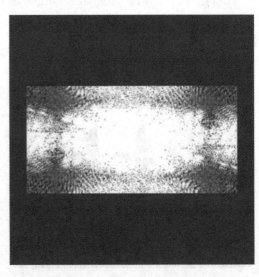

(a) 图像的傅立叶变换量值图　　　　　　　(b) 将频谱迁移到以原点为中心的显示

图 7-3-6　图像的幅值图与中心化处理后的频谱图

　　虽然可以对以上几个图像的频谱可视化结果进行分析，但其显示效果比较松散，缺乏整体性，视觉效果不好。更好的处理是对傅立叶变换的结果进行对数化处理，这可以通过 vtkImageLogarithmicScale 方法加以实现。将程序 7-3-6 的输出改为 renderActor(compress)，就可以展示出如图 7-3-7(a)所示的运行结果。可见其中心点有个白色的亮点，说明频率为 0 处有显著的梯度变化。

程序 7-3-7　为对数表示的傅立叶频谱提供显示效果的优化

```
def CreateImageActor(actor, colorWindow, colorLevel):
    wlut = vtk.vtkWindowLevelLookupTable()
    wlut.SetWindow(colorWindow)
    wlut.SetLevel(colorLevel)
    wlut.Build()
    color = vtk.vtkImageMapToColors()
    color.SetLookupTable(wlut)
    color.SetInputData(actor.GetMapper().GetInput())
    actor.GetMapper().SetInputConnection(color.GetOutputPort())


colors = vtk.vtkNamedColors()
fft, mag, center, compress = getFFT()   # getFFT函数同程序7-3-6
actor = imageActor(compress)   # imageActor函数同程序7-1-7
actor.GetProperty().SetInterpolationTypeToNearest()
CreateImageActor(actor, 160, 120)
render(actor, colors)   # render函数同程序7-3-1
```

　　程序 7-3-7 中进一步通过函数 CreateImageActor，对经过对数表示的频谱图像显示结果进行优化显示结果图 7-3-7(b)所示。注意原来中心的白色亮度此时显示的是黑色，这是进行图像显示调整所造成的结果。

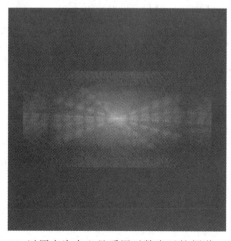 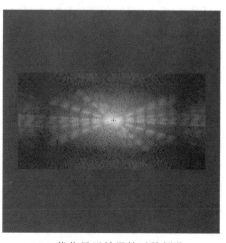

(a) 以原点为中心且采用对数表示的频谱　　　　(b) 优化显示效果的对数频谱

图 7-3-7　通过对数表示的傅立叶频谱图

有了图像的傅立叶变换频率，也可以反向获取原有的图像，这一过程称为反向傅立叶变换。给出点 (u,v) 的频率 $F(u,v)$，要获取其对应的点 (x,y) 的取值 $f(x,y)$，可以通过如下的反向傅立叶变换：

$$f(x,y) = \int_{-\infty}^{\infty}\int_{-\infty}^{\infty} F(u,v)\exp\left[\mathrm{j}2\pi(ux+vy)\right]\mathrm{d}u\mathrm{d}v \tag{7-6}$$

对于离散傅立叶变换，就尺寸为 $M \times N$ 的图像而言，其反向傅立叶变换可表示为

$$f(x,y) = \sum_{u=0}^{M-1}\sum_{v=0}^{N-1} F(u,v)\exp\left[\mathrm{j}2\pi(\frac{ux}{M}+\frac{vy}{N})\right] \tag{7-7}$$

需要进行反向傅立叶变换时，可以直接利用 vtkImageRFFT 方法，具体如程序 7-3-8 中的 RFFTActor 函数所示。

程序 7-3-8　利用反向傅立叶变换可以恢复出原图像

```
def RFFTActor(fft):
    rfft = vtk.vtkImageRFFT()
    rfft.SetInputConnection(fft.GetOutputPort())
    real = vtk.vtkImageExtractComponents()
    real.SetInputConnection(rfft.GetOutputPort())
    real.SetComponents(0)
    wlcolor = vtk.vtkImageMapToWindowLevelColors()
    wlcolor.SetWindow(500)
    wlcolor.SetLevel(0)
    wlcolor.SetInputConnection(real.GetOutputPort())
    actor = vtk.vtkImageActor()
    actor.GetMapper().SetInputConnection(wlcolor.GetOutputPort())
    actor.GetProperty().SetInterpolationTypeToNearest()
    return actor

colors = vtk.vtkNamedColors()
fft, mag, center, compress = getFFT()      # getFFT函数同程序7-3-6
actor = RFFTActor(fft)
render(actor, colors)      # render函数同程序7-3-1
```

通过反向傅立叶变换所恢复的图像如图 7-3-8(a)所示。也可以考虑在进行反向傅立叶变换之前先进行一下高通滤波，如程序 7-3-9 所示，其通过 vtkImageIdealHighPass 方法实现了傅立叶频谱的高通滤波，其运行结果如图 7-3-8(b)所示，可以看出，字体部分的黑色更为清晰。

程序 7-3-9　利用反向傅立叶变换恢复出原图像

```
def idealHighPass(fft):
    highPass = vtk.vtkImageIdealHighPass()
    highPass.SetInputConnection(fft.GetOutputPort())
    highPass.SetXCutOff(0.001)
    highPass.SetYCutOff(0.001)
    return highPass


colors = vtk.vtkNamedColors()
fft, mag, center, compress = getFFT()    # getFFT函数同程序7-3-6
actor = RFFTActor(idealHighPass(fft))    # RFFTActor函数同程序7-3-8
render(actor, colors)    # render函数同程序7-3-1
```

(a) 反向傅立叶变换所恢复的图像　　　　　(b) 先进行高通滤波再反向傅立叶变换

图 7-3-8　通过反向傅立叶变换恢复的图像

本 章 小 结

　　本章介绍了图像的数据表示方法、纹理贴图、图像生成与合成的相关知识，进而介绍图像平滑处理的相关技术和图像频谱分析方法。噪声处理是数字图像处理中必不可少的一环，通过高斯平滑方法和非线性平滑方法，有望实现降噪甚至图像噪声的消除。另一类图像处理过程中的关键技术是关于瑕疵和走样等特殊问题的处理技术，可以考虑采用低通滤波器来减少图像的走样。对于图像的衰减等问题则可以采用设定图像偏移来调整图像的显示。本章还介绍了图像的频域分析问题，介绍了离散傅立叶变换及反向傅立叶变换的相关知识。

7-3-8.mp4

习　　题

1. 试述数字图像处理过程中噪声、瑕疵与白噪声之间的关系。

2. 对于图像的噪声、瑕疵与白噪声，一般需要选择什么样的滤波器？

3. 什么是图像的亚采样，为什么说图像亚采样会引起图像的走样？

4. 参考程序 7-1-4，设计一个如图 7-e-1 所示的两个球相包含的开口球体。

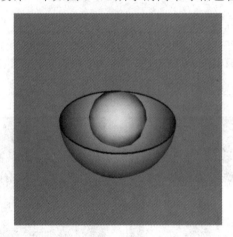

图 7-e-1　球体与曲面圆锥体

5. 在程序 7-1-6 的基础上，为图像绘制一个内切圆，如图 7-e-2(a)所示。

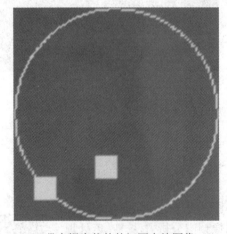 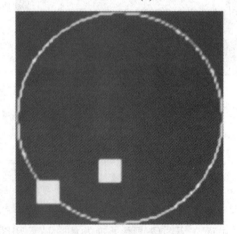

(a) 带有锯齿状的外切圆自绘图像　　　　　(b) 对锯齿状瑕疵修复的参考样图

图 7-e-2　带有外切圆的自绘图形

6. 对于第 5 题结果中的外接圆，由于算法问题，可以明显看到锯齿状和断点特征，尝试用本章学习的图像处理方法对其进行修复，图 7-e-2(b)为参考修复效果。

7. 巴特沃斯滤波器(Butterworth filter)也是一种常见的高通滤波器，对应的方法为 vtkImageButterworthHighPass。将程序 7-3-9 中所用到的高通滤波器替换为巴特沃斯高通滤波器，并将其滤波效果与原有滤波器的滤波效果进行对比。

第 8 章 体 可 视 化

体可视化(Volume Visualization，也称体视化)是 20 世纪 80 年代后期兴起的一项技术，在吸收计算机图形学、计算机视觉和图像处理等领域知识的基础上发展起来，形成了一套完整的体系并作为一门独立学科出现。与传统计算机图形学采用几何模型即点、线和面等图形基元描述物体不同，体数据是对有限空间的一组离散采样，采样值代表了一个或多个物理属性值，含有三维实体的内部数据信息。现实世界的许多物体、自然现象等都可以用体数据进行描述。而体视化就是处理和分析从实验或仪器等获取的或由计算模型拟合的体数据，并对这些体数据进行变换、操作和显示的技术。

体视化的出现给传统计算机图形学带来了一场革命，同时也展示出无比广阔的应用前景。作为科学可视化的主要组成部分之一，体视化研究的是体数据在计算机中的表示法、变换、操作和绘制等问题，提供了探求结构和理解它们的复杂性和动态的机制。目前，关于体视化的研究遍及医学、物理学、化学、地质学、显微摄像学、计算机流体力学、工业检测、有限元分析等诸多学科和领域。

本章从表面绘制技术、点绘制技术和体绘制技术等几个方面出发，由浅及深，循序渐进地引入体数据的表示和可视化方法，让学习者能够了解体视化技术的基本原理，并掌握其常见的使用方法。

8.1 通过表面绘制形体

如果一个图形的空间表现仅体现在二维的平面之上，即图形中的每个点都仅在两个坐标轴内变动，而其第三个坐标的数值均保持一致，这样的图形就是二维的。反之如果图形上存在两个点，其坐标的区别不仅体现在两个轴向范围，还有第三个坐标轴，这样的图形就是三维的。

要想形成具有三维坐标的形体，较为方便的办法就是直接构建其三维外表面，有了三维的外表面，物体的表现形体就是三维的形体。在前面的章节中已经多次运用三维形体的表面绘制方法，如移动立方体表面轮廓算法等。本节围绕这一话题进行进一步的讨论。

8.1.1 平面扭曲

图像数据集是一种常见的二维数据，然而单纯地在平面上表现这种二维数据，其可视化效果会有一定局限性。在第 2 章的介绍中，提到了 Mayavi 所提供的等高图方法，Mayavi 采取了对图像实现细节封装的方式，在使用时直接调用其编程接口。VTK 对于问题的解决提供了更为底层的实现方式，可以让使用者了解到具体的实现细节。对于二维图像数据集可以采用毯形图(Carpet Plot)的方法，以平面扭曲的方式来实现将二维平面数据的显示展现在三维空间之中。而平面扭曲的程度可以由标量值的大小进行控制，从而使得数据的可视化效果更有立体感。

在实际使用过程中，这种毯形图不仅可以用于表现图像数据集，还可以对其他的如二维结构化网格和二维非结构化网格等形式的数据集可视化。事实上，只要某一数据集具有三组变量，即两个维度的坐标数据，以及一个维度的标量值数据，就可以利用毯形图方法加以实现。当然，根据具体的标量值大小也可以对应设置不同的颜色以提高视觉效果。

程序 8-1-1 给出了一个毯形图绘制的示例，程序实现了对一个以原点为中心的指数 cos 函数，具体如下：

$$F(r) = \mathrm{e}^{-r}\cos(10r) \tag{8-1}$$

其中 r 为点 (x, y) 的半径，$r = \sqrt{x^2 + y^2}$。其导数为

$$F'(\mathrm{r}) = -\mathrm{e}^{-r}\left[\cos(10r) + 10\sin(10r)\right] \tag{8-2}$$

在毯形图的绘制过程中，可以利用点 (x, y) 的函数值作为标量值来实现表面的扭曲，该点的导数值则可以作为该点颜色值的指标。具体实现时，对于平面上点的取值可以通过平面的分辨率指标获取，如程序中设置的 plane.SetResolution(300,300)指定了 300 × 300 的平面分辨率，此时对应的点数为 301 × 301，即 90601 个点。

程序 8-1-1 毯形图绘制示例

```
import math
import vtk

plane = vtk.vtkPlaneSource()
plane.SetResolution(300, 300)
transform = vtk.vtkTransform()
transform.Scale(10.0, 10.0, 1.0)
transF = vtk.vtkTransformPolyDataFilter()
transF.SetInputConnection(plane.GetOutputPort())
transF.SetTransform(transform)
transF.Update()

inputPd = transF.GetOutput()
numPts = inputPd.GetNumberOfPoints()
newPts = vtk.vtkPoints()
newPts.SetNumberOfPoints(numPts)
derivs = vtk.vtkDoubleArray()
derivs.SetNumberOfTuples(numPts)
```

```
bessel = vtk.vtkPolyData()
bessel.CopyStructure(inputPd)
bessel.SetPoints(newPts)
bessel.GetPointData().SetScalars(derivs)

x = [0.0] * 3
for i in range(0, numPts):
    inputPd.GetPoint(i, x)
    r = math.sqrt(float(x[0] * x[0]) + x[1] * x[1])
    x[2] = math.exp(-r) * math.cos(10.0 * r)
    newPts.SetPoint(i, x)
    deriv = -math.exp(-r) * (math.cos(10.0 * r) + 10.0 * math.sin(10.0 * r))
    derivs.SetValue(i, deriv)

warp = vtk.vtkWarpScalar()
warp.SetInputData(bessel)
warp.XYPlaneOn()
warp.SetScaleFactor(0.5)   # warp.SetScaleFactor(5)
mapper = vtk.vtkDataSetMapper()
mapper.SetInputConnection(warp.GetOutputPort())
tmp = bessel.GetScalarRange()
mapper.SetScalarRange(tmp[0], tmp[1])
actor = vtk.vtkActor()
actor.SetMapper(mapper)
render(actor, 'Beige')       # render函数同程序7-2-1
```

　　为实现平面的扭曲，需要使用 vtkWarpScalar 对象，并设置标量的扭曲因子，如程序中设置的 warp.SetScaleFactor(0.5)，指定了扭曲因子为 0.5，此时的显示结果如图 8-1-1(a) 所示。若修改为 warp.SetScaleFactor(5)，则程序的显示扭曲的程度更大，如图 8-1-1(b)所示，在实际使用过程中可根据视觉效果选取合适的数值。

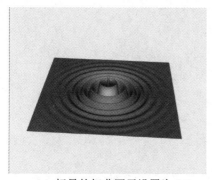 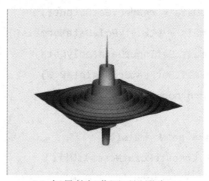

(a) 标量的扭曲因子设置为 0.5　　　　　(b) 标量的扭曲因子设置为 5

图 8-1-1　利用毯形图方法绘制的一个指数型 cos 函数

8.1.2　表面光滑

在前面章节的介绍中，已经提到了通过多边形法向量的使用，可以提高形体表面的光滑程度，从而加强其可视化效果。然而，在实际应用过程中，网状的多边形数据之中未必包含数据点的法向量，有时候一些数据格式也并不支持点的法向量。比如移动立方体算法所计算的轮廓中并不生成表面的法向量，另外一些如 STL 格式的模型文件也不支持法向量数据。

程序 8-1-2　读取并显示 STL 模型文件

```python
def renderNormals(normals, with_effect):
    normals.Update()
    normalsPolyData = vtk.vtkPolyData()
    normalsPolyData.DeepCopy(normals.GetOutput())
    mapper = vtk.vtkPolyDataMapper()
    mapper.SetInputData(normalsPolyData)
    mapper.ScalarVisibilityOff()
    colors = vtk.vtkNamedColors()
    actor = vtk.vtkActor()
    actor.SetMapper(mapper)
    actor.GetProperty().SetDiffuseColor(colors.GetColor3d("Peacock"))
    if with_effect:
        actor.GetProperty().SetDiffuse(.7)
        actor.GetProperty().SetSpecularPower(20)
        actor.GetProperty().SetSpecular(.5)
    render(actor, 'Beige')      # render函数同程序7-2-1
def getNormals():
    reader = vtk.vtkSTLReader()
    reader.SetFileName('42400-IDGH.stl')
    reader.Update()
    polyData = reader.GetOutput()
    normals = vtk.vtkPolyDataNormals()
    normals.SetInputData(polyData)
    normals.SetFeatureAngle(30.0)
    return normals


normals = getNormals()
normals.ComputePointNormalsOff()
renderNormals(normals, False)
```

程序 8-1-2 提供了读取 STL 格式的机器元件模型并将其显示输出的过程，其可视化的效果展示如图 8-1-2(a)所示。由于 STL 格式的模型中没有法向量数据，可以看出其显示结果表面纹理清晰，光滑度较差，经过算法得到法向量之后的效果如图 8-1-2(b)所示。

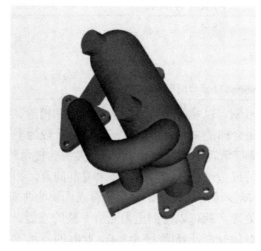

(a) 直接显示的模型数据   (b) 采用算法得到法向量之后的效果

图 8-1-2 以 STL 格式存储的机器元件

可以为网状的多边形数据引入法向量计算方法，从而解决原始模型中缺少法向量数据的问题。在法向量的计算过程中，首先找出临近多边形的公共顶点，然而对于遍历其中的每个多边形，由于向量空间有方向，每个多边形的顶点排列顺序需要保持一致。如果能够确定各个多边形的方向是一致的，则将各个多边形法向量的均值作为这一组多边形的共享法向量，同时对此均值法向量进行归一化处理。如果计算过程中出现了方向不一致的多边形，如图 8-1-3(a)所示，则共享法向量可以赋值为 0，即法向量的计算过程中不允许有不同方向的多边形出现。理想的情况下，在一法向量的计算过程中要求邻接的多边形的法向量之间的邻接角度较小，即邻接多边形之间没有尖锐的棱角时，该算法实现的效果较好，我们可以通过特征边分离减小尖锐棱角，如图 8-1-3(b)所示。

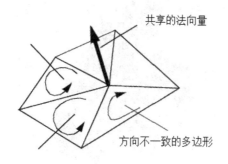
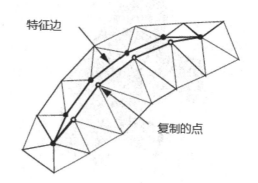

(a) 为邻接多边形计算共享法向量   (b) 通过特征边分离减少尖锐棱角

图 8-1-3 法向量生成算法的实现

程序 8-1-3 就提供了法向量计算功能，具体为 ComputePointNormalsOn 方法，开启了点集法向量计算功能，从而得到如图 8-1-2(b)所示的效果。可见其表明的平整度较 8-1-2(a)已经有了较大改善，但在一些弯角的地方，其显示效果还不是很理想。

程序 8-1-3　为模型提供法向量计算功能

```
normals = getNormals()    # getNormals函数同程序8-1-2
normals.ComputePointNormalsOn()
normals.SplittingOff()
renderNormals(normals, False)    # renderNormals函数同程序8-1-2
```

通过为法向量生成算法引入特征边的分离机制可以实现对尖锐棱角的减少和消除。在实现特征边分离时，需要找到邻接多边形法向量之间的夹角，作为特征角，对于较为平整的邻接多边形，其法向量方向较为一致，因此特征角较小甚至为 0，而遇到尖锐的棱角时，邻接多边形之间的特征角较大，这时就对此类特征边进行分离，建立一个复制的点。如图 8-1-3(b)所示，经过特征边分离后，可以有效地减少棱角的锐度，从而使得表面更为平整。重复进行这一过程，直至所有的尖锐棱角得以处理，就可以得到更为光滑平整的表面。

在程序中设置 SplittingOn 方法，即可实现对边分离计算(程序 8-1-4)，此时的显示效果如图 8-1-4(a)所示，可见其相对于之前的显示效果具有明显的提高，表面更为平整光滑。

程序 8-1-4　开启了边分离计算和法向量生成算法

```
normals = getNormals(); normals.ComputePointNormalsOn()
normals.SplittingOn(); renderNormals(normals, False)
```

也可以继续为模型添加环境光和反射效果，只要在程序中将 renderNormals(normals, False)修改为 renderNormals(normals,True)即可实现。函数 renderNormals 中已经通过参数设置建立了漫反射和镜面反射对应的显示设置。具体的显示效果如图 8-1-4(b)所示，其展现出了更为光亮的表面效果。

8-1-4.mp4

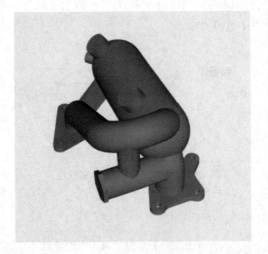

(a) 引入边分离计算后光滑的表面　　　　　(b) 添加了环境光和反射效果的显示

图 8-1-4　引入边分离计算的法向量生成算法所实现的效果

8.1.3 三角条带化

在第 4 章介绍图元类型的时候有一类特殊的图元，即三角形条带，在之前的介绍中并未提及在应用中如何使用这一图元。在以表面绘制的形式建立空间形体的过程中，可以利用三角形条带来实现对三角形图元的紧缩。很多图形渲染库也会利用三角形条带来作为基本的图形元素，实现高性能的图形渲染。

在数据可视化过程中，很多图形数据会利用多边形图元进行表示，而最为常见的就是直接利用三角形来构成三维图形。例如，移动立方体算法会以三角形来构建形体表面的等值面，对于一些形体，其三角形的数量可能会达到百万以上。这样，要在数据可视化过程中获得更好的性能，就可以将三角形转化为三角形条带来加以实现。对于一些通过多边形图元表示的数据集，则可以先将其图元转化为三角形图元，再进一步实现其三角条带化。

要实现三角条带化，可以利用贪心算法来将三角形转化为条带。具体过程如图 8-1-5 所示，第一步是先选择一个未曾标注过的三角形，由这一三角形出发，向三条边中的一个边的方向发展，每遇到一个尚未标记的三角形，就进行标记，直到找不到可以标记的邻接三角形。如果有的三角形节点可以找到分支的邻居节点，就继续标记邻接节点并增加三角形条带的拓扑，这种分支的三角形条带可以作为附加的条带。

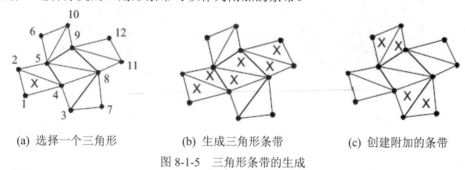

(a) 选择一个三角形　　　　(b) 生成三角形条带　　　　(c) 创建附加的条带

图 8-1-5　三角形条带的生成

程序 8-1-5 给出了一个多边形人脸面部轮廓图像的显示过程，具体显示的图像是一个三维的表面轮廓，如图 8-1-6(a)所示。

程序 8-1-5　一个多边形人脸轮廓图像

```python
def polyDataActor(data, scalarVisibilityOff, representationToWireframe,
colorName):
    colors = vtk.vtkNamedColors()
    mapper = vtk.vtkPolyDataMapper()
    mapper.SetInputConnection(data.GetOutputPort())
    if scalarVisibilityOff:
        mapper.ScalarVisibilityOff()
    actor = vtk.vtkActor()
    actor.SetMapper(mapper)
    if representationToWireframe:
        actor.GetProperty().SetRepresentationToWireframe()
```

```
    if colorName is not None:
        actor.GetProperty().SetColor(colors.GetColor3d(colorName))
    return actor

colors = vtk.vtkNamedColors(); reader = vtk.vtkPolyDataReader()
reader.SetFileName('fran_cut.vtk')
actor = polyDataActor(reader, False, False, 'Flesh')
actor.GetProperty().SetColor(colors.GetColor3d('Flesh'))
render(actor, 'Beige')    # render函数同程序7-3-1
```

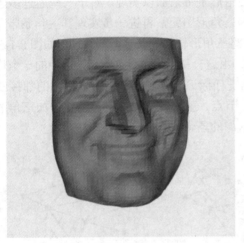 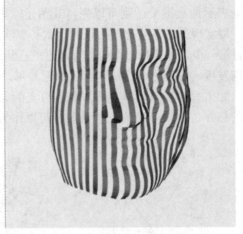

　　　　(a) 人脸轮廓图　　　　　　　　　　(b) 经三角条带化的面部轮廓

图 8-1-6　对多边形人脸轮廓图像进行三角条带化

　　在实际应用过程中,也可以结合数据集的亚采样方法表出条带图的效果。如程序 8-1-6 对脸部轮廓进行三角条带化的过程中, 利用了 **vtkMaskPolyData** 对象,它能够实现对输入多边形数据图元集合的亚采样,具体的采样规则可以由 SetOnRatio(int)加以指定, 其输入参数指定了每隔多少个图元进行一次亚采样。完成了亚采样的数据集,再进行多边形绘制, 即可呈现出三维轮廓的条带图(图 8-1-6(b))。

8-1-6.mp4

程序 8-1-6　对多边形人脸轮廓数据进行三角条带化

```
def getMaskActor(maskData):
    stripperMask = vtk.vtkMaskPolyData()
    stripperMask.SetInputConnection(maskData.GetOutputPort())
    stripperMask.SetOnRatio(2)
    return polyDataActor(stripperMask, False, False, None) # 同8-1-5
def renderActor(maskData):
    colors = vtk.vtkNamedColors()
    actor = getMaskActor(maskData)
```

```
    actor.GetProperty().SetColor(colors.GetColor3d('Flesh'))
    render(actor, 'Beige')   # render函数同程序7-3-1
```

```
reader = vtk.vtkPolyDataReader(); reader.SetFileName('fran_cut.vtk')
stripper = vtk.vtkStripper()
stripper.SetInputConnection(reader.GetOutputPort())
renderActor(stripper)
```

8.2 形体绘制中点集的运用

通过表面绘制来构建三维空间中的形体，这是一种常用的形体构建方法。然而，在实际应用时，从数据集本身以及处理效率等方面出发，点集的运用是一种必不可少的形体绘制手段。本节对此展开进一步的介绍和讨论。

8.2.1 密集点云绘制

在移动立方体等表面绘制方法中，需要利用多边形的绘制进行算法的实现，然而在实际应用中，形体大小和处理精度等要求可能会导致多边形的数量指数级增长，从而极大地降低了系统的处理效率。由于绘制点的效率比绘制多边形的效率高出很多，一种采用点绘制方法所实现的剖分立方体算法(Dividing Cubes)应运而生。

剖分立方体算法的前提是假定轮廓表面上点的数量足够多，其渲染效果就会更好，使得表面的绘制看起来更像一个紧密连接的固体。这就要求点的密度要达到甚至高于系统的分辨率，同时再利用一些常用的光照和阴影等方法。这种密集点云绘制方法非常适用于体数据集，可以准确表达空间点的布局，从而构建出三维形体。然而，这种密集点云所绘制的形体并不适合放大等处理，进行放大观看时可能会影响图形表面的连续性，因此一般在构建密度点云数据集时，需要以最大的缩放尺度来考虑数据点的采集精度和数量。

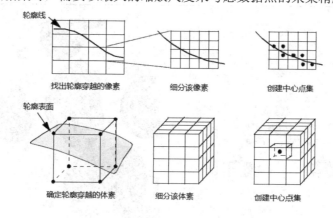

图 8-2-1 剖分立方体算法原理

图 8-2-1 为剖分立方体算法原理的示意图，其上半部分展示了二维平面数据集中使用

轮廓剖分方法的过程，主要是针对轮廓所穿越的像素进行细分，然后对细分后的像素寻找和创建其中心点集。下半部分图对于三维空间数据集，需要找出轮廓面穿越的体素，将该体素细分并创建其中心点集。有了细分的中心点集，就可以方便而高效地构建出物体的轮廓面。从而实现三维空间形体的绘制。

程序 8-2-1 给出了利用剖分立方体算法实现密集点云绘制的例子，程序读取了结构化点集数据，并利用轮廓滤波器 vtkContourFilter 绘制出其点集形成的轮廓。注意对于轮廓形成的等值面，程序中设置为 polyDataActor(iso, True, False, 'Banana')其中的 False 表示不采用网纹的形式展现表面，此时可以看到如图 8-2-2(a)所示的空间形体轮廓图。开启网纹开关以后，即可看到以网纹形式展现的轮廓图(图 8-2-2(b))。

程序 8-2-1　利用剖分立方体算法实现密集点云绘制

```python
def render2(actor1, actor2, colorName):
    colors = vtk.vtkNamedColors()
    renderer = vtk.vtkRenderer()
    renderer.AddActor(actor1); renderer.AddActor(actor2)
    renderer.SetBackground(colors.GetColor3d(colorName))
    run(renderer)    # run函数同程序7-1-1


reader = vtk.vtkStructuredPointsReader()
reader.SetFileName('ironProt.vtk')
iso = vtk.vtkContourFilter()
iso.SetInputConnection(reader.GetOutputPort()); iso.SetValue(0, 128)
isoActor = polyDataActor(iso, True, False, 'Banana')    # 同程序8-1-5
outline = vtk.vtkOutlineFilter()
outline.SetInputConnection(reader.GetOutputPort())
outlineActor = polyDataActor(outline, False, False, 'SlateGray')
render2(outlineActor, isoActor, 'Beige')
```

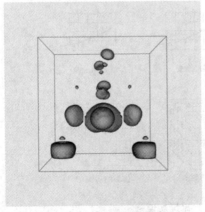 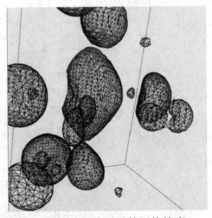

(a) 点云绘制的形体轮廓　　　　　　(b) 以网纹方式展示的形体轮廓

图 8-2-2　利用剖分立方体算法实习密集点云形体绘制

8.2.2 点集喷绘

程序 8-2-1 给出了利用剖分立方体算法实现密集点云绘制的例子，程序中读取了结构化点集数据，并利用轮廓滤波器 vtkContourFilter 绘制出点集形成的轮廓。这是利用点数据绘制形体的一种方法，其前提是轮廓表面有足够多的结构化点，能够通过一定算法实现连接紧密的形体轮廓。如果数据集中的点是非结构化的，可以考虑使用另一种利用点数据构建形体的方法，即点集喷绘。

点集喷绘技术通过对非结构化点集的采样处理，从而构建出形体的拓扑结构。此处采用的数据集格式为等间距的图像数据集。如图 8-2-3(a)所示，喷绘函数会以无结构化点集为中心，建立一个数据值的分布空间，而对应的点会被插入到图像数据集。有了足够的点集，就可以构建出图像的空间拓扑结构。一种常用的喷绘函数是采用高斯分布建立以数据点为中心的圆形分布区域，获取了这种分布区域后，就可以利用等值线提取等方法获取该区域的轮廓，如图 8-2-3(b)所示。

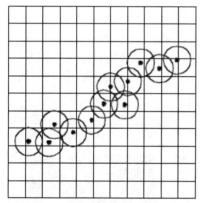 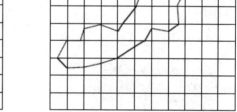

(a) 二维的圆形喷绘区域　　　　　　(b) 进行轮廓提取后的喷绘区域

图 8-2-3　对二维数据集进行点集喷绘过程示意

在程序中实现点集喷绘时可以利用 vtkGaussianSplatter 提供的高斯喷绘函数(见程序 8-2-2)，注意此处也利用轮廓滤波器 vtkContourFilter 实现了喷绘轮廓的绘制。

程序 8-2-2　利用点集喷绘技术实现人脸轮廓的绘制

```
cyber = vtk.vtkPolyDataReader()

cyber.SetFileName('fran_cut.vtk')

normals = vtk.vtkPolyDataNormals()

normals.SetInputConnection(cyber.GetOutputPort())


mask = vtk.vtkMaskPoints()

mask.SetInputConnection(normals.GetOutputPort())

mask.SetOnRatio(8)

# mask.RandomModeOn()
```

```
splatter = vtk.vtkGaussianSplatter()

splatter.SetInputConnection(mask.GetOutputPort())

splatter.SetSampleDimensions(100, 100, 100)

splatter.SetEccentricity(2.5)

splatter.NormalWarpingOn()

splatter.SetScaleFactor(1.0)

splatter.SetRadius(0.025)


contour = vtk.vtkContourFilter()

contour.SetInputConnection(splatter.GetOutputPort())

contour.SetValue(0, 0.25)

splatActor = polyDataActor(contour, True, False, 'Flesh')   # 同8-1-5

cyberActor = polyDataActor(cyber, True, True, 'Turquoise')

render2(cyberActor, splatActor, 'Beige')   # 同程序8-2-1
```

运行程序 8-2-2 可以得到如图 8-2-4(a)所示的人脸喷绘轮廓，这一过程是通过采样表面的点集而实现的表面轮廓重构，经过高斯喷绘后，可以大体看出人脸的轮廓。在程序中添加 mask.RandomModeOn()即可开启随机点集选取，从而实现喷绘区域的随机分布，如图 8-2-4(b)所示。

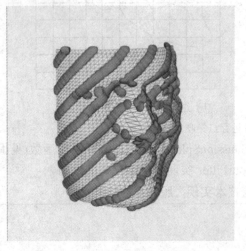 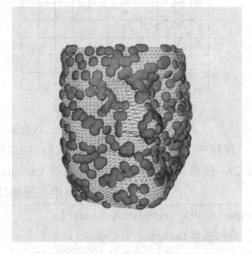

(a) 通过高斯喷绘实现的表面重构　　　　　　(b) 采用随机喷绘模式重构的人脸轮廓

图 8-2-4　通过点集喷绘实现的人脸轮廓图

8.2.3　表面数据抽取与形体压缩

随着数据采集技术的发展以及人们对三维形体可视化要求的提高，利用多边形方法所建立的形体中模型的大小急剧增长。一些光学仪器可能会生成大量的三角形图元，移动立方体等算法也会生成大量的多边形数据，使得一些体数据中的三角形可能会达到百万的量级。在这一背景下，采用必要的多边形递减技术对体数据集的构建具有重要的意义，可以有效地实现形体数据的压缩。

对于表面数据中的顶点,可以进行以下分类,包括简单点、复杂点、边界点、内部点和边角点(见图 8-2-5),其中复杂点和边角点对于构建表面拓扑具有重要的作用,不能删除,其他类型的顶点都可以在形体的表面数据抽取过程中作为可删除节点。当某个顶点删除之后,留下的多边形会破坏掉原有的结构,因此必须进行三角化,从而实现对表面拓扑的重构。对于一些较大的多边形,也可以利用平面进行分割,将其分解为较小的多边形,再循环利用算法进行数据的抽取。

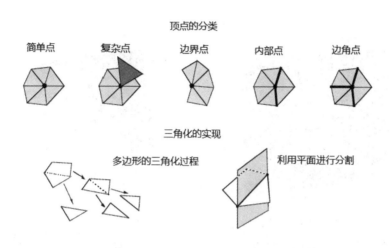

图 8-2-5　形体表面数据的抽取过程

程序 8-2-3 给出了一个对夏威夷区域的地形数据进行提取和压缩的示例。在进行数据抽取时运用了 vtkDecimatePro 对象,它可以通过对三角形数量的抽取和缩减,达到对数据集进行压缩的目的。

程序 8-2-3　对夏威夷区域的地形数据进行提取和压缩

```python
def getPolyDataNormals():
    reader = vtk.vtkPolyDataReader()
    reader.SetFileName('honolulu.vtk')
    deci = vtk.vtkDecimatePro()
    deci.SetInputConnection(reader.GetOutputPort())
    deci.SetTargetReduction(0.9)
    deci.PreserveTopologyOn()
    decimatedNormals = vtk.vtkPolyDataNormals()
    decimatedNormals.SetInputConnection(deci.GetOutputPort())
    decimatedNormals.FlipNormalsOn()
    decimatedNormals.SetFeatureAngle(60)
    return decimatedNormals


decimatedNormals = getPolyDataNormals()
```

```
actor = polyDataActor(decimatedNormals, False, False, 'Sienna')
render(actor, 'Beige')    # render函数同程序7-3-1
```

运行程序 8-2-3，可以得到如图 8-2-6(A)所示的结果。如果开启网纹模式，只需在程序中将 actor = polyDataActor(decimatedNormals, False, False, 'Sienna') 修改为 actor = polyDataActor(decimatedNormals, False, True, 'Sienna')

即可进一步看到形体的网纹图，如图 8-2-6(b)所示。

(a) 进行数据抽取后的结果　　　　　　　　　　(b) 以网纹方式绘制的地形图

图 8-2-6　夏威夷地形数据的抽取和压缩

8.3　绘 制 体 数 据

8-2-6.mp4

8.3.1　体数据的绘制

在各行业的应用之中，一些数据自身可能就呈现体形的布局，比如空间中的无结构化点集，对这类数据需要通过一定方法实现其体数据的绘制。有很多种已有的模型可用于对体模型的构建，除之前所介绍的各类体元模型之外，也可以利用德劳内三角剖分(Delaunay)方法来建立其空间形体。

程序 8-3-1 采用了三维空间中的德劳内三角剖分方法建立空间形体，利用 vtkPointSource 建立起无结构化空间点集，并利用 vtkDelaunay3D 以空间点集为输入，建立起空间形体，这一形体由德劳内三角剖分方法建立的多个三角形图元构成。

程序 8-3-1　采用德劳内三角剖分(Delaunay)方法建立空间形体

```
def getDataSetMapper():
    sphere = vtk.vtkPointSource()
    sphere.SetNumberOfPoints(25)
    delny = vtk.vtkDelaunay3D()
```

```
    delny.SetInputConnection(sphere.GetOutputPort())
    delny.SetTolerance(0.01)
    tmapper = vtk.vtkTextureMapToCylinder()
    tmapper.SetInputConnection(delny.GetOutputPort())
tmapper.PreventSeamOn()
    xform = vtk.vtkTransformTextureCoords()
    xform.SetInputConnection(tmapper.GetOutputPort())
    xform.SetScale(4, 4, 1)
    mapper = vtk.vtkDataSetMapper()
    mapper.SetInputConnection(xform.GetOutputPort())
    return mapper


mapper = getDataSetMapper()
actor = vtk.vtkActor()
actor.SetMapper(mapper)
render(actor, 'Beige')    # render函数同程序7-3-1
```

运行程序 8-3-1，即可得到如图 8-3-1(a)所示的不规则空间形体，其形体的表面由多个德劳内三角形所构成。也可以为该形体添加纹理贴图，具体可采用 vtkTexture 对象建立起由图片文件构成的纹理，如程序 8-3-2 所示，纹理贴力后的空间形体如图 8-3-1(b)所示。

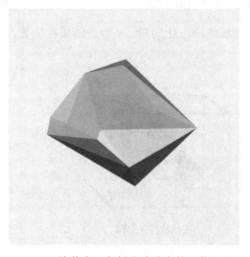

(a) 德劳内三角剖分法建立的形体　　　　　　(b) 进行纹理贴图后的空间形体

图 8-3-1　为德劳内三角剖分法建立的形体建立表面纹理贴图

程序 8-3-2　为空间形体建立表面纹理贴图

```
reader = vtk.vtkBMPReader()
reader.SetFileName("masonry.bmp")
texture = vtk.vtkTexture()
texture.SetInputConnection(reader.GetOutputPort())
```

```
texture.InterpolateOn()
mapper = getDataSetMapper()    # getDataSetMapper函数同程序8-3-1
actor = vtk.vtkActor()
actor.SetMapper(mapper)
actor.SetTexture(texture)
render(actor, 'Beige')    # render函数同程序7-3-1
```

8.3.2 图像序体绘制

除了利用德劳内三角剖分(Delaunay)方法来建立其空间形体之外，图像序体绘制也是一种常用的体数据绘制方法，这一方法沿着光线的传播途径进行数据的绘制，因此又称为光线追踪算法(Ray Casting)。在算法实现时，需要沿着光线的传播路径确定出像素在当前相机中的各项参数指标。这一方法可以用于三维的图像数据集构建空间的形体，对于具有均匀分布的体素结构的线性网格和结构化网格等数据集也能够提供支持。

沿着光线传播途径进行数据采样时，可以等间隔进行采样，也可以依据体素的排列进行离散型采样，如图 8-3-2 所示，这也构成了两种光线穿越形体的模式。进行选择时应结合数据插值方法、光线函数以及图像精度和图像渲染的效率等因素。其中光线的参数化形式可以表示为

$$(x, y, z) = (x_0, y_0, z_0) + (a, b, c)t \tag{8-3}$$

其中 (x_0, y_0, z_0) 是光线原点的坐标，(a, b, c) 是光线的归一化向量。t 为光线采样位置，可以通过采样步长加以计算。

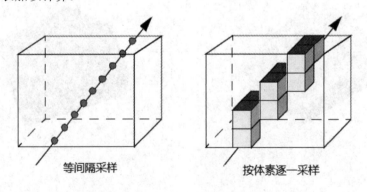

图 8-3-2　体绘制中的两种光线穿越模式

程序 8-3-3 给出了利用光线追踪算法实现利用铁蛋白数据进行体绘制的示例。其中vtkVolumeProperty 可提供体绘制过程中的阴影、透明度和插值方法等属性的定义，而vtkFixedPointVolumeRayCastMapper 对象就提供了利用一个原点来实现光线追踪算法的功能。最终的体模型设置由 vtkVolume 加以实现，可以直接在渲染场景中设置体模型来实现体绘制。

程序 8-3-3　利用光线追踪算法实现铁蛋白数据的体绘制

```
def getVolume():
    reader = vtk.vtkStructuredPointsReader()
    reader.SetFileName('ironProt.vtk')
    opacityTransferFunction = vtk.vtkPiecewiseFunction()
    opacityTransferFunction.AddPoint(20, 0.0)
    opacityTransferFunction.AddPoint(255, 0.2)
    volumeProperty = vtk.vtkVolumeProperty()
    volumeProperty.SetScalarOpacity(opacityTransferFunction)
    volumeProperty.ShadeOn()
    volumeProperty.SetInterpolationTypeToLinear()
    volumeMapper = vtk.vtkFixedPointVolumeRayCastMapper()
    volumeMapper.SetInputConnection(reader.GetOutputPort())
    volume = vtk.vtkVolume(); volume.SetMapper(volumeMapper)
    return (volume, volumeProperty)
def renderVolume(volume):
    colors = vtk.vtkNamedColors()
    renderer = vtk.vtkRenderer(); renderer.AddVolume(volume)
    renderer.SetBackground(colors.GetColor3d('Wheat'))
    run(renderer)

volume, volumeProperty = getVolume()
volume.SetProperty(volumeProperty)
renderVolume(volume)
```

　　程序 8-3-3 的运行结果如图 8-3-3(a)所示，可以看出，由于采用的是光线跟踪算法，距离视平面近的部分离光源也更近，因此视觉效果会更好。程序 8-3-4 则为铁蛋白数据的体绘制过程添加了颜色变换函数，其绘制的结果如图 8-3-3(b)所示。

程序 8-3-4　为铁蛋白数据的体绘制过程添加颜色变换函数

```
colorTransferFunction = vtk.vtkColorTransferFunction()
colorTransferFunction.AddRGBPoint(0.0, 0.0, 0.0, 0.0)
colorTransferFunction.AddRGBPoint(64.0, 1.0, 0.0, 0.0)
colorTransferFunction.AddRGBPoint(128.0, 0.0, 0.0, 1.0)
colorTransferFunction.AddRGBPoint(192.0, 0.0, 1.0, 0.0)
colorTransferFunction.AddRGBPoint(255.0, 0.0, 0.2, 0.0)

volume, volumeProperty = getVolume()   # getVolume函数同程序8-3-3
volumeProperty.SetColor(colorTransferFunction)
volume.SetProperty(volumeProperty)
renderVolume(volume)   # renderVolume函数同程序8-3-3
```

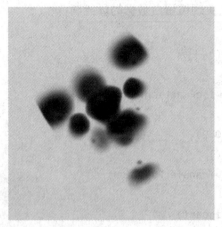 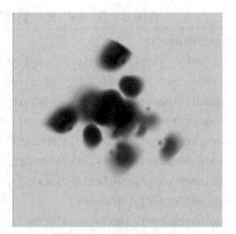

(a) 铁蛋白中的空间形态   (b) 为块状的铁蛋白添加色彩

图 8-3-3 利用光线追踪算法实现对铁蛋白中结构化点集数据的体绘制

8.3.3 对象序体绘制

另一种典型的体数据绘制方法是对象序体绘制，这一方法会依据体素的结构模型进行数据采样和处理。对于体元的遍历方式，可以采用自前向后或者是自后向前的方式。一般而言，当采用硬件进行图形处理时，采用自后向前的方法有助于减少对于帧缓冲区的要求，而采用软件方式进行图形处理时，采用自前向后的方法则更加有效，这是由于此时的结果更有助于观察，也便于对不透明部分的处理。

8-3-3.mp4

图 8-3-4 给出了对象序体绘制的简单示意。这一过程中，体素的遍历将由最远处的视平面开始，访问完其中的每个元素后，再逐步地访问更近一些的位置，直到所有体素遍历完成。整个体素遍历过程基本上沿着自外向内、自远向近以及逐行进行体素遍历的原则。

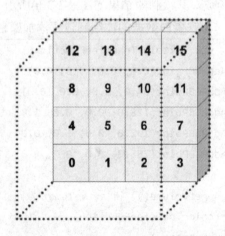

图 8-3-4 自后向前的对象序体绘制方式

当遍历到一个体素之后，也就确定了该体素在视平面的投影位置，进而就可以利用图形处理技术对其进行绘制。这一过程中也有可能会引入一些图形处理时带来的瑕疵等问题，一些研究也为这类问题提出了算法解决方案，如在体素层面进行空间图形的喷绘，并利用高斯内核作为喷绘区域，从而形成一个球状的空间区域。当多个喷绘区建立以后，采用类似形体重构的方法来弥补瑕疵等问题。

本 章 小 结

由于数据规模与结构的不断发展，大规模的数据处理必然会引入大量体的数据，因而需要有效的手段实现形体绘制和展现体数据。形体的绘制包括表面绘制、点集处理与绘制以及体数据的绘制等几个方面。在很多情况下，通过表面绘制形体的方式就能够达到三维空间可视化的目的，也可以利用表面平滑和三角条带化等方式优化形体的显示效果与处理效率。点云是一种表现空间数据关系的方式，可利用轮廓的方法进行形体构建。本章还介绍了点集喷绘、形体压缩、光线追踪算法等与形体绘制有关的技术和方法。

习 题

1. 为何需要对可视化图像中的三维空间形体进行压缩，如何实现形体压缩?
2. 什么是体数据? 平面数据和点集数据各自可以是体数据吗?
3. 对于图 8-1-4 所示的机器元件，编程找出其中点的数量和多边形的数量。
4. 采用表面数据抽取的方法实现图 8-1-6 中人脸轮廓图的紧缩，其参考结果如图 8-e-1(a)所示。

　　(a) 表面数据抽取实现的人脸轮廓　　　　　　(b) 经平滑处理后的数据抽取轮廓

图 8-e-1　人脸轮廓的数据抽取图

5. 对第 4 题的人脸轮廓数据抽取图运用法向量方法实现其平滑处理，结果如图 8-e-1(b)所示。

6. 程序 8-3-3 中的 vtkPiecewiseFunction 是一个分段函数，可用于调节显示图形的不透明性，通过调整数据点的位置，即 AddPoint(x，y)可看到不同效果，对其调整后甚至可以看出数据所在的立方体，如图 8-e-2 所示，试编程并观察程序运行结果。

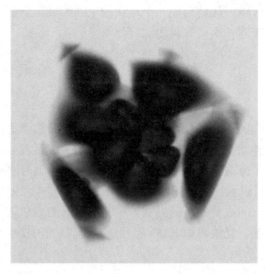

图 8-e-2   不同分段点下观察的铁蛋白结构图

第二部分　数据可视化编程训练

第 9 章　Matplotlib 可视化·

本章介绍 Python Matplotlib 的基础架构，包括二维图形可视化、三维图形可视化以及图像处理。其中二维图形可视化部分给出通过 Matplotlib 绘制柱状图、条形图、饼图、折线图、散点图、直方图、棉棒图、箱形图、误差棒图以及扩展图形的方法和步骤。三维图形可视化部分给出通过空间曲线图、空间散点图、空间网格图、空间曲面、空间等高线、空间柱状图等图像制作的方法和步骤。

9.1　Matplotlib 基础

Matplotlib 建立在 Numpy 包基础上，在使用 Matplotlib 进行绘图时，需要利用 Numpy 产生向量数据或对向量数据进行合并、代数运算等操作。本节首先介绍 Numpy 的基础功能和高级功能，使读者掌握如何对向量进行处理和运算，然后介绍 Matplotlib 的结构。

9.1.1　Numpy 基础功能

Numpy 是一种开源的 Python 数值计算扩展，可用来存储和处理大型矩阵，比嵌套列表结构(nested list structure)更高效。Numpy 支持多维度数组与矩阵运算，也针对数组运算提供了大量的数学函数库。Numpy 是 Matplotlib 的底层组件，它提供了十多个功能包，基础功能如文件的输入和输出，创建数组，查看变量属性，变量复制、排序和维度变化，添加和删除元素；高级功能如变量合并和分割，索引、切片和子集，标量运算，向量运算，统计等功能。可以通过 pip install numpy 安装最新版本的 Numpy，使用 import numpy as np 可以导入 Numpy 包，并重命名为 np。下面先介绍基础功能。

1. 文件的输入和输出

Numpy 可以读写磁盘上的文本数据或二进制数据，它提供常用的输入和输出(Input Output /IO)函数，如下：

np.loadtxt('file.txt')可以读取 file.txt 文本文件。

np.genfromtxt('file.csv',delimiter=',')可以读取 file.csv 文件，其中 csv 文件中字符串的分隔符为"，"。

np.savetxt('file.txt',arr,delimiter=' ')将 arr 数组存储为 file.txt 文件。

np.savetxt('file.csv',arr,delimiter=',')可以将 arr 数组存储为 file.csv 文件，其中字符串的分隔符为"，"。

Numpy 同时为高维数组引入了一个 npy 的文件格式，通过 load('file.npy')可以载入

file.npy 文件。

save(file, arr, allow_pickle, fix_imports)可以将 arr 数组保存为 file 文件，其中 file 文件的扩展名为.npy，allow_pickle 参数表示允许使用 Python pickles 保存对象数组，pickle 用于在对象保存到磁盘文件或从磁盘文件读取之前，将对象序列化和反序列化。

2. 创建数组

Numpy 支持 N 维数组对象 ndarray，ndarray 是一系列同类型数据的集合，ndarray 以 0 下标为开始进行集合中元素的索引。Numpy 创建数组的函数如下：

np.array(object, dtype, copy, order, subok, ndmin)可以创建一个 ndarray 数组，其中 object 是数组或嵌套的数列，dtype 为数组元素的数据类型，如 np.array([1,2,3])可以创建一维数组，np.array([(1,2,3),(4,5,6)])创建为二维数组，np.array([1,2,3,4,5,6],ndmin=3) 则创建了一个三维数组。

np.zeros(shape, dtype, order)用于创建指定大小的数组，数组中的所有元素为 0，dtype 表示数据的类型，order='C'表示用于 C 语言的行数组，order='F'表示用于 Fortran 语言的列数组，如 np.zeros(3)创建一个含有 3 个 0 元素的数组。

np.ones(shape, dtype, order)用于创建指定形状的数组，数组元素都是 1，如 np.ones((3,4)) 为创建一个 3 行 4 列，每个元素为 1 的数组。

np.linspace(start, stop, num, endpoint, retstep, dtype)用于创建一个一维数组。数组是一个等差数列序列，start 是序列的起始值，stop 是序列的终止值，num 是生成的等步长的样本数量，num 默认为 50，endpoint = True 时，数列中包含 stop 值，反之不包含，默认是 True，retstep = True 时，生成的数组中会显示间距，反之不显示，dtype 表示 ndarray 的数据类型，如 np.linspace(0,100,6)为创建一个从 0 到 100 的 6 等分值组成的数组。

np.arange(start, stop, step, dtype)是从数值范围创建数组，其中 start 是起始值，默认为 0，stop 为终止值(不包含)，step 是步长，默认为 1，dtype 为返回 ndarray 的数据类型，如 np.arange(0,10,3)创建一个从 0 开始，步长为 3，小于 10 的数组，生成的数组为 [0,3,6,9]。

np.eye(n, m, k, dtype, order)用于创建一个二维的对角矩阵，其中 n 是对角矩阵的行，m 是对角矩阵的列，默认 m 与 n 相等，k 是对角线的索引，如 np.eye(3, 1)创建一个 3 行 3 列 的对角矩阵。对角线的起始下标是 1，而不是标准对角矩阵的 0。

np.full(shape, fill_value, dtype, order)用于创建一个给定行、列的填充矩阵，填充值是 fill_value，如 np.full((2,3),8)为产生一个 2 行 3 列的数组，填充值是 8。

np.random.rand(d0, d1, ..., dn)用于创建一个 n 维的随机数组，d0 是第一个维度，d1 是第二个维度，dn 是第 n 个维度，随机数是[0,1)均匀分布的抽样。如 np.random.rand(4,5)产生 4 行 5 列随机数组，数组元素值是[0,1)均匀分布的抽样。

numpy.random.randint(low, high, size, dtype)用于创建离散均匀分布的整数，整数值大于等于 low，小于 high。如 np.random.randint(5,size=(2,3))为产生一个 2 行 3 列的随机整数 数组，数组元素值在 0~4 之间。

3. 查看变量属性

Numpy 的数字变量可以直接查看其属性，获取变量的维度、行数、列数、变量类型等信息。

ndarray.size 可以返回数组的元素个数，如 x = np.array([1,2,3,4,5,6])，x.size 返回值为 6，即 x 数组有 6 个元素。

ndarray.shape 为返回数组的形状，即 ndarray 的行、列数，如 x = np.array([[1,2],[3,4],[5,6]])，x.shape 返回值为 3 和 2，表示 3 行 2 列。

ndarray.dtype 用于返回 ndarray 数组元素的类型，如 x.dtype 返回 int32 类型。

ndarray.astype(dtype)将数组的元素类型转换为 dtype 类型，如 x = x.astype(float)将 x 由 int32 类型变量转化为 float 类型变量。

ndarray.tolist()将数组转换为 Python 列表，如 x= x.tolist()将 x 由 ndarray 数组转化为 Python 的列表变量。

4. 复制、排序和维度变化

Numpy 提供各种对 ndarray 变量进行复制、排序和维度变形的函数。

np.copy(ndarray)用于复制 ndarray 数组，如 y=np.copy(x)将 x 变量复制为 y。

ndarray.view(dtype) 是使用不同的数据类型构造数组的内存视图，如 x.view(dtype=np.int32)返回 int32 类型的内存视图。

arr.sort(axis)用于对 arr 的特定轴 axis 进行排序，如 x = np.array([[4,3],[6,2],[1,2]])，x.sort(axis=0)为按行进行排序，返回值 array([[1, 2],[4, 2],[6, 3]])，如 x.sort(axis=1)为按列进行排序，返回值 array([[3, 4],[2, 6],[1, 2]])。

arr.flatten()将二维数组 arr 转换为一维数组，如 x = np.array([[4,3],[6,2],[1,2]])，x.flatten()返回值为 array([3, 4, 2, 6, 1, 2])，即将二维的 x 变量转换为一维变量。

arr.T 表示对数组 arr 进行转置，如 x=array([[3, 4], [2, 6],[1, 2]])，x.T 是对 x 进行转置，返回值为 array([[3, 2, 1],[4, 6, 2]])。

arr.reshape(row,col)将数组 arr 进行变形，如 x.reshape(1,6)将 3 行 2 列的数组转变为 1 行、6 列的数组，数组的元素不变，使用 reshape 对数组进行变形前后的元素个数不变。

ndarray.resize(new_shape, refcheck=True)将数组重新调整行和列，refcheck 参数用于检查调整前后的形状，refcheck=False 表示忽略形状检查，如 x=array([[3, 4], [2, 6],[1, 2]])，x.resize((2,3))后，x 的返回值为 array([[3, 4, 2],[6, 1, 2]])，x 由初始的 3 行 2 列数组变形为 2 行 3 列的数组。执行 x.resize((2,4),refcheck=False)后，x 的返回值为 array([[3, 4, 2, 6], [1, 2, 0, 0]])，x 变为 2 行 4 列的数组，新增的元素用 0 填充。

5. 添加、删除元素

Numpy 提供对数组变量进行添加和删除操作的。

np.append(arr,values)用于在 arr 数组的尾部添加 values，如 x = np.array([1,2,3])，np.append(x,4)后，x 返回值为 array([1, 2, 3, 4])，即 4 被添加到 x 变量的尾部。

np.insert(arr, obj, values, axis=None)用于在数组指定的下标处插入新的元素，如 x = np.array([1,2,3])，np.insert(x,2,4)后，x 返回值为 array([1, 2, 4, 3])，即 4 被插入到 x 变量索引为 2 的位置。如 x = np.array([[1,2],[4,5]])，np.insert(x,1,4,axis=1)表示按列插入，x 的返回值是 array([[1, 4, 2], [4, 4, 5]])，x 增加了一列。

np.delete(arr, obj, axis)表示删除元素，如 x = array([[1, 2], [4, 5]])，np.delete(x,1,axis=0)

表示删除行索引为 1 的行，x 的返回值为 array([[1, 2]])，np.delete(x,1,axis=1)表示删除列索引为 1 的列，x 的返回值为 array([[1], [4]])。

9.1.2　Numpy 高级功能

Numpy 不仅提供了对 ndarray 数组的创建、查看属性、复制、添加和删除等功能，还提供变量合并和分割，索引、切片和子集，标量数学运算，向量数学运算以及基础统计功能。

1. 变量合并、分割

Numpy 的变量合并和分割方式类似于 Matlab 的矩阵运算方式，可以支持行合并、列合并，numpy 通过 axis 控制多维数组的不同维度。

numpy.concatenate((a1, a2, ...), axis, out)对 a1、a2 多个数组进行合并，其中合并的方向可以按照行进行合并，也可以按照列进行合并，其中 axis=0 表示按行合并，如 x=np.array([[1,2],[3,4]])，y=np.array([[5,6],[7,8]])，np.concatenate((x,y),axis=0) 返回值为 array([[1, 2], [3, 4],[5, 6],[7, 8]])，是 4 行 2 列的数组。当 axis=1 时，np.concatenate((x,y),axis=1) 返回值为 array([[1, 2, 5, 6],[3, 4, 7, 8]])，是 2 行 4 列的数组。

np.split(ary, indices_or_sections, axis)表示将一个数组分割为多个子数组，其中 ary 是要分割的数组，indices_or_sections 表示分割的数量或分割的区间，当它为整数 N 时，表示分割为 N 等分，如果不能等分，则会报错。如果 indices_or_sections 为一维数组，则按照一维数组作为分割索引，如 x = np.array([[1, 2, 5, 6],[3, 4, 7, 8]])，np.split(x,2,axis=0)的返回值是[array([[1, 2, 5, 6]])和 array([[3, 4, 7, 8]])]，其中 axis=0 表示按照行分割为 2 个子数组，np.split(x1,2,axis=1)的返回值是 array([[1, 2],[3, 4]])和 array([[5, 6],[7, 8]])，如果 axis=1 则表示按照列分割为 2 个子数组。np.split(x,[1,3],axis=1)的返回值是 array([[1],[3]])、array([[2, 5],[4, 7]])和 array([[6], [8]])三个子数组，其中第一个子数组是 2 行 1 列，第二个子数组是 2 行 2 列，第三个子数组是 2 行 1 列。

2. 索引、切片和子集

Numpy 支持对数组进行索引、切片和过滤获取子集的操作。

Ndarray[index]用于返回索引下标的元素，索引的开始下标为 0，如果数组是一维，则返回指定下标的元素，如果数组为二维，则返回指定行的所有元素。如 x = np.array([[1, 2, 5, 6],[3, 4, 7, 8]])，则 x[0]表示返回数组的第一行。x[1,1]表示返回数组的第二行、第二列。

切片操作是对数组的一段区间进行操作，切片区间数与变量维度数一致，如一维数组支持一个区间，二维数组支持两个区间，三维数组支持三个区间，区间变量之间使用"，"分割，如 x[0:3]表示返回一维数组 0、1、2 的索引元素，返回二维数组的 0、1、2 行。

切片区间的表达式是"start:stop"，其中的 start 表示切片的开始位置，stop 表示切片的结束位置，不包括 stop 结束位置，如果 x 是一维数组，则 x[:2]为返回一维数组的 0、1 元素，如果 x 是二维数组，x[:2]为返回二维数组的 0 和 1 行元素，x[:,1]表示返回第 1 列的所有行元素。

子集筛选也是 Numpy 库提供的一项功能，通过布尔条件可以对数组进行筛选，筛选后的返回值是与原数组维度相同的布尔数组，如 x=np.array([1,2,3,4])，则 x<3 的返回值为 array([True, True, False, False])，x[x<3]为返回小于 3 的元素，返回值为 array([1, 2])。

x[(x>1) & (x<3)]中包含两个筛选条件，(x>1)是第一个条件，(x<3)是第二个条件，"&" 是 "and" 运算，x[(x>1) & (x<3)]的返回值为 array([2])。"|" 是 "or" 运算，x[(x>1) | (x<3)] 的返回值是 array([1, 2, 3, 4])。"~" 是求反符号，如果 x 是数字数组，~x 返回值是-x 数组，如果 x 是布尔变量数组，则~x 返回值是布尔值的逆。

3. 标量运算

Numpy 在进行标量运算时，向量与标量的维度不同，因此首先需要利用广播机制 (Broadcast)将不同形状(shape)的数组转化为相同的维度，然后再进行数值计算。如 x = np.array([[1,2],[3,4]])，x+1 为调用广播机制，将 1 转化为 np.array([[1,1],[1,1]])，然后与 x 相加，运算返回值为 array([[2, 3],[4, 5]])。

广播机制让所有输入数组都向其中形状最长的数组看齐，形状中不足的部分通过在前面加 1 补齐，输出数组的形状是输入数组形状在各个维度上的最大值，如果输入数组的某个维度和输出数组的对应维度的长度相同或者其长度为 1 时，这个数组能够用来计算，否则报告出错，当输入数组的某个维度的长度为 1 时，沿着此维度运算均使用此维度上的第一组值。

Numpy 的 np.add(arr,value)方法、np.subtract(arr,value)方法、np.multiply(arr,value)和 np.divide(arr,value)都支持广播机制，通过广播机制对不同维度的变量进行对齐操作，将不同维度的运算转变为相同维度变量的运算。

4. 向量运算

Numpy 在进行向量运算时，也存在不同变量的维度不一致的情况，因此也需要使用广播机制将不同维度的变量转化为相同维度的变量，然后再进行向量运算。其中包括 np.add(arr1,arr2)(向量加法)、np.subtract(arr1,arr2)(向量减法)、np.multiply(arr1,arr2)(向量乘法)、np.divide(arr1,arr2)(向量除法)、np.power(arr1,arr2)(向量求幂)等包含两个参数的向量运算函数。

对于 np.sqrt(arr) (求平方根)，np.sin(arr)(求 sin 函数值)，np.log(arr)(求自然对数)等函数只有一个参数，因此不需要使用广播机制，直接可以对数组进行运算。

5. 统计

Numpy 提供了最基础的统计功能，包括统计学的均值、求和、最小值、最大值、方差和标准差。Numpy 的统计功能可以在不同维度进行计算，如 x = np.array([[1, 2],[3, 4]])，使用 np.mean(x,axis=0)返回值为 array([2., 3.])，使用 np.mean(x,axis=1)返回值为 array([1.5, 3.5])，np.mean(x)返回值为 2.5。axis=0 表示对不同的行元素进行求平均，返回值的列长度与 x 的列长度相同。axis=1 表示对不同的列元素进行求平均，返回值的行长度与 x 的行长度相同。不使用 axis 参数则表示对所有的元素进行求平均。

np.sum(x,axis)求和函数、np.min(x,axis)求最小值，np.max(x,axis)求最大值，np.var(x,axis) 求方差、np.std(x,axis)求标准差等统计函数的使用方法与 np.mean 类似，不同 axis 参数赋值的运行结果存在差异。

9.1.3　Matplotlib **结构**

Matplotlib 是一个强大的工具箱，能满足几乎所有的二维和部分三维绘图的需求，Matplotlib 支持主流的图形格式，可以生成出版质量级别的图形，Matplotlib 可用于 Python 脚本，Python IPython Shell 和、Jupyter Notebook。Matplotlib 设计初衷是模仿 Matlab，但与 Matlab 最明显的不同是使用 Python 编程语言，Matplotlib 基于 Numpy 的数组运算功能，已经成为 Python 中公认的数据可视化工具标准。

Matplotlib 采用三层设计结构，前端是 Pyplot 和 Pylab 接口，主要给使用者提供画布、图形实例等对象以及常用的绘图函数；中层是 Fronted 层，是一个抽象层，位于 Pyplot 和 Pylab 的下层，负责前端与底层之间的功能转换；底层是 Backends(作图引擎)，主要负责与底层硬件的交互。Matplotlb 的三层设计结构采用模块化设计，模块化设计的最大优点是将绘图功能和输出实现功能解耦合，各模块功能独立，扩展了 Matplotlib 的使用范围，采用不同的 Backends 作图设备，就可达到不同的作图目的。

1. Pyplot 和 Pylab 接口

Matplotlib 通过 Pyplot 接口提供了一套与 Matlab 类似的绘图 API，Pyplot 提供了画布、图形等绘图对象，包括常见的二维作图函数和三维作图函数，通过封装将众多绘图对象的复杂结构隐藏起来，利用接口将绘图对象提供给使用者。

Pylab 模块包括 Matplotlib.Pyplot、Numpy、Numpy.fft、Numpy.linalg、Numpy.random 和一些附加函数，这些函数全部在一个名称空间中。Pylab 设计的目的是通过将所有函数导入全局名称空间来模拟 Matlab 的工作方式，Pylab 库既包含 Pyplot 库函数，也包含 Numpy 库函数，功能定位不如 Pyplot 清晰，Pylab 通常在 IPython 交互环境中使用。

Pyplot、Pylab 的绘图接口又可以分为三层：第一层是底层的容器层，主要包括 Canvas(画板)、Figure(画布、图片)、Axes(图表)，其中 Figure 代表画布，一张画布可以有多个图表；第二层是辅助显示层，主要包括 Axis(坐标轴)、Spines(边框线)、Tick(坐标轴刻度)、Grid(网格线)、Legend(图例)、Title(标题)等对象；第三层为图像层，即通过 Bar(柱状图)、Plot(折线图)、Scatter(散点图)等方法绘制图形。

2. Matplotlib Fronted

Matplotlib Fronted 是一个抽象层，不涉及任何有关图形的输出，主要包含一组类，用于图形及其相关元素的创建、管理等繁重工作。

3. Backends

Backends 是一个和具体设备无关的作图设备，承担前台作图结果到打印设备和显示设备的转换。Matplotlib 使用的 Backends 有 AGG、Cairo、TkAGG、GTK、GTKAGG、GTKCairo、WX、WXAGG、PS、Paint、GD、EMF 等，不同的 Backends 有着不同的功能。如果使用者无需 GUI 图形交互界面，可以选择 AGG、Cairo、PS、SVG、Paint、GD 和 EMF 等 Backends。AGG 是 Anti-Grain Geometry 的缩写，意为反颗粒状几何图形，是一个开放源码的免费图形库，使用标准的 C++语言，AGG 的作图速度是最快的，它采用 Freetype2，使得即使在分辨率较小的情况下也能画得很好，它支持 Anti- aliasing 即边缘圆滑过渡，使得绘图的质量极高。

4. Matplotlib 支持的图表

Matplotlib 可支持直角坐标系、极坐标系、地理坐标系等多种坐标系的独立使用和组合使用，借助画布、图表的功能，支持多种不同格式的数据显示，并对绘图库进行简化，提供各种绘图函数、坐标轴、网格、图例等多种组件。Matplotlib 提供了非常丰富的图表绘制接口，提供的图表如表 9-1-1 所示，包括常见的各种用于统计分析的图表类型。下一节将分别对不同类型的 Matplotlib 图表的参数进行详细说明。

表 9-1-1　Matplotlib 图表类型

图表类型	描　　述
Bar	柱状图、堆积柱状图、分组柱状图、极坐标柱状图、误差柱状图
Barh	条形图
Pie	饼图、嵌套饼图
Plot	折线图、堆积折线图
Scatter	散点图、气泡图
Histogram	直方图
Stem	棉棒图
Boxplot	箱线图、水平箱线图
Errorbar	误差棒图
Step	阶梯图
Hexbin	六边形分箱图

9.2　Matplotlib 常见图表

9.2.1　基础图形

柱状图是最常用的图表，非常容易解读。柱状图的适用场合是二维数据集(每个数据点包括两个值 x 和 y)，但只有一个维度需要比较。柱状图是描述统计中使用频率非常高的一种统计图形，主要应用于定性数据或者离散型数据的展示。下面使用亚洲五国的男性平均身高数据讲解柱状图的绘制原理，重点讲解 bar()函数的使用方法。

程序 9-2-1 首先使用 import 导入 matplotlib 包并重命名为 plt，然后 plt.rcParams['属性']对绘图环境进行配置，对于需要显示中文的绘图，使用 plt.rcParams['font.sans-serif'] = ['SimHei']设置中文字体，同时 plt.rcParams['axes.unicode_minus'] = False 支持坐标轴线刻度显示负数。

输入柱状图显示的变量，label 存储国家名称，men_means 储存男性身高数据，bar 函数绘制柱状图，柱状图的显示位置是变量 x，柱状图的宽度是 width 变量，然后添加 y 轴标签、图表的标题、x 轴刻度、x 轴刻度标签、显示图例，设置 y 轴的取值范围为 $100\sim200$，程序运行结果如图 9-2-1 所示。

程序 9-2-1　柱状图

```
import numpy as np
def import_params(size=20):
    import matplotlib.pyplot as plt
    plt.rcParams['font.sans-serif'] = ['SimHei']
    plt.rcParams['axes.unicode_minus'] = False
    plt.rcParams['xtick.direction'] = 'in'
    plt.rcParams['ytick.direction'] = 'in'
    plt.rcParams['lines.linewidth'] = 5
    plt.rcParams['font.size'] = size
    return plt


plt = import_params()
labels = ['韩国', '日本', '中国', '蒙古', '印度']
men_means = [173.3, 170.7, 169.7, 168, 167.6]
x = np.arange(len(labels)); width = 0.35
fig, ax = plt.subplots(figsize=(12,6))
rects1 = ax.bar(x, men_means, width, color='darkblue',label='男性')
ax.set_ylabel(r'身高(cm)')
ax.set_title('亚洲男性平均身高')
ax.set_xticks(x); ax.set_xticklabels(labels)
ax.legend(); ax.set_ylim(100,200)
plt.show()
```

　　bar(self, x, height, width=0.8, bottom=None, *, align='center', data=None, **kwargs)语句中，其中 self 表示当前对象，x 表示柱状图所在的位置，height 表示柱体的高度，width 表示柱体的宽度，align 表示柱体对齐方式，color 表示柱体的颜色。

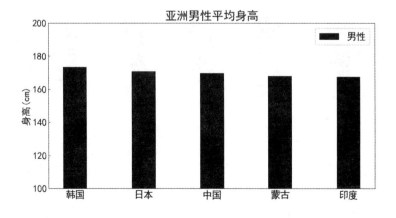

图 9-2-1　柱状图

堆积柱状图是将柱状图堆积起来的统计图形，即一个柱状图的顶部作为另一个柱状图的底部的图形。以下以亚洲五国的男性、女性平均身高数据讲解堆积柱状图的绘制原理。

程序 9-2-2　堆积柱状图

```
import numpy as np
plt = import_params() # import_params函数参见程序9-2-1
labels = ['韩国', '日本', '中国', '蒙古', '印度']
men_means = [173.3, 170.7, 169.7, 168, 167.6]
women_means = [169.2, 162, 160.1, 158, 157.3]
x = np.arange(len(labels)); width = 0.35
fig, ax = plt.subplots(figsize=(12,6))
rects1 = ax.bar(x, men_means, width, color='darkblue',label='男性')
rects2 = ax.bar(x, women_means, width, bottom=men_means,color = 'pink', label='
女性')
ax.set_ylabel(r'身高(cm)')
ax.set_title('亚洲男性和女性的平均身高'); ax.set_xticks(x)
ax.set_xticklabels(labels); ax.legend(); ax.set_ylim(0,400)
plt.show()
```

在程序 9-2-1 的基础上，程序 9-2-2 增加了女性身高数据 women_means，先绘制男性身高柱状图，通过对 bar 函数的 bottom 参数设置为 men_means，将女性身高柱状图添加在男性身高柱状图之上，由于堆积柱状图的高度超过 y 的取值范围，所以要通过 set_ylim() 函数扩大 y 轴值域范围为[0,400]，程序运行结果如图 9-2-2 所示。

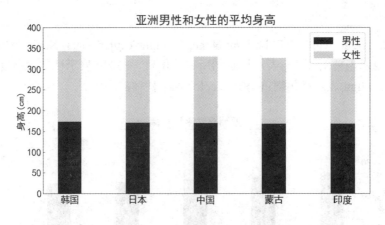

图 9-2-2　堆积柱状图

分组柱状图为可以在同一位置显示多个柱状图的统计图形。以下以亚洲五国的男性、女性平均身高数据为例讲解分组柱状图的绘制原理。程序 9-2-3 绘制男性身高和女性身高分组柱状图，为了防止男性数据和女性数据重叠，在 bar 函数中使用 x−width/2 表示男性身高柱状图在 x 轴位置，x+width/2 表示女性身高柱状图在 x 轴位置，运行结果如图 9-2-3 所示。

程序 9-2-3　分组柱状图

```
import numpy as np
plt = import_params() # import_params函数参见程序9-2-1
labels = ['韩国', '日本', '中国', '蒙古', '印度']
men_means = [173.3, 170.7, 169.7, 168, 167.6]
women_means = [169.2, 162, 160.1, 158, 157.3]
x = np.arange(len(labels)); width = 0.35
fig, ax = plt.subplots(figsize=(12,6))
ax.bar(x - width/2, men_means, width, color='darkblue',label='男性')
ax.bar(x + width/2, women_means, width,color = 'pink', label='女性')
ax.set_ylabel(r'身高(cm)')
ax.set_title('亚洲男性和女性的平均身高')
ax.set_xticks(x); ax.set_xticklabels(labels)
ax.legend(); ax.set_ylim(100,200)
plt.show()
```

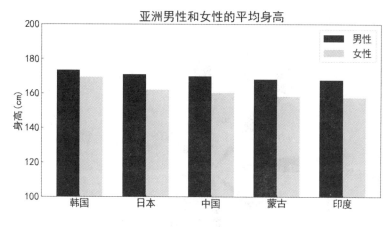

图 9-2-3　分组柱状图

极坐标柱状图，极坐标属于二维坐标系统，极坐标是指在平面内取一个定点 O，叫极点，引一条射线 Ox，叫作极轴，再选定一个长度单位和角度的正方向(通常取逆时针方向)。对于平面内任何一点 M，用 ρ 表示线段 OM 的长度，θ 表示从 Ox 到 OM 的角度，其中 ρ 叫作点 M 的极径，θ 叫作点 M 的极角，有序数对(ρ, θ)就是点 M 的极坐标，这样的坐标系就是极坐标系。极坐标柱状图为可以使用极坐标来显示柱状图的统计图形。

下面以两个城市的不同风向天数数据讲解极坐标柱状图的绘制原理。程序 9-2-4 为风向与极坐标角度建立映射关系，θ 变量表示风向，取值的间隔为 45 度，北风、东北风、东风、东南风、南风、西南风、西风、西北风分别对应 0°、45°、90°、135°、180°、225°、270°、315° 和 360°。画布的投影方式选择 "polar" 极坐标投影，ax.bar()绘制极坐标柱状图，set_theta_zero_location('N')方法用于设置极坐标 0° 为北方，即极坐标 Ox 轴位置为北方，set_rticks()方法用于设置极径网格线的显示范围，程序运行结果如图 9-2-4 所示。

程序 9-2-4　极坐标柱状图

```
import numpy as np
plt = import_params() # import_params函数参见程序9-2-1
ningbo = [88,95,70,45,86,95,34,45]
hangzhou  = [86,86,63,48,89,96,65,40]
theta = np.linspace(0.0, 2 * np.pi, 8, endpoint=False)
fig = plt.figure(figsize=(12,6))
ax = plt.subplot(projection='polar')
ax.bar(theta-0.1, ningbo, width=0.2, bottom=0.0, color='blue', label='宁波',
alpha=0.5)
ax.bar(theta+0.1, hangzhou, width=0.2, bottom=0.0, color='yellow', label='杭州',
alpha=0.5)
ax.set_theta_zero_location('N'); ax.legend(loc='lower right')
ax.set_rticks([0,20,40,60,80,100]); ax.set_title('城市风向天数')
plt.show()
```

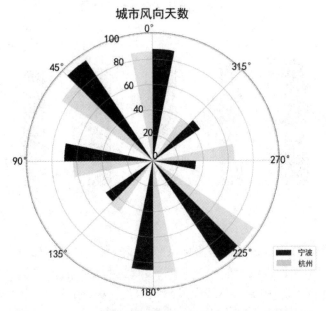

图 9-2-4　极坐标柱状图

　　误差柱状图不仅显示变量的数值，同时也显示了变量的误差范围，下面以亚洲五国的男性、女性平均身高数据与误差数据讲解误差柱状图的绘制原理。

　　程序 9-2-5 在亚洲五国男性(men_means)、女性(women_means)的身高数据基础上，增加 error_men 数据和 error_women 数据，其中 error_men 存储男性身高的误差数据，error_women 存储女性身高的误差数据。使用 bar()函数绘制男性身高柱状图，yerr 参数是男性身高的误差范围，程序运行结果如图 9-2-5 所示。

程序 9-2-5　误差柱状图

```
import numpy as np
plt = import_params() # import_params函数参见程序9-2-1
labels = ['韩国', '日本', '中国', '蒙古', '印度']
men_means = [173.3, 170.7, 169.7, 168, 167.6]
women_means = [169.2, 162, 160.1, 158, 157.3]
error_men = 10*np.random.randn(5)
error_women = 10*np.random.randn(5)


x = np.arange(len(labels)); width = 0.35
fig, ax = plt.subplots(figsize=(12,6))
ax.bar(x - width/2, men_means,  width, yerr=error_men, color='darkblue',label='
男性')
ax.bar(x + width/2, women_means, width, yerr=error_women, color = 'pink', label='
女性')
ax.set_ylabel(r'身高(cm)'); ax.set_title('亚洲男性和女性的平均身高')
ax.set_xticks(x); ax.set_xticklabels(labels)
ax.legend(); ax.set_ylim(100,200)
plt.show()
```

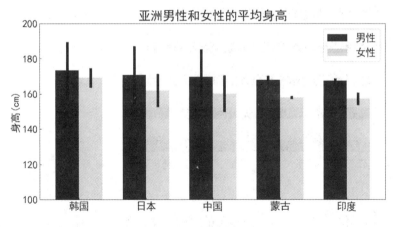

图 9-2-5　误差柱状图

　　条形图，将柱状图中的柱体由垂直方向变成水平方向，柱状图就变成条形图，函数也变成 barh(self, y, width, height, left=None, *, align='center', **kwargs)，其中 y 是 y 轴上柱体标签值，width 是条形图的宽度。

程序 9-2-6　条形图

```
import numpy as np
plt = import_params(18) # import_params函数参见程序9-2-1
```

```
labels = ['韩国', '日本', '中国', '蒙古', '印度']
men_means = [173.3, 170.7, 169.7, 168, 167.6]
women_means = [169.2, 162, 160.1, 158, 157.3]
error_men = 10*np.random.randn(5)
error_women = 10*np.random.randn(5)
x = np.arange(len(labels)); width = 0.35
fig, ax = plt.subplots(figsize=(12,6))
rects1 = ax.barh(x - width/2, men_means, width, color='darkblue',label='男性')
rects2 = ax.barh(x + width/2, women_means, width, color = 'pink', label='女性')
ax.set_xlabel(r'身高(cm)'); ax.set_title('亚洲男性和女性的平均身高')
ax.set_yticks(x); ax.set_yticklabels(labels)
ax.legend(); ax.set_xlim(100,200)
plt.show()
```

　　下面以亚洲五国男性、女性身高数据为例，说明 barh()函数的用法。使用 barh 函数代替 bar 函数绘制男性、女性平均身高条形图，与 bar 函数相比，barh()函数将 x 轴和 y 轴互换，其中 xlabel 要设置为身高，ylabel 设置为国家的名称，程序运行结果如图 9-2-6 所示。

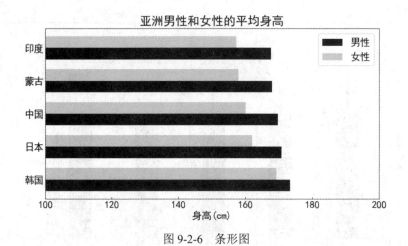

图 9-2-6　条形图

　　饼图是用扇形面积，也就是扇形圆心角的度数来表示数量，饼图可以根据圆中各个扇形面积的大小，来判断某一部分在总体中所占比例为多少。通过绘制饼图，可以清楚地观察出每个数据对于总量的占比情况。下面以 2020 年全球半导体企业营收数据讲解饼图绘制原理，重点讲解 pie()函数的使用方法。

　　程序 9-2-7 使用 company 变量和 income 变量分别存储全球半导体企业的名称数据和营收数据，并设置饼片边缘偏离半径的百分比变量 explode。获取画布、图表实例，pie()绘制饼图，其中 explode 参数表示饼图的突出部分，labels=company 表示饼图中显示的标签，autopct='%1.1f%%'表示浮点数百分比的显示形式，axis('equal')设置横轴与纵轴的间距相等。程序运行结果如图 9-2-7 所示。

程序 9-2-7　饼图

```
import numpy as np
plt = import_params(18) # import_params函数参见程序9-2-1
company = np.array(['英特尔','三星电子','SK海力士','镁光科技','高通','博通','德州仪
器','联发科','铠侠','英伟达'])
income = np.array([702.44, 561.97, 252.71, 220.98, 179.06, 156.95, 130.74, 110.08,
102.08, 100.95])
explode = (0.1, 0, 0, 0, 0, 0, 0, 0, 0, 0)
fig, ax = plt.subplots(figsize=(12,8))
ax.pie(income, explode=explode, labels=company, autopct='%1.1f%%', shadow=True,
startangle=90)
ax.axis('equal'); ax.set_title('2020年十大半导体企业营收');
plt.show()
```

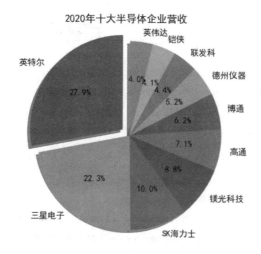

图 9-2-7　饼图

pie(self, x, explode=None, labels=None, colors=None, autopct=None, pctdistance=0.6, shadow=False, labeldistance=1.1, startangle=0, radius=1, counterclock=True, wedgeprops=None, textprops=None, center=0, 0, frame=False, rotatelabels=False, *, normalize=None, data=None) 语句中，x 表示饼片代表的百分比，explode 表示边缘偏离半径的百分比，label 标记每份饼片的文本标签内容，autopct 饼片文本标签内容对应的是数值百分比样式，shadow 表示绘制饼片的阴影，color 表示饼片的颜色。

嵌套饼图不仅可以用来展示定性数据比例分布特征的统计图形，同时也可以展示分类信息，下面以 2020 年全球半导体企业营收数据讲解嵌套饼图绘制原理。

在全球半导体企业的营收数据的基础上，程序 9-2-8 添加了半导体企业的地理分类信息 z = np.array(['北美','亚洲'])，绘制内饼图和外饼图，其中内饼图通过 income.flatten()函数将二维列表转化为一维列表，外饼图通过 income.sum(axis=1)对二维列表数据的每一行进

行求和操作。程序运行结果如图 9-2-8 所示。

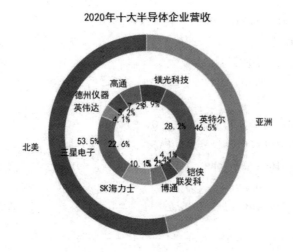

图 9-2-8　嵌套饼图

程序 9-2-8　嵌套饼图

```
import numpy as np
plt = import_params(18)  # import_params函数参见程序9-2-1
company = np.array(['英特尔','镁光科技','高通','德州仪器','英伟达','三星电子','SK海
力士','博通','联发科','铠侠'])
z = np.array(['北美','亚洲'])
income = np.array([[702.44, 220.98, 179.06, 130.74, 100.95], [561.97, 252.71,
130.74, 110.08, 102.08]])
fig, ax = plt.subplots(figsize=(12,8))
ax.pie(income.sum(axis=1), radius=1.8, labels=z, autopct='%1.1f%%',
shadow=False, startangle=90, wedgeprops=dict(width=0.3, edgecolor='w'))
ax.pie(income.flatten(), radius=0.9, labels=company, autopct='%1.1f%%',
shadow=False, startangle=-35, wedgeprops=dict(width=0.3, edgecolor='w'))
ax.axis('equal'); ax.set_title('2020年十大半导体企业营收');
plt.show()
```

　　折线图是用直线段将各数据点连接起来而组成的图形，以折线方式显示数据的变化趋势和对比关系，折线图不仅能够观察数量的多少，同时也能清楚地观察数量增减变化的情况。通过绘制折线图，可以清楚地观察数据的变化规律。下面以 $\sin(x)$ 函数和 $\cos(x)$ 函数的变化趋势，重点讲解 plot() 函数和 tex 语言的使用方法。

　　程序 9-2-9 生成 $\cos(x)$ 和 $\sin(x)$，并绘制 $\cos(x)$ 折线，$\sin(x)$ 折线，在图表标题、x 轴刻度、y 轴刻度添加数学符号。在标题、x 轴、y 轴刻度添加含有 tex 符号的刻度，其中 plt.title 中使用 π 表示数学符号 π，plt.xticks 表示在 x 轴不同的刻度位置添加 tex 符号，plt.xticks() 函数的第一个参数表示位置，第二个参数表示显示的字符，'r' 参数表示忽略字符串中的转义符。plt.ytickes 表示在 y 轴不同的刻度位置添加 tex 符号，plt.yticks()函数的第一个参数表示位置，第二个参数表示显示的字符，程序运行结果如图 9-2-9 所示。

程序 9-2-9　折线图

```
import matplotlib.pyplot as plt
import numpy as np
plt.rcParams['font.size'] = 18
x = np.linspace(-np.pi,np.pi,256,endpoint=True);
y = np.cos(x);
z = np.sin(x);
fig, ax = plt.subplots(figsize=(12,6))
plt.plot(x,y);
plt.plot(x,z);
plt.title("Function $\sin(x)$ and $\cos(x)$",loc='center');
plt.xlim(-3.0,3.0); plt.ylim(-1.0,1.0);
plt.xticks([-np.pi,-np.pi/2,0,np.pi/2,np.pi],[r'$-\pi$',r'$-\frac{\pi}{2}$',r'$0
$',r'$+\frac{\pi}{2}$',r'$+\pi$']);
plt.yticks([-1,0,+1],[r'$-1$',r'$0$',r'$+1$']);
plt.show();
```

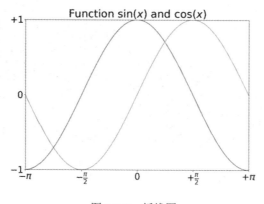

图 9-2-9　折线图

plot([x], y, [fmt], [x2], y2, [fmt2], ..., **kwargs)语句中，x 表示 x 轴上的数值，y 表示 y 轴上的数值，x2 表示第二条折线在 x 轴上的数值，y2 表示第二条折线在 y 轴上的数值。

堆积折线图是通过绘制不同数据集的折线图而生成的。堆叠折线图是按照垂直方向上彼此堆叠且又不相互覆盖的排列顺序，绘制若干条折线图而形成的组合图形。下面以 1950 年到 2018 年的五大洲人口数据讲解堆积折线图的绘制原理，重点讲解 stackplot()函数的使用方法。

程序 9-2-10 使用 population 字典变量存储 1950 年、1960 年、1970 年、1980 年、1990 年、2000 年、2010 年、2018 年的非洲、美洲、亚洲、欧洲、大洋洲五大洲的人口数量，其中字典的 keys 是非洲、美洲、亚洲、欧洲、大洋洲名称，字典的 values 是五大洲的人口数据。通过 stackplot 绘制年份-人口的堆积折线图，程序的运行结果如图 9-2-10 所示。

程序 9-2-10　堆积折线图

```
import numpy as np
plt = import_params(18) # import_params函数参见程序9-2-1
year = [1950, 1960, 1970, 1980, 1990, 2000, 2010, 2018];
population = {   '非洲': [228, 284, 365, 477, 631, 814, 1044, 1275],
    '美洲': [340, 425, 519, 619, 727, 840, 943, 1006],
    '亚洲': [1394, 1686, 2120, 2625, 3202, 3714, 4169, 4560],
    '欧洲': [220, 253, 276, 295, 310, 303, 294, 293],
    '大洋洲': [12, 15, 19, 22, 26, 31, 36, 39],}
fig, ax = plt.subplots(figsize=(12,6))
ax.stackplot(year, population.values(),labels=population.keys())
ax.legend(loc='upper left'); ax.set_title('世界人口')
ax.set_xlabel('年份'); ax.set_ylabel('人口(百万)')
plt.show()
```

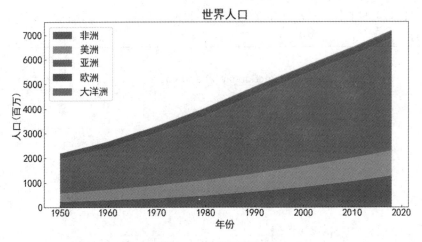

图 9-2-10　堆积折线图

　　散点图表示因变量随自变量而变化的趋势，能够反映自变量和因变量两者关系，通过散点图可以考察两变量之间是正相关、负相关。散点图也能够借助散点标记的大小和颜色表示三维数据。下面以产生的随机数说明 scatter() 函数的使用。

　　程序 9-2-11 通过随机数生成 x 变量、y 变量、z 变量、面积变量 area 和颜色变量 c，scatter() 生成散点图，散点的大小由变量 area 确定，颜色由变量 c 确定。程序运行结果如图 9-2-11 所示。

　　气泡图是散点图的一种变体，通过每个点的面积大小，反映第三维数据。点的面积越大，代表强度越大，因为使用者不善于判断面积大小，所以气泡图只适用不要求精确辨识第三维的情况，如果气泡加上不同颜色(或文字标签)，气泡图就可用来表达第四维数据。

程序 9-2-11　散点图

```python
import matplotlib.pyplot as plt
import numpy as np
plt.rcParams['font.size'] = 18
np.random.seed(19680801)
N = 100
x = 0.9 * np.random.rand(N)
y = 0.9 * np.random.rand(N)
z = 0.9 * np.random.rand(N)
fig, ax = plt.subplots(figsize=(12,6))
area = (20 * np.random.rand(N))**2
c = np.sqrt(area)
plt.scatter(x, y, s=area, marker='^', c=c)
plt.scatter(x, z, s=area, marker='o', c=c)
plt.show()
```

9-2-11.mp4

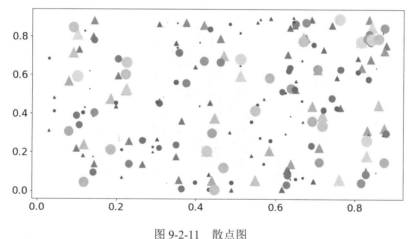

图 9-2-11　散点图

此处的函数 scatter(x, y, s=None, c=None, marker=None, cmap=None, norm=None, vmin=None, vmax=None, alpha=None, linewidths=None, verts=<deprecated parameter>, edgecolors=None, *, plotnonfinite=False, data=None, **kwargs)中，x 表示 x 轴上的数值，y 表示 y 轴上的数值，s 表示散点标记的大小，c 表示散点标记的颜色。

9.2.2　高级绘图

直方图又称质量分布图，是一种统计报告图，也是数据属性频率的统计工具。直方图是由一系列高度不等的纵向条纹或线段表示数据分布的情况，横轴表示数据类型，纵轴表示分布情况。以下通过一个均值 100，方差 15 的 10000 个抽样数据点的正态分布讲解直方图的绘制原理，重点讲解 hist()函数的使用方法。

在程序 9-2-1 中 2 产生均值为 100，方差为 15 的 10000 个正态分布数据点。plt.gca()

获取图表实例，hist()函数绘制直方图，bins 参数是 x 轴的区间分布数量，数量越大，区间间隔越小。设置标题，标题中\mathrm 表示用正体显示 Histogram 字符串，\mu 表示 μ 符号，\sigma 表示 σ 符号，程序的运行结果如图 9-2-12 所示。

程序 9-2-12　直方图

```
import numpy as np;
import matplotlib.pyplot as plt;
plt.rcParams['font.size'] = 18
mu = 100; sigma = 15
x = np.random.normal(mu,sigma,10000)
fig, ax = plt.subplots(figsize=(12,6))
ax.hist(x,bins=100,color='r',stacked=True);
ax.set_xlabel('Values'); ax.set_ylabel('Frequency')
ax.set_title(r'$\mathrm{Histogram:}\mu=%d, \sigma=%d$' %(mu,sigma));
plt.show()
```

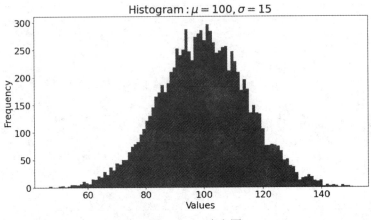

图 9-2-12　直方图

hist(x,bins=None,range=None, density=None, bottom=None, histtype='bar', align='mid', log=False, color=None, label=None, stacked=False, normed=None)语句中，x 表示数据集，bins 表示统计的区间间隔数量，range 表示显示的区间，range 在没有给出 bins 时生效，density 默认为 false，显示的是频数统计结果，为 True 则显示频率统计结果，这里需要注意，频率统计结果=区间数目/(总数×区间宽度)，和 normed 效果一致，histtype 的选项是{'bar', 'barstacked', 'step', 'stepfilled'}，默认为 bar，推荐使用默认配置，step 使用的是梯状，stepfilled 则会对梯状内部进行填充，效果与 bar 类似，align: {'left', 'mid', 'right'}选项默认为'mid'，控制柱状图的水平分布 left 或者 right，会有部分空白区域，推荐使用默认。

棉棒图用于绘制离散有序数据，横轴表示棉棒在 x 轴基线上的位置，纵轴表示棉棒的长度。以下通过生成 20 个标准正态分布数据点，通过标准正态分布数据讲解棉棒图的绘制原理，重点讲解 stem()函数的使用方法。

程序 9-2-13 导入绘图库和向量库，生成均值为 0、方差为 1 的 20 个标准正态数据点，

stem()用于绘制棉棒图，linefmt 表示棉棒的样式，markerfmt 表示棉棒末端的样式，basefmt
用于指定基线的样式，程序运行结果如图 9-2-13 所示。

程序 9-2-13　棉棒图

```
import numpy as np
import matplotlib.pyplot as plt
plt.rcParams['font.size'] = 18
fig, ax = plt.subplots(figsize=(12,6))
x = np.linspace(0.5,2*np.pi,20)
y = np.random.randn(20)
plt.stem(x,y,linefmt="-.",markerfmt="o",basefmt="-")
plt.show()
```

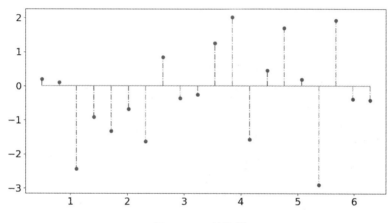

图 9-2-13　棉棒图

　　箱形图可以绘制统计数据的均值，25%和 75%的四分位数，以及数值的方差。以下通
过多个随机数变量，拼接成一个样本数据，讲解箱形图的绘制原理和 boxplot()函数的使用
方法。

　　程序 9-2-14 导入绘图包和向量包，生成含有 25 个随机数的变量 d，生成含有 15 个元
素的变量 center，生成含有 10 个随机数的变量 high，生成 10 个元素的变量 low，通过
concatenate()函数合并 d、center、high 和 low 变量为 data，合并后的 data 变量是来源于多
个随机数分布，使用 boxplot()绘制箱形图并显示，运行结果如图 9-2-14 所示。

程序 9-2-14　箱形图

```
import numpy as np
plt = import_params(18) # import_params函数参见程序9-2-1
np.random.seed(19680801)
d = np.random.rand(25) * 100; center = np.ones(15)*50
high = np.random.rand(10) * 100 + 100
low = np.random.rand(10) * -100
data = np.concatenate((d, center, high, low))
```

```
fig, ax = plt.subplots(figsize=(12,6))
ax.set_title('箱形图'); ax.boxplot(data)
plt.show()
```

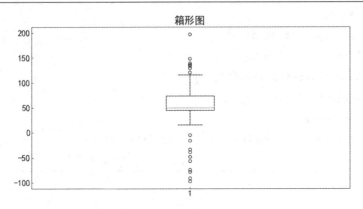

图 9-2-14　箱形图

误差棒图相比误差柱状图，能够展示数据在 x 轴方向或 y 轴方向的误差范围。以下通过在指数函数的 x 取值范围和 y 取值范围引入固定误差，说明 errorbar() 函数的使用方法。

程序 9-2-15 导入 matplotlib.pyplot 包和 numpy 包，通过 linspace 生成从 0.1 到 1.0 的 x 向量，生成 x 变量的指数 y 变量，errorbar() 绘制误差棒图，其中 yerr 表示 y 轴的误差范围，xerr 表示 x 轴的误差范围，x 轴的取值范围从 0 到 1.1，程序运行结果如图 9-2-15 所示。

程序 9-2-15　误差棒图

```
import numpy as np;
import matplotlib.pyplot as plt;
plt.rcParams['font.size'] = 18
x=np.linspace(0.1,1.0,10); y=np.exp(x)
fig, ax = plt.subplots(figsize=(12,6))
plt.errorbar(x,y,fmt="bo",yerr=0.3,xerr=0.02)
plt.xlim(0,1.1)
plt.show()
```

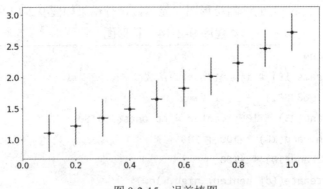

图 9-2-15　误差棒图

阶梯图通常用于 y 值发生离散的改变，且在某个特定的 x 值位置发生了一个突然的变化。以下以 sin(x)函数绘图说明 step()函数的使用方法。

程序 9-2-16 导入 matplotlib.pyplot 包和 numpy 包，通过 arange 生成从 0 到 13 的 x 向量，生成 y 变量，step(x,y,label)绘制阶梯图，其中 x 表示自变量，y 表示因变量，label 的参数传入 tex 数学符号，\frac 表示数学的分式。程序运行结果如图 9-2-16 所示。

程序 9-2-16　阶梯图

```
import numpy as np
plt = import_params() # import_params函数参见程序9-2-1
fig, ax = plt.subplots(figsize=(12,6))
x = np.arange(14); y = np.sin(x / 2)
plt.step(x, y + 2, label='$\sin(\\frac{x}{2})+2$')
plt.plot(x, y + 2, 'o--', color='grey', alpha=0.3)
plt.step(x, y + 1, where='mid', label='$\sin(\\frac{x}{2})+1$')
plt.plot(x, y + 1, 'o--', color='grey', alpha=0.3)
plt.step(x, y, where='post', label='$\sin(\\frac{x}{2})$')
plt.plot(x, y, 'o--', color='grey', alpha=0.3)
plt.legend(title='函数')
plt.title('阶梯图')
plt.show()
```

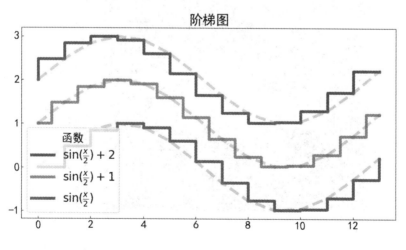

图 9-2-16　阶梯图

六边形分箱图也称六边形箱体图，或简称六边形图，它是一种由六边形为主要元素的统计图表，是一种比较特殊的图表，既是散点图的延伸，又兼具直方图和热力图的特征。

程序 9-2-17 导入 matplotlib.pyplot 包和 numpy 包，产生随机种子，生成标准正态分布变量 x 和 y，hexbin(x,y,label)绘制阶梯图，x 和 y 的长度必须相同，gridsize 表示 x 方向或两个方向上的六边形数量，cmap 表示颜色映射表采用 rainbow 的颜色映射，生成 cb 的颜色映射表，并将颜色映射表添加到图表 hb 中。程序运行结果如图 9-2-17 所示。

程序 9-2-17　　六边形分箱图

```
import numpy as np
plt = import_params(15) # import_params函数参见程序9-2-1
np.random.seed(19680801)
n = 100000
x = np.random.standard_normal(n)
y = 2.0 + 3.0 * x + 4.0 * np.random.standard_normal(n)
xmin = x.min(); xmax = x.max()
ymin = y.min(); ymax = y.max()
fig, ax = plt.subplots(sharey=True, figsize=(8,6))
fig.subplots_adjust(hspace=0.5, left=0.07, right=0.93)
hb = ax.hexbin(x, y, gridsize=80, cmap='rainbow')
ax.set(xlim=(xmin, xmax), ylim=(ymin, ymax))
ax.set_title("六边形分箱图")
cb = fig.colorbar(hb, ax=ax); cb.set_label('颜色映射表')
plt.show()
```

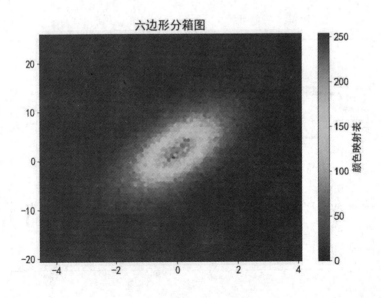

图 9-2-17　六边形分箱图

　　小提琴图常用来展示多组数据的分布状态以及概率密度。这种图表结合了箱形图和密度图的特征，主要用来显示数据的分布形状。跟箱形图类似，但是在密度层面展示更好。在数据量非常大从而不方便一个一个展示的时候，小提琴图特别适用。

　　程序 9-2-18 导入 matplotlib.pyplot 包和 numpy 包，产生随机种子，生成一个二维列表 data，data 包含 4 元素，每个元素包含 100 个标准正态分布随机数，并对 data 进行排序，

violinplot()绘制小提琴图。程序运行结果如图 9-2-18 所示。

程序 9-2-18　小提琴图

```python
import numpy as np
plt = import_params(18) # import_params函数参见程序9-2-1
np.random.seed(19680801)
data = [
        sorted(np.random.normal(0, std, 100))
        for std in range(1, 5)
        ]
fig, ax1 = plt.subplots(figsize=(12,6))
ax1.set_title('小提琴图')
ax1.violinplot(data)
plt.show()
```

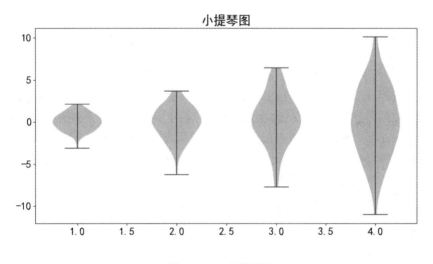

图 9-2-18　小提琴图

9.2.3　图形的完善

在绘图区域中可能会出现多个图形，为了更加准确地说明图形，需要给图表添加图例、标题、标签，方便使用者辨识。下面介绍图例和标题，刻度范围和刻度标签，标注以及表格函数的使用方法，并利用以上函数来完善图形。

1. 图例和标题的设置

legend()函数和 title()函数是 Matplotlib 设置图例和标题的函数，其中 legend()函数有位置参数 loc、bbox_to_anchor、图例标签内容的标题参数 title、线框阴影 shadow 和线框圆角处理参数 fancybox 等。位置参数 loc 不仅可以使用字符串还可以使用字符串对应的数字，可以使用的其他位置参数值和对应位置数值如表 9-2-1 所示。

表 9-2-1　loc 参数

位置参数	位置参数值	位置参数值	位置数值
best	0	upper right'	1
upper left'	2	lower left	3
lower right	4	right	5
center left	6	center right	7
lower center	8	upper center	9
center	10		

关键字参数 bbox_to_anchor 是一个含有四个元素的元组，其中第一个元素代表距离画布左侧的 y 轴长度的倍数的距离；第 2 个元素代表距离画布底部的 x 轴长度的倍数的距离；第 3 个元素代表 y 轴长度的倍数的线框长度；第 4 个元素代表 y 轴长度的倍数的线框宽度。

title()函数是标题函数，其参数主要为标题位置参数和标题文本格式参数，标题位置参数值有 left、center、right；标题文本格式参数主要是字体类别(family)、字体大小(font size)、字体颜色(color)、字体风格(style)等。文本格式参数可以放在关键字参数 fontdict 字典变量中存储，也可以分别作为标题函数 title()的关键字参数。

下面通过程序 9-2-19 说明 legend 函数和 title 函数的使用方法，首先导入 Matplotlib 包和 Numpy 包，然后生成 x 和 y 变量，绘制曲线，使用 legend 函数添加图例，loc=8 表示图例的位置在 lower center，bbox_to_anchor 表示图例在图表显示的位置，如果 loc 参数和 bbox_to_anchor 参数都已设定，则图例显示的位置是 bbox_to_anchor 定义的位置，程序运行的结果如图 9-2-19 所示。

程序 9-2-19　legend 和 title

```
import matplotlib.pyplot as plt
import numpy as np

plt.rcParams['font.size'] = 18
x = np.arange(0,10,1)
y = np.power(x,2)
fig = plt.figure(figsize=(12,6))
plt.plot(x,y)
plt.legend(loc=8, ncol=1,title='square2 function',shadow=True,fancybox=True)
plt.title("Left",loc='left')
plt.title("Center",loc='center')
plt.title("Right",loc='right')
plt.show()
```

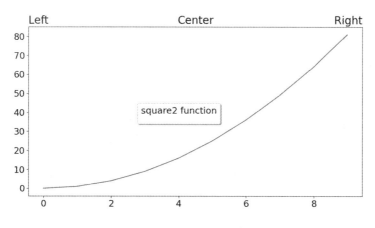

图 9-2-19　legend 和 title

2. 调整刻度范围和刻度标签

刻度范围是绘图区域中坐标轴的取值区间，包括 x 轴和 y 轴的取值区间。刻度范围是否合适直接决定绘图区域中图形展示效果好坏。参见程序 9-2-20，xlabel()函数设置 x 标签，ylabel()函数设置 y 标签，xlim()函数设置 x 轴的范围，ylim()函数设置 y 轴的范围，xticks()函数可以设置 x 轴的刻度，yticks()函数可以设置 y 轴的刻度，xticks()函数的第一个参数是 x 轴变量值，第二个参数表示所在位置显示的字符。text()函数用于在图表上显示文字，其中第一个参数表示文字的横坐标位置，第二个参数表示文字的纵坐标位置，第三个参数表示显示的文字。程序运行的结果如图 9-2-20 所示。

程序 9-2-20　legend 和 title

```python
import matplotlib.pyplot as plt
import numpy as np
plt.rcParams['font.size'] = 18
x = np.arange(0,10,1)
y = np.power(x,2)
fig = plt.figure(figsize=(12,6))
plt.plot(x,y)
plt.legend(loc=9,ncol=1,title='square function',shadow=True,fancybox=True)
plt.xticks(np.arange(0,10),['1','2','3','4','5','6','7','8','9','10'])
plt.yticks(np.arange(0,100,10),['1','4','9','16','25','36','49','64','81','100']
)
plt.text(4,18,'x=4'); plt.text(8,66,'x=8')
plt.xlabel('xlabel'); plt.ylabel('ylabel')
plt.xlim([0,10]); plt.ylim([0,100])
plt.show()
```

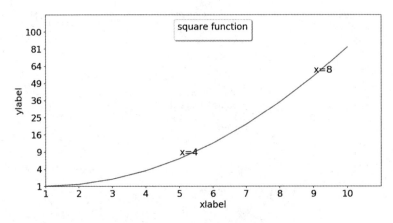

图 9-2-20　x 轴和 y 轴的刻度

3. 在图表中添加标注

annotate 用于在图形上给数据添加文本注解，支持带箭头的划线工具，方便在合适的位置添加描述信息。annotate(s,xy,xytext,xycoords)函数，其中 s 表示注释文本的内容，xy 表示被注释的坐标点，xytext 注释文本的坐标点，xycoords 表示被注释点的坐标系属性，其允许输入的值如表 9-2-2 所示。

表 9-2-2　xycoords 参数

属性值	属性的含义
figure points	以绘图区左下角为参考，单位是点数
figure pixels	以绘图区左下角为参考，单位是像素数
figure fraction	以绘图区左下角为参考，单位是百分比
axes points	以子绘图区左下角为参考，单位是点数(一个 figure 可以有多个 axex，默认为 1 个)
axes pixels	以子绘图区左下角为参考，单位是像素数
axes fraction	以子绘图区左下角为参考，单位是百分比

程序 9-2-21 给图表添加了标注，arrowprops 是一个字典结构，表示箭头的属性(颜色)，horizontalalignment 表示水平方向对齐，verticalalignment 表示垂直方向对齐，程序运行结果如图 9-2-21 所示。

程序 9-2-21　Annotate 标注

```
import matplotlib.pyplot as plt
import numpy as np
plt.rcParams['font.size'] = 18
x = np.arange(0,10,1); y = np.power(x,2)
fig = plt.figure(figsize=(12,6))
plt.plot(x,y)
plt.xticks(np.arange(0,10),['1','2','3','4','5','6','7','8','9','10'])
plt.yticks(np.arange(0,100,10),['1','4','9','16','25','36','49','64','81','100'])
```

```
plt.annotate('$x=4$', (4, 15), xytext=(0.4, 0.35), textcoords='axes fraction',
    arrowprops=dict(facecolor='black', shrink=0.05), fontsize=16,
horizontalalignment='right', verticalalignment='top')
plt.annotate('$x=8$', (8, 64), xytext=(0.8, 0.8), textcoords='axes fraction',
    arrowprops=dict(facecolor='red', shrink=0.05), fontsize=16,
horizontalalignment='left', verticalalignment='top')
plt.xlabel('xlabel'); plt.ylabel('ylabel')
plt.xlim([0,10]); plt.ylim([0,100])
plt.show();
```

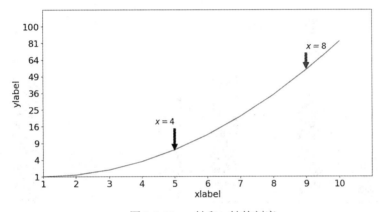

图 9-2-21　x 轴和 y 轴的刻度

4．添加表格

为了同时显示数据和图表，需要使用 Matplotlib 的 table 函数，其中 cellText 参数表示表格，colWidths 表示每一列的宽度，colWidths 的长度与列数相同，rowLabels 表示行的标题，colLabels 表示列的标题，rowColours 表示行标题的颜色，loc 表示表格位于图表的位置。

程序 9-2-22 给图表添加表格，其中 col 表示表格中列的标题，row 表示表格中行的标题，table 表示表格的填充数据，添加的是一个二维的列表，通过 bar 绘制柱状图，程序运行结果如图 9-2-22 所示。

程序 9-2-22　Table 表格

```
import numpy as np

plt = import_params(14) # import_params函数参见程序9-2-1
fig= plt.figure(figsize=(12,6))
col=['属性1','属性2','属性3']
row=['样本1','样本2','样本3']
table=[[11,32,13],[21,29,23],[48,29,35]]
row_color=['red','yellow','green']
```

```
the_table = plt.table(cellText=table, colWidths = [0.2]*3, rowLabels=row,
colLabels=col, rowColours=row_color, colColours=['pink']*3, loc='upper right')

plt.bar(np.arange(0,3),table[0],width=0.2,color='red')
plt.bar(np.arange(0,3)+0.2,table[1],width=0.2,color='yellow')
plt.bar(np.arange(0,3)+0.4,table[2],width=0.2,color='green')
plt.xlabel('属性');
plt.ylabel('属性值')
plt.show()
```

9-2-22.mp4

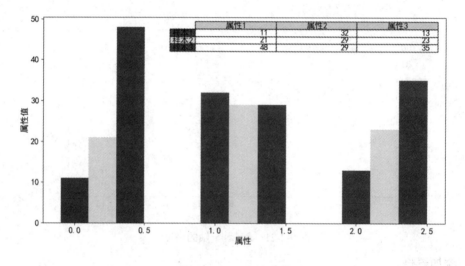

图 9-2-22　Table 表格

9.3　3D 图形和多子图

　　Matplotlib 除了可以绘制 2D 图形，同样也支持 3D 图形的绘制，Matplotlib 绘制 3D 图形需要导入 mpi_toolkits 包中的 mplot3d 包的相关模块，最常使用的 3D 模块是 axes3d 模块，模块 axes3d 中包含 Axes3D，Axes3D 类的对象可以在画布中绘制 3D 图形。

　　在平面直角坐标系中，曲线上任意一点的坐标(x, y)都是某个变量 t 的函数 $x = f(t)$、$y = g(t)$，并且对于 t 的每一个允许值，由上述方程组所确定的点 M(x, y)都在这条曲线上，则上述方程为这条曲线的参数方程，联系 x 与 y 的变数 t 叫作变参数，简称参数，参数是联系变量 x 与 y 的桥梁，三维坐标系是在二维平面坐标系的基础上根据右手定则增加 z 轴而形成的，三维空间上任意一点的坐标(x, y, z)都是某个变量 t 的函 $x = \varphi(t)$、$y = \phi(t)$、$z = \omega(t)$ 数，参数方程尤其适合在三维坐标系绘制曲线。

　　除了参数方程之外，三维坐标系也可以使用柱面坐标系表示空间内的点 M(x, y, z)，点 M 在 xOy 面上的投影 P 的极坐标为 ρ、θ，则这样的三个数 ρ、θ、z 就叫点 M 的柱面坐标，如式(9-1)所示。

$$\begin{cases} x = \rho\cos(\theta) \\ y = \rho\sin(\theta) \\ z = z \end{cases} \tag{9-1}$$

三维坐标系也可以使用球面坐标系表示空间内的点 $M(x, y, z)$，OM 向量表示从原点到 M 点的向径，用 r 表示，r 与 Oz 轴的夹角为 φ，r 在 xOy 面上的投影与 Ox 轴的夹角为 θ，则这样的三个数 r、φ、θ 就叫点 M 的球面坐标，如式(9-2)所示。

$$\begin{cases} x = r\sin(\varphi)\cos(\theta) \\ y = r\sin(\varphi)\sin(\theta) \\ z = r\cos(\varphi) \end{cases} \tag{9-2}$$

9.3.1　基础 3D 图形

1. 3D 螺旋线

绘制空间曲线首先需要获取曲线方程，其中最便捷的是参数方程，即 x、y、z 是关于 t 的函数，然后需要确定 t 的取值范围，即参数方程的定义域，参数方程在定义域内要保证是有界函数，对于无界函数，3D 图形是无法正确显示的。下面以空间曲线方程(9-3)为例，重点讲解使用 plot()函数绘制 3D 曲线的使用方法。

$$\begin{cases} x = a\cos(t) \\ y = a\sin(t) \\ z = bt \end{cases} \tag{9-3}$$

在方程(9-3)中，t 是参数，需要设定定义域，a 和 b 是常数，x、y、z 是三个坐标轴的取值。

通过程序 9-3-1 绘制空间螺旋线来说明如何使用 plot(x, y, z)函数绘制空间曲线图，首先导入 Matplotlib 包、设置绘图环境,生成画布 fig,获取三维图形实例 ax，需要将 subplot() 函数的 projection 设置为 3d，通过 linspcace 生成 t 参数变量，并通过 t 参数生成 x、y、z 变量。使用 ax.plot(x, y, z)绘制空间曲线方程(9-3)，其中 x、y、z 变量是一维数组，程序运行结果如图 9-3-1 所示。

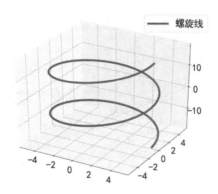

图 9-3-1　3D 螺旋线

程序 9-3-1　3D 螺旋线

```
import numpy as np
from mpl_toolkits.mplot3d import Axes3D


if __name__=="__main__":
  plt = import_params(18) # import_params函数参见程序9-2-1
  fig = plt.figure(figsize=(8,6))
  ax = fig.add_subplot(111, projection='3d')
  a = 5; b = 3
  theta = np.linspace(-2*np.pi,2*np.pi,100)
  x = a * np.cos(theta); y = a * np.sin(theta); z = b*theta
  ax.plot(x,y,z,label='螺旋线'); ax.legend()
  plt.show()
```

2. 间散点图

绘制空间散点图一般是三维空间的离散数据点，通过尺寸、颜色和标记形状，三维散点图可以展示高维数据。以下以随机数为例，重点讲解 scatter()函数绘制 3D 散点图的方法，并通过尺寸、颜色和标记形状表示其他三维信息。

程序 9-3-2 产生 x、y、z 的随机数，以上每个变量包含 5 个元素，通过 for 循环，使用 ax.scatter(x,y,z)分别绘制 5 个三角形和 5 个菱形的散点，其中 x、y、z 变量是一维数组，marker 是绘制图形的形状，程序运行结果如图 9-3-2 所示。

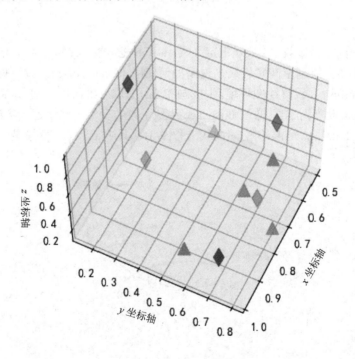

图 9-3-2　3D 空间散点图

程序 9-3-2 3D 散点图

```python
import numpy as np
from mpl_toolkits.mplot3d import Axes3D


plt = import_params(12) # import_params函数参见程序9-2-1
np.random.seed(19680801)
if __name__=="__main__":
    fig = plt.figure(figsize=(8,6))
    ax = fig.add_subplot(projection='3d')
    n = 5
    for marker in ['d','^']:
        x = np.random.rand(n)
        y = np.random.rand(n)
        z = np.random.rand(n)
        ax.scatter(x, y, z,marker=marker,s=120)
    ax.set_xlabel('X 坐标轴')
    ax.set_ylabel('Y 坐标轴')
ax.set_zlabel('Z 坐标轴')
plt.show()
```

3. 空间网格图

空间曲线的 x、y、z 是一维向量数据，空间曲面为了能够显示整个曲面，其 x、y、z 是二维向量数据，Numpy 有将一维向量数据生成二维向量数据的 meshgrid 函数。空间网格方程如式(9-4)所示。

$$\begin{cases} -2 \leqslant x \leqslant 2 \\ -2 \leqslant y \leqslant 2 \\ z = x^2 + y^2 + 3 \end{cases} \tag{9-4}$$

以下讲解 plot_wireframe()函数绘制 3D 网格图的使用方法。导入绘图包，设置绘图环境的中文和坐标轴参数，生成画布 fig，获取三维图形实例 ax，并将 projection 设置为 3d，生成 x、y、z 一维变量，通过 meshgrid 函数生成二维的 X 和 Y，通过曲面方程(9-4)生成高度 Z 变量。

例如 x 是[0 1 2 3 4]，y 是[3 4 5 6]，X，Y = np.meshgrid(x，y)的结果如下。

$$X = \begin{bmatrix} 0 & 1 & 2 & 3 & 4 \\ 0 & 1 & 2 & 3 & 4 \\ 0 & 1 & 2 & 3 & 4 \\ 0 & 1 & 2 & 3 & 4 \end{bmatrix}$$

$$Y = \begin{bmatrix} 3 & 3 & 3 & 3 & 3 \\ 4 & 4 & 4 & 4 & 4 \\ 5 & 5 & 5 & 5 & 5 \\ 6 & 6 & 6 & 6 & 6 \end{bmatrix}$$

在程序 9-3-3 中，Meshgrid(x,y)函数可以生成二维的矩阵，矩阵的维度是 4 行 5 列，使用 ax.plot_wireframe(X,Y,Z)绘制空间网格图，程序运行结果如图 9-3-3 所示。

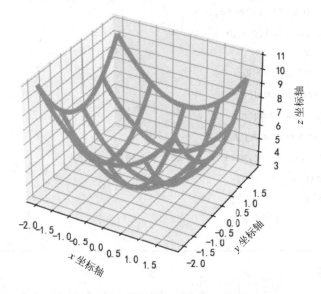

图 9-3-3　3D 空间网格图

程序 9-3-3　3D 空间网格图

```
import numpy as np
from mpl_toolkits.mplot3d import Axes3D


plt = import_params(14)  # import_params函数参见程序9-2-1
np.random.seed(19680801)
if __name__=="__main__":
    fig = plt.figure(figsize=(8,6))
    ax = fig.add_subplot(projection='3d')
    n = 5
    x = np.arange(-2,2,0.2)
    y = np.arange(-2,2,0.2)
    X, Y = np.meshgrid(x,y)
    Z = X*X + Y*Y +3
    ax.plot_wireframe(X,Y,Z,rstride=5, cstride=5)
    ax.set_xlabel('x 坐标轴')
```

```
ax.set_ylabel('Y 坐标轴')
ax.set_zlabel('Z 坐标轴')
plt.show()
```

plot_wireframe(X, Y, Z, *args, **kwargs)语句中，X 表示 xOy 平面的 x 轴坐标点，Y 表示 xOy 平面的 y 轴坐标点，Z 表示曲面的高度。

9.3.2 高级 3D 图形

1. 空间曲面

空间曲面与空间网格线类似，其 x、y、z 是二维向量数据，通过 Numpy 的 meshgrid 函数生成二维 **X** 和 **Y**。空间曲面方程如式(9-5)所示。

$$\begin{cases} -2 \leqslant x \leqslant 2 \\ -2 \leqslant y \leqslant 2 \\ z = \sin\sqrt{x^2 + y^2} \end{cases} \tag{9-5}$$

下面讲解 plot_surface()函数绘制 3D 曲面的使用方法。

程序 9-3-4 生成画布 fig，获取三维图形实例 ax，需要将 projection 设置为 3d，生成 x、y、z 一维向量，通过 meshgrid 函数生成二维的 **X** 和 **Y**，通过曲面方程(9-5)生成高度 Z 变量。ax.plot_surface**X**，**Y**，**Z**)用于绘制空间网格图，其中 **X**，**Y**，**Z** 变量是二维数组，程序运行结果如图 9-3-4 所示。

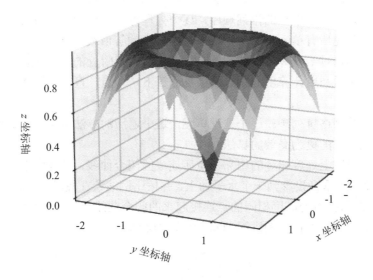

图 9-3-4　3D 空间曲面

程序 9-3-4　3D 空间曲面

```
import numpy as np
from matplotlib import cm
```

```
from mpl_toolkits.mplot3d import Axes3D

plt = import_params(14) # import_params函数参见程序9-2-1
np.random.seed(19680801)
if __name__=="__main__":
    fig = plt.figure(figsize=(8,6))
    ax = fig.add_subplot(projection='3d'); n = 5
    x = np.arange(-2,2,0.2); y = np.arange(-2,2,0.2)
    X, Y = np.meshgrid(x,y); Z = np.sin(np.sqrt(X**2+Y**2))
    ax.plot_surface(X,Y,Z,cmap=cm.coolwarm,linewidth=0, antialiased=False)
    ax.set_xlabel('x 坐标轴')
    ax.set_ylabel('y 坐标轴'); ax.set_zlabel('z 坐标轴')
    plt.show()
```

plot_surface(X, Y, Z, *args, norm=None, vmin=None, vmax=None, lightsource=None, **kwargs)语句中，X 表示 xOy 平面的 x 轴坐标点，Y 表示 xOy 平面的 y 轴坐标点，Z 表示曲面的高度。

2. 3D 等高线

等值线包括等高线、等温线等，是以一定的高度、温度作为度量的。等值线中的点(x_i, y_i)满足条件 $F(x_i, y_i)$=Fi(Fi 为一给定值)，将这些点按一定顺序连接组成了函数 $F(x,y)$ 的值为 Fi 的等值线。等值线的抽取算法可分为两类：网格序列法和网格无关法。

网格序列法是按网格单元的排列顺序，逐个处理每一个单元，寻找每一个单元内相应的等值线段。处理完所有单元后，就生成了该网格中的等值线分布。

网格无关法则通过给定等值线的起始点，利用起始点附近的局部几何性质，计算等值线的下一个点，然后利用计算出的新点，重复计算下一个点，直至达到边界区域或回到原始起始点。

网格序列法按网格排列顺序逐个处理单元，这个遍历的方法效率不高；网格无关法则是针对这一情况提出的更为高效的算法。

等高线是地形图上高度相等的相邻各点所连成的闭合曲线，把地面上海拔高度相同的点连成的闭合曲线，垂直投影到一个水平面上，并按比例缩绘在图纸上，就得到了等高线。3D 等高线是将曲面函数上高度相同的点连接起来的闭合曲线，在 3D 坐标轴展示的图形。

以下通过空间曲面方程(9-6)讲解 3D 等高线的绘制。

$$\begin{cases} -2 \leqslant x \leqslant 2 \\ -2 \leqslant y \leqslant 2 \\ z = x^2 + y^2 \end{cases} \tag{9-6}$$

程序 9-3-5 生成画布 fig，获取三维图形实例 ax，需要将 projection 设置为 3d，生成 x、y、z，通过 meshgrid 函数生成二维的 X 和 Y，通过曲面方程(9-6)生成高度 Z 变量，ax.contour (X,Y,Z)绘制 3D 等高线图，程序运行结果如图 9-3-5 所示。

程序 9-3-5　3D 等高线

```
import numpy as np
from mpl_toolkits.mplot3d import Axes3D


plt = import_params(14) # import_params函数参见程序9-2-1
np.random.seed(19680801)
if __name__=="__main__":
    fig = plt.figure(figsize=(8,6))
    ax = fig.add_subplot(projection='3d'); n = 5
    x = np.arange(-2,2,0.2); y = np.arange(-2,2,0.2)
    X, Y = np.meshgrid(x,y); Z = X*X + Y*Y
    ax.contour(X,Y,Z,zdir='z'); ax.set_xlabel('x 坐标轴')
    ax.set_ylabel('y 坐标轴'); ax.set_zlabel('z 坐标轴')
    plt.show()
```

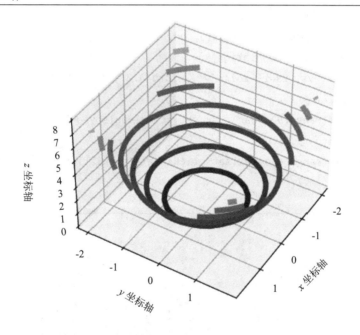

图 9-3-5　3D 等高线

3. 空间柱状图

Axes3D 通过 bar(xs,ys,zs)函数绘制 3D 柱状图，3D 柱状图在 2D 柱状图的基础上增加了一个维度，下面以全世界五大洲 1950 年～2018 年人口数据为例说明 Axes3D 的 bar()函数的使用。

程序 9-3-6 生成 year 数据，五大洲的人口数据 population，其采用字典数据结构，其中 keys 是五大洲的名称，values 是各大洲在不同年份的人口。通过 zip 函数将五大洲的名称 population.keys()和 range(5)变量连接，使用 bar 函数绘制三维柱状图，xs 表示 year，ys

表示人口数，zs 是五个大洲，程序运行结果如图 9-3-6 所示。

程序 9-3-6　3D 柱状图

```
import numpy as np
from mpl_toolkits.mplot3d import Axes3D


plt = import_params(14) # import_params函数参见程序9-2-1
if __name__=="__main__":
    fig = plt.figure(figsize=(12,6))
    year = [1950, 1960, 1970, 1980, 1990, 2000, 2010, 2018]
    population = {'非洲': [228, 284, 365, 477, 631, 814, 1044, 1275],
    '美洲': [340, 425, 519, 619, 727, 840, 943, 1006],
    '亚洲': [1394, 1686, 2120, 2625, 3202, 3714, 4169, 4560],
    '欧洲': [220, 253, 276, 295, 310, 303, 294, 293],
    '大洋洲': [12, 15, 19, 22, 26, 31, 36, 39],}
    ax = fig.add_subplot(projection='3d')
    for k, z in zip(population.keys(),range(5)):
        xs = year; ys = population[k]
        ax.bar(xs, ys, zs=z, zdir='y', width=3.0 ,alpha=0.8)
    ax.set_xlabel('年份')
    ax.set_xticks(range(9),year); ax.set_xticklabels(year)
    ax.set_ylabel('各大洲')
    ax.set_yticks(range(6)); ax.set_yticklabels(population.keys())
    ax.set_zlabel('人口(百万)')
    plt.show()
```

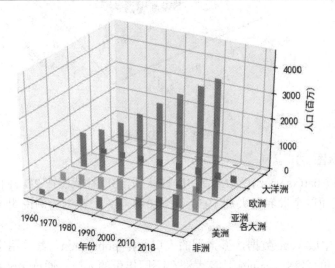

图 9-3-6　3D 柱状图(z 坐标轴为 y)

9-3-6.mp4

9.3.3　多子图

Matplotlib 支持多子图模式，Figure 作为绘图的画布，可用来放置多个绘图的图表，即多个 Axes。每个 Axes 是一个图表实例，可以显示一个图表，Matplotlib 可以使用 subplots(row,column) 函数生成多个子图实例，也可以通过 subplot(row,column,index) 生成多个子图实例，或者通过 subplot2grid(shape, location, rowspan, colspan) 进行子图的分格显示。Maplotlib 不仅支持规则的多子图 (如 2 行、3 列的 6 个子图)，也支持非规则多子图 (1 行 3 个子图，第 2 行 1 个子图)。

1. 使用 Axes 列表表示多子图

程序 9-3-7 使用 ax 二维列表访问 2 行 3 列的 6 个子图。导入 Matplotlib 包，生成 x 和 y 数据，生成包含 2 行 3 列 6 个子图的图表实例变量 ax。ax 是一个二维列表，ax[0][0] 表示第一个子图实例，在第一个子图上绘制折线图，ax[0][1] 表示第二个子图，在第二个子图上绘制柱状图，以下的图表以此类推，分别显示条形图、堆积折线图、箱形图和散点图，如图 9-3-7 所示。

程序 9-3-7　(2*3)子图

```python
import matplotlib.pyplot as plt
plt.rcParams['font.size'] = 18
x = [1,2,3,4]; y = [5,4,3,2]
fig, ax = plt.subplots(nrows=2, ncols=3, figsize=(12, 6), sharey=True)
ax[0][0].plot(x,y); ax[0][1].bar(x,y); ax[0][2].barh(x,y)

y1 = [7,8,5,3]; ax[1][0].stackplot(x,y1,color='r')
ax[1][1].boxplot(x); ax[1][2].scatter(x,y)
plt.show()
```

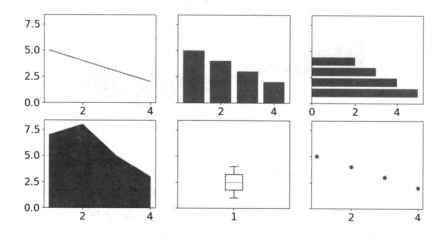

图 9-3-7　(2*3)子图

2. 使用 subplot(行，列，编号)表示多子图

除了以上使用 ax 二维列表方式产生多子图的方法以外，使用 subplot('行','列','编号')也可以生成多子图。

下面使用 subplot('行','列','编号')生成 2 行、3 列子图。导入 Matplotlib 包，生成 x 和 y 数据，plt.subplot(2,1,1)在代码中未出现，但是其所占空间由 3 个子图组成，第一个是 plt.subplot(2,3,1)，为 2 行 3 列的第一个子图绘制柱状图；plt.subplot(2,3,2)，表示 2 行 3 列的第二个子图绘制条形图；plt.subplot(2,3,3)，表示 2 行 3 列的第三个子图上绘制折线图。plt.subplot(2,1,2)生成 2 行 1 列第二个子图，该子图占有前三个子图的宽度，用于在该图绘制堆积折线图，程序运行结果如图 9-3-8 所示。

程序 9-3-8　(4)子图

```python
import matplotlib.pyplot as plt
import numpy as np
plt.rcParams['font.size'] = 18


fig = plt.figure(figsize=(12, 6))
x = np.arange(5); y = np.sin(x)
plt.subplot(2,3,1); plt.bar(x,y)
plt.subplot(2,3,2); plt.barh(x,y)
plt.subplot(2,3,3); plt.plot(x,y)
y1 = np.cos(x); plt.subplot(2,1,2)
plt.stackplot(x,y1,color='r')
plt.show()
```

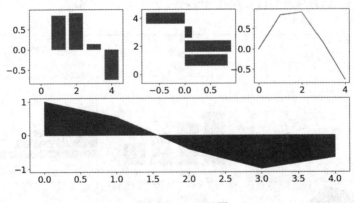

图 9-3-8　(4)子图

3. 使用 zip()函数，通过循环获取子图

通过 ax 二维列表、subplot()方法获取每个子图，需要顺序地读取子图的索引，对于含有较多子图的实例使用十分不便，除了 ax 二维列表和 subplot('行','列','编号')生成多子图方法之外，通过 zip()函数的循环也可以依次访问每个子图实例。以下通过 zip 函数显示 3*3 子图。导入 matplotlib.pyplot 包，生成 x 变量，x 的取值范围是 0 到 2π，同时生成 y 和 colors

列表。通过 zip()函数将 ax 的每个元素与 colors 的每个元素连接，ax.flatten()表示将 ax 转化为一维列表，其中 ax 元素的个数与 colors 元素的个数要一致，程序运行结果如图 9-3-9 所示。

程序 9-3-9　(3*3)子图

```
import numpy as np
plt = import_params(18) # import_params函数参见程序9-2-1
fig, ax = plt.subplots(3,3,figsize=(12, 6))
x = np.linspace(0,2*np.pi,100)
y = np.sin(x)
colors = ['r','g','b','k','y','pink','darkblue','orange','gray']
for ax, c in zip(ax.flatten(),colors):
    ax.plot(x,y,color=c)
plt.show()
```

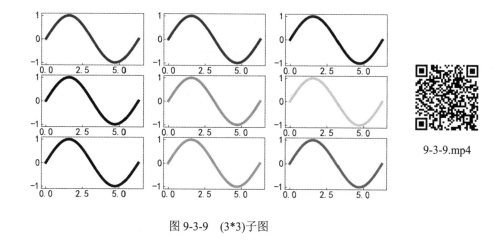

9-3-9.mp4

图 9-3-9　(3*3)子图

本 章 小 结

本章首先介绍了 Matplotlib 的软件架构，然后介绍了 Matplotlib 常见的基础 2D 绘图函数(柱状图、条形图、饼图、折线图、散点图)和高级绘图函数(直方图、棉棒图、箱线图、水平箱线图)。最后介绍了如何使用 3D Axes 对象绘制常见空间曲线、3D 等高线、空间曲面等 3D 图形，以及多子图绘制方法。

习　　题

1. 将以下曲线方程转化为参数方程，

$$\begin{cases} x^2 + y^2 = 1 \\ 2x + 3z = 6 \end{cases}$$

绘制该空间曲线方程，并获得如图 9-e-1 所示的结果。

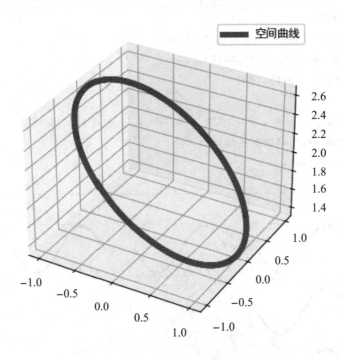

图 9-e-1　方程展示的空间曲线

2. 使用 Matplotlib 的 3D Axes 绘制一个如图 9-e-2 的球面。

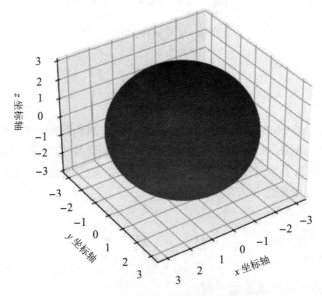

图 9-e-2　利用 3D Axes 绘制的球面

第 10 章　Matplotlib 高级功能

10.1　时间序列数据

时间序列数据指任何随时间而变化的数据，例如空气质量变化、神经元激活过程、同一病人多次 CT 图像和连续的超声波扫描等。时间和空间在物理属性和感知上有着巨大的区别。在空间中观察者可以自由地探索各个方向，回到之前经过的地点，并识别各种模式；与此不同，时间只向一个方向流逝，不能回到以前，而人对时间上的模式也并不敏感。考虑到时间和空间数据的巨大差异性，如果要将二者进行同等化处理，就会带来诸多问题。对于时间序列数据需要充分利用其时间维度的特点，有针对性地选择可视化方法。

10.1.1　时间序列数据的特点

(1) 有序。时间是有序的，两个事件发生的时间有先后次序。时间的顺序和事件发生的因果关系有紧密联系。

(2) 连续性。时间是连续的，两个时间点内总存在另一个时间点。

(3) 周期性。许多自然界的过程具有循环规律，如季节的循环。为了表示这样的现象，可以采用循环的时间域。

(4) 独立于空间。时间与空间紧密关联，然而现实中大多数科学过程问题将它们相对独立地进行处理。

(5) 结构性。空间经常用一种尺度衡量，均匀地分布。而时间的尺度分为年、月、日、小时、分钟、秒等。这种分割既有对自然现象(如季节、昼夜)的反映，也有人为的定义(如 1 分钟等于 60 秒)和调整(如闰年的概念)。

时序标量数据相当于在空间标量数据上赋予了一个时间维度，通过一组标量数据场记录了空间标量数据随时间的演化过程。例如，设备采集得到的心脏跳动时序标量数据，海洋飓风仿真模拟产生的时序温度、气压和湿度的标量数据。

在科学计算中，从数据中提取出来的数据规律、趋势、模式等称为数据特征。按照空间大小可以将数据特征分为局部特征和全局特征，按时间变化规律又可以将其分为常规、周期和随机三种特征。常规特征在三维空间中稳定地移动或形变，其变化趋势既不是剧烈的变化，也不是遵循周期性的路径。周期特征周期性地出现和消失，或沿着周期性路径进行移动。随机特征的变化规律较为随机。

10.1.2　时间序列处理模块

时间序列数据指带有时间属性的数据，Python 的 time 模块、datetime 模块、Matplotlib.datetime 模块都提供了时间处理的功能。在处理时序数据时，通常需要使用以上三个模块，其中 Python 的 time 模块提供了常用的日期对象处理功能，与 datetime 模块相比，datetime 模块提供了更易使用的接口，尤其是日期格式的转换功能。当需要对日期变量进行绘图展示时，则需要 Matplotlib.datetime 模块将日期转化为可显示的日期格式。

1. time 模块

Python 的 time 模块包括的日期对象包括如下几种：

(1) datetime，它是最常用的日期时间对象，既可以表示日期又可以表示时间；

(2) time，它与 datetime 类似，但它只用于表示时间，不表示日期；

(3) date，它与 datetime 类似，但它只表示日期，不表示时间；

(4) timestamp，即时间戳，它是表示当前时间距离元年时间(epoch, 1970 年 1 月 1 日 00:00:00 UTC)的偏移量，这个偏移量在 Python 中用秒数来计算。在实际应用中，数据库中通常存储的是时间戳，当需要向用户显示时间的时候，再将其转化为对应时区的时间。

在 Python 的时间操作中，使用 time 模块的 time()函数可以获取当前时间的时间戳，具体用法如下：

time.time()

time.localtime()函数可以将时间戳转换为元组(struct_time)，具体用法如下：

time.localtime(time.time())

strftime()函数可以将元组(struct_time)转换为格式化时间字符串，具体用法如下：

time.strftime('%Y-%m-%d', time.localtime(time.time()))

如果要将格式化字符串转换为时间戳，将格式化字符串转化为元组，就需要使用 strptime()函数，具体用法如下：

str_time = '2020-02-26 13:04:41'

time.strptime(str_time, '%Y-%m-%d %H:%M:%S')

mktime()函数可以将元组转化为时间戳(struct_time)，具体用法如下：

time.mktime(time.strptime(str_time, '%Y-%m-%d %H:%M:%S'))

使用 time 模块获取当前日期时，可以使用当前时间的 struct_time 作为缺省参数，具体用法如下：

time.strftime('%Y-%m-%d')

使用 time 模块获取当前时间时，可以使用当前时间的 struct_time 作为缺省参数，具体用法如下：

time.strftime('%H:%M:%S')

2. datetime 模块

与 time 模块相比，datetime 模块提供更直接易用的接口，功能也更加强大。datetime 模块提供了处理日期和时间的类，既有简单的方式，也有复杂的方式。它虽然支持日期和时间算法，但其实现的重点是输出的格式化操作和更加有效的属性提取功能。datetime 模块中定义的类如下：

datetime.date，表示日期，常用的属性有 year、month 和 day；

datetime.time，表示时间，常用的属性有 hour、minute、second 和 microsecond；

datetime.datetime，表示日期时间；

datetime.timedelta，表示 date、time 和 datetime 实例之间的时间间隔，最小单位可达微秒；

datetime.tzinfo，时区相关对象的抽象基类，由 time 和 datetime 类使用；

datetime.timezone，Python 3.2 中新增的功能，实现 tzinfo 抽象基类的类，表示与 UTC 的固定偏移量。

使用 datetime 模块中的 datetime 类可以将时间戳转换为格式化时间字符串。其具体用法如下例所示：

from datetime import datetime

dt = datetime.fromtimestamp(time.time())

print(dt);

将 datetime 实例转换为格式化字符串，格式如下：

dt.strftime('%Y-%m-%d %H:%M:%S')

使用 datetime 模块中的 datetime 类可以将格式化时间字符串转换为时间戳。使用 datetime 类将格式化字符串'2019-02-26 15:27:28'转换为 datetime 实例如下：

st = '2019-02-26 15:27:28'

dt = datetime.strptime(st, '%Y-%m-%d %H:%M:%S')

将 datetime 实例转转为元组(struct_time)，格式如下：

tp = dt.timetuple()

将元组(struct_time)转换为时间戳，格式如下：

time.mktime(tp)

也可以直接使用 datetime 实例的 timestamp()函数获取时间戳，格式如下：

dt.timestamp()

使用 datetime 类获取当前日期和时间的格式如下：

datetime.now().date().strftime('%Y-%m-%d')

使用 datetime 类获取当前时间的格式如下：

datetime.now().time().strftime('%H:%M:%S')

Matplotlib 提供了复杂的日期绘图功能，Matplotlib 的日期处理模块是基于 python datetime 和 dateutil 模块的。Matplotlib 使用浮点数来表示日期，这些浮点数指定了自 1970-01-01 UTC 的默认时间以来的天数；例如，1970-01-01，06:00 的浮点数是 0.25。formatters 和 locators 需要 datetime.datetime 对象，所以只能表示 0001 年到 9999 年之间的日期。微秒的精度可以实现在纪元两边 70 年的精度，其余的允许日期范围(0001 年到 9999 年)的精度为 20 微秒。Matplotlib.datetime 模块常见的函数如表 10-1-1 所示。

表 10-1-1　Python 常见的时间转换函数

函　数	功　能　描　述
datestr2num	使用 dateutil.parser.parse 将日期字符串转换为 datenum
date2num	将 datetime 对象转换为 Matplotlib 日期
num2date	将 Matplotlib 日期转换为 datetime 对象
num2timedelta	将天数转换为 timedelta 对象
drange	返回等距 Matplotlib 日期的序列
set_epoch	设置日期时间计算的纪元(日期原点)
get_epoch	获取日期使用的纪元

10.1.3　时间序列数据可视化方法

1. 周期数据可视化

不同类别的时序数据需采用不同可视化方法来表达。标准显示方法将时间数据作为二维的线图显示，x 轴表示时间，y 轴表示其他的变量。在一维时间序列图中，横轴表达线性时间、时间点和时间间隔，纵轴表达时间域内的特征属性。以下程序通过 Python 的 datetime 包和 matplotlib.datetime 包来解释如何处理日期数据。

程序 10-1-1　时序数据折线图

```
import matplotlib.pyplot as plt
import matplotlib.dates as mds
import datetime
import numpy as np
plt.rcParams['font.size'] = 18


fig, ax = plt.subplots(figsize=(12,6))
start = datetime.datetime(2020,1,1)
stop = datetime.datetime(2020,12,31)
delta = datetime.timedelta(days=15)
dates = mds.drange(start,stop,delta)
value1 = np.sin(range(len(dates)))
value2 = np.cos(range(len(dates)))
plt.plot_date(dates,value1,linestyle='-',marker='')
plt.plot_date(dates,value2,linestyle='-',marker='')
date_format=mds.DateFormatter('%Y-%m-%d')
ax.xaxis.set_major_formatter(date_format)
```

```
fig.autofmt_xdate()
plt.show()
```

导入绘图库、matplotlib.datetime 包、datetime 包和向量库，通过 datetime 包的 datetime()函数生成开始和结束日期，其输入参数分别表示年、月、日。timedelta()函数生成日期间隔，通过 matplotlib.datetime 的 drange 函数生成日期序列，三个参数分别是开始日期、结束日期和日期间隔。按照 date 变量的长度随机生成两个时间序列，并使用 plot_date()显示时序数据，mds.DateFormatter 生成%Y-%M-%D 日期格式，并通过 xaxis.set_major_formatter()将%Y-%M-%D 格式应用于 x 轴，autofmt_xdate()可以按照时间变量长度自动调整旋转角度，防止日期字符串相互重叠，程序的运行结果如图 10-1-1 所示。

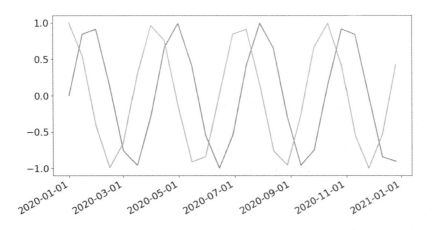

图 10-1-1　时序数据折线图

matplotlib.pyplot.plot_date(x, y, fmt='o', tz=None, xdate=True, ydate=False, *, data=None, **kwargs)是绘制日期折线图的函数，其中 x 要设置为 date 变量，y 是时间序列。

2. 时序数据文件可视化

通过读取文件获取时序数据是最常见的使用方式，日期或时间数据在文件中都存储为字符串格式，在读取时间数据时，需要将字符串转化为日期格式。

程序 10-1-2 使用 with 语句打开 weather.csv 文件，并命名为 csvfile，使用 csv.reader 读取 csvfile，next 跳过 weather.csv 文件的第一行，即文件的标题行，新建 hight、lowt 和 date 变量，分别储存最高温度、最低温度和日期，通过 for 循环读取每一行数据，将每行数据的第二列 row[1]存储到 hight 变量，将每行数据的第三列 row[2]存储到 lowt 变量，将每行数据的第一列 row[0]存储到 date 变量。其中 hight 变量在存储时，需要将变量的类型转变为 int 类型，lowt 变量也转变为 int 类型，date 变量通过 datetime 包的 strptime 函数将字符串转化为%Y/%m/%d 日期格式。通过 plot_date()函数绘制最高温度数据和最低温度数据的折线，并利用 fill_between()对高低温度之间的区间进行填充,程序运行结果如图 10-1-2 所示。

程序 10-1-2　时序数据折线图

```
import matplotlib.pyplot as plt
import numpy as np
import csv
from datetime import datetime
plt.rcParams['font.size'] = 18


if __name__=="__main__":
    with open('weather.csv') as csvfile:
        fp = csv.reader(csvfile); next(fp)
        hight = []; lowt =[]; date = []
        for row in fp:
            hight.append(int(row[1]))
            lowt.append(int(row[2]))
            date.append(datetime.strptime(row[0],"%Y/%m/%d"))

    fig,ax = plt.subplots(figsize=(12,6))
    ax.plot_date(date,hight,linestyle='-')
    ax.plot_date(date,lowt,linestyle='-')
    ax.fill_between(date,hight,lowt,color='y',alpha=0.3)
    ax.set_title("Temperature")
    ax.set_ylabel("Temperature(C)")
    fig.autofmt_xdate()
    plt.show()
```

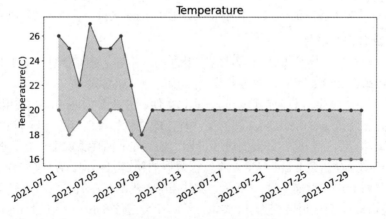

图 10-1-2　时序数据折线图

3. 日历可视化

人类社会中时间分为年、月、周、日、小时等多个等级。采用日历表达时间属性和识别时间符合人们的习惯。将日期和时间看成两个独立的维度，可用第三个维度编码与时间相关的属性。以日历视图为基准，也可在另一个视图上展现时间序列的数据属性，日历视图和属性视图通过时间属性进行关联。从日历视图上可以观察季度、月、周、日为单位的事物发展趋势。

Matplotlib 库中没有直接的日历可视化函数，程序 10-1-3 通过自定义 plot_calendar() 函数可以绘制日历，通过 add_patch 函数添加补丁方法将不同的日期绘制在图表上，日历用红色矩形显示，红色矩形采用 matplotlib 的 Rectangle 工具绘制，y 轴的刻度转变为 calendar 的月份缩写，x 轴显示每月的日期，使用 invert_yaxis() 将 y 轴翻转，即一月份在 y 轴的上方，十二月份在 y 轴的下方，将图表的边框线(Spine)隐藏。程序运行结果如图 10-1-3 所示。

程序 10-1-3　日历图

```python
import calendar
import numpy as np
from matplotlib.patches import Rectangle
import matplotlib.pyplot as plt
plt.rcParams['font.size'] = 18


def plot_calendar(days, months):
    plt.figure(figsize=(12, 6))
    ax = plt.gca().axes
    for d, m in zip(days, months):
        ax.add_patch(Rectangle((d, m),width=.8, height=.8, color='red'))
    plt.yticks(np.arange(1, 13)+.5, list(calendar.month_abbr)[1:])
    plt.xticks(np.arange(1,32)+.5, np.arange(1,32))
    plt.xlim(1, 32)
    plt.ylim(1, 13)
    plt.gca().invert_yaxis()
    # remove borders and ticks
    for spine in plt.gca().spines.values():
        spine.set_visible(False)
    plt.tick_params(top=False, bottom=False, left=False, right=False)
    plt.show()


day = [2, 31, 2, 31, 30, 29, 28, 27, 26, 25, 24, 23, 22]
month = [1, 1, 3, 3, 4, 5, 6, 7, 8, 9, 10, 11, 12]
plot_calendar(day, month)
```

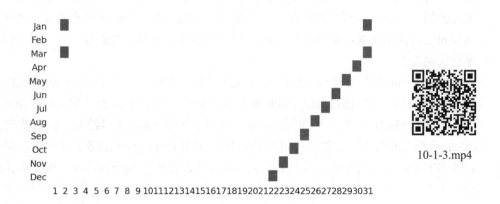

10-1-3.mp4

图 10-1-3 日历图

10.2　自定义功能和动画

点、线、路径是 2D 绘图的基本元素，直线段、圆和自由曲线等都属于线段图形，线段图形主要适用于表现现实世界中各种物体的几何轮廓形状，但不能表现物体的表面色彩。路径可以由多个矩形、椭圆、线条或曲线等对象组成，路径可以是封闭的，如矩形、多边形，也可以是非封闭的，如曲线。为了表示表面色彩，需要对指定区域的所有像素利用不同的颜色或图案进行填充。

10.2.1　自定义绘图

以下通过自定义一个红色矩形图形，说明如何使用点、闭合直线形成闭合路径，并将闭合路径转化为补丁，进而将补丁添加到图表实例显示自定义红色矩形图形。

程序 10-2-1 导入 matplotlib.pyplot 包、Path 包、patches 包，定义五个坐标点，分别是(0., 0.)、(0., 5.)、(1., 5.)、(1., 0.)和(0., 0.)点，定义五个坐标点的连线方式，通过 Path 对象设置五个点之间的连接方式(Path.moveto 表示点移动，Path.lineto 表示在两点间进行画线，Path.closepoly 表示路径闭合)，通过对以上五个点连线形成闭合路径。

通过 patches.PathPatch()将路径转化为补丁，其第一个参数是路径变量，第二个参数是填充颜色，第三个参数是线宽，将补丁通过 add_patch()函数添加到图表实例中。具体而言，

ax.spines['right'].set_color('none')用于将图形右边的边框设为透明的；

ax.spines['top'].set_color('none')用于将图形上面的边框设为透明的；

ax.xaxis.set_ticks_position('bottom')将 x 轴刻度设置在 x 坐标轴下方(如图 10-2-1(a))，如果将'bottom'改为'top'，则 x 轴刻度被设置到 x 坐标轴的上方(如图 10-2-1(b))；ax.yaxis.set_ticks_position('left')则可以将 y 轴刻度设置在 y 坐标轴的左侧(如图 10-2-1(a))，如果将 'left' 改为 'right'，则 y 轴刻度被设置到 y 坐标轴的右侧(如图 10-2-1(b))。

ax.spines['bottom'].set_position(('data',0))表示设置底部轴移动到竖轴的 0 坐标位置；ax.spines['left'].set_position(('data', 0))表示设置左侧轴移动到横轴的 0 坐标位置，即将两个

坐标轴的位置设在原点；set_xlim(-2,6)设定 x 轴范围为-2 到 6；set_ylim 设定 y 轴范围为-2 到 6；显示自定义红色矩形图形。

　　程序运行结果如图 10-2-1 所示。

程序 10-2-1　自定义红色矩形

```
import matplotlib.pyplot as plt
from matplotlib.path import Path
import matplotlib.patches as patches
plt.rcParams['font.size'] = 25

points = [(0., 0.), (0., 5.), (1., 5.),(1., 0.), (0., 0.)]
lines = [Path.MOVETO,Path.LINETO,Path.LINETO,Path.LINETO,Path.CLOSEPOLY]
path = Path(points, lines)
fig = plt.figure(figsize=(12,6))
ax = fig.add_subplot(111)
patch = patches.PathPatch(path, facecolor='red', lw=2)
ax.add_patch(patch);
ax.spines['right'].set_color('none')
ax.spines['top'].set_color('none')
ax.xaxis.set_ticks_position('bottom')
ax.yaxis.set_ticks_position('left')
ax.spines['bottom'].set_position(('data', 0))
ax.spines['left'].set_position(('data', 0))
ax.set_xlim(-2,6); ax.set_ylim(-2,6)
plt.show()
```

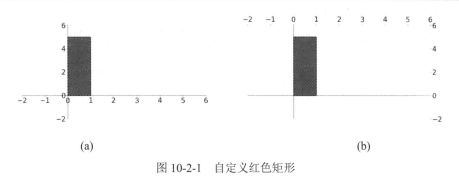

(a)　　　　　　　　　　　　　　　(b)

图 10-2-1　自定义红色矩形

10.2.2　自定义动画

　　Matplotlib 不仅支持静态图形的绘制，也可以制作动画。在 Matplotlib 中绘制动画的方法主要包括两种方法：一种是使用 animation 模块绘制动画；另一种是调用 pyplot 的 API 制作动画。Matplotlib 制作动画的原理是先制作每一帧的图片，然后通过 ffmpeg 编码器将图片合成为一个动画视频，因此制作动画之前，需要安装 ffmpeg 编码器。

制作动画需要定义两个函数，分别是 init()函数和 animate()函数，其中 init()函数是在绘制下一帧动画之前清空画布窗口中的当前动画画面，animate()函数是绘制每帧动画画面。以上两个函数的返回值"line"后面的符号的"，"不可以省略，只有添加了"，"符号，才可以使得返回值是 Line2D 对象。参见程序 10-2-2，在调用 ax.plot()函数时，获得返回值"line"后面也必须添加符号"，"。下面以 sin(x)函数动画为例，说明如何使用 init()函数和 animate()函数绘制动画。导入 matplotlib.pyplot 包、animation 包和 numpy 包，获取画布 fig，设置图形实例 ax。定义 init()函数和 animate()函数，分别作为参数传入 FuncAnimation 的构造函数中。FuncAnimation 的构造函数可以接收 Figure 对象、func 函数、init 函数、帧数 frames、帧的间隔时间 interval。调用 svae 方法，将每帧动画保存为图像文件，然后再将图像文件转化为视频文件，即 animation1.mp4 文件。调用 pyplot 模块中的 show()函数，生成自动播放动画内容的画布窗口。程序运行结果如图 10-2-2 所示。

程序 10-2-2 sin(x)动画

```python
import matplotlib.pyplot as plt
from matplotlib.path import Path
import matplotlib.patches as patches
plt.rcParams['font.size'] = 25
points = [(0., 0.), (2., 0.), (1., 1.717),(0.,0.)]
lines = [Path.MOVETO,Path.LINETO,Path.LINETO,Path.CLOSEPOLY]
path = Path(points, lines)
fig = plt.figure(); ax = fig.add_subplot(111)
patch = patches.PathPatch(path, facecolor='orange', lw=2)
ax.add_patch(patch)
ax.spines['bottom'].set_position(('data', 0))
ax.spines['left'].set_position(('data', 0))
ax.set_xlim(-2,2); ax.set_ylim(-2,2); plt.axis('off'); plt.show()
```

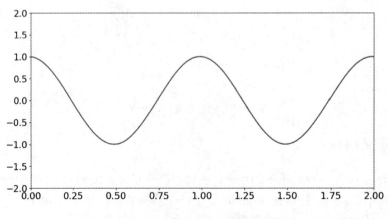

图 10-2-2 sin(x)动画

10.2.3　坐标系变换

Matplotlib 除了支持正常的直角坐标系显示之外，也支持多种不同的投影，如 Aitoff 投影、Hammer 投影、Lambert 投影、Mollweide 投影、Polar 投影和 Rectilinear 投影。下面举两例介绍之。

1. 埃托夫(Aitoff)投影

埃托夫(Aitoff)投影是经过改进的方位投影，它是采用椭圆形经纬网的折衷投影。此投影适用于绘制小比例的世界地图，它是由俄罗斯制图员 David A. Aitoff 在 1889 年开发而成的。

以下通过螺旋线方程来说明在不同投影坐标系下显示的图形。程序 10-2-3 中导入 matplotlib.pyplot 包、np 包，产生随机种子数，设置常量 *N*，产生 theta、rho、area 和 colors 变量，采用 aitoff 投影方式，绘制 theta 和 rho 的散点图，程序运行结果如图 10-2-3 所示。

程序 10-2-3　埃托夫(Aitoff)投影

```python
def plot(proj):
    import numpy as np
    import matplotlib.pyplot as plt
    np.random.seed(19680801)
    N = 50
    theta = np.linspace(0,2*np.pi,100);
    rho = theta * 2 + 2;
    area = rho **2
    colors = theta
    fig = plt.figure();
    ax = fig.add_subplot(111,projection=proj);
    # {None, 'aitoff', 'hammer', 'lambert', 'mollweide', 'polar', 'rectilinear', str},
    ax.scatter(theta, rho, c=colors, s=area, cmap='hsv', alpha=0.75)
    plt.show();


plot('aitoff')
```

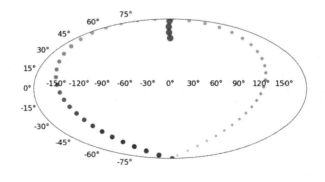

图 10-2-3　埃托夫(Aitoff)投影

2. 极(Polar)投影

极(Polar)投影，创始人是牛顿，是指在平面内取一个定点 O，叫极点，引一条射线 Ox，叫作极轴，再选定一个长度单位和角度的正方向(通常取逆时针方向)的投影方式。

采用 Polar 投影方式，绘制 theta 和 rho 的散点图，程序运行结果如图 10-2-4 所示。

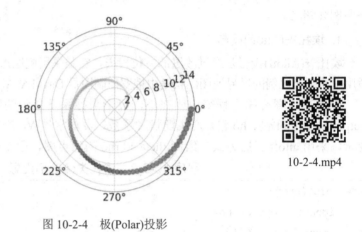

10-2-4.mp4

图 10-2-4　极(Polar)投影

程序 10-2-4　极(Polar)投影

```
plot('polar') # plot函数参见程序10-2-3
```

10.3　图　像　处　理

令 $f(s,t)$ 表示一幅具有两个连续变量 s 和 t 的连续图像函数。通过取样和量化，可把该函数转换为数字图像。假如把该连续图像取样为一个二维阵列 $f(x,y)$，该阵列包含有 M 行和 N 列，其中(x,y)是离散坐标，对这些离散坐标使用整数值：$x = 0,1,2,\cdots,M\text{-}1$ 和 $y = 0,1,2,\cdots,N\text{-}1$。这样，数字图像在原点的值就是 $f(0,0)$，第一行中下一个坐标处的值是 $f(0,1)$。$(0,1)$表示第一行的第二个样本，它并不意味着是对图像取样时的物理坐标值。通常，图像在任何坐标(x,y)处的值记为 $f(x,y)$，其中 x 和 y 都是整数。由一幅图像的坐标张成的实平面部分称为空间域，x 和 y 称为空间变量或空间坐标。

10.3.1　显示图像

Matplotlib 不仅可以绘制各种统计图形，如条形图、饼状图、散点图等，同时也能够结合 PIL 图像处理包对图像进行处理，通过 PIL 的 Image 包可以将图像文件转化为矩阵，然后通过 Matplotlib 对图像进行显示。下面以"Lena"照片为例说明如何使用 PIL 包和 Matplotlib 包显示图像。

1. 显示图像

程序 10-3-1 通过 PIL 的 Image 对象读取图像，并通过 np.array()函数将图片转化为矩阵，该矩阵有三个分量，分别表示红色分量、绿色分量和蓝色分量。使用 imshow()函数将矩阵作为图像显示，其中 imshow(X，cmap，norm)函数的第一个参数 X 可以是一个数组类型或者 PIL 图像类型，如果是图像类型，X 可以是(M，N)的数组、或者是(M，N，3)数组，其中的 3 表示 RGB 值，RGB 值可以是 0～1 之间的浮点数据或者 0～255 之间的整数，也可以是(M，N，4)数组，其中 4 表示 RGBA 数据，A 表示透明度。程序运行结果如图 10-3-1 所示。

程序 10-3-1　显示图像

```python
import matplotlib.pyplot as plt
from PIL import Image; import numpy as np
plt.rcParams['font.size'] = 14
img = np.array(Image.open('lena.jpg'))
plt.imshow(img); plt.show()
```

图 10-3-1　显示图像

2. 在图像上添加形状

数字图像作为二维矩阵进行处理，其行索引和列索引是二维矩阵显示的位置，二维矩阵的数值是行列交汇点的像素值，Matplotlib 不仅可以显示数字图像，同时也支持在图像上添加各类形状标记，然后将形状标记和图像一起显示。

下面以"Lena"照片为背景，添加四个红色"菱形"标记。程序 10-3-2 通过 Image 对象和 np.array()函数将图片转化为矩阵，将矩阵作为图像显示，添加四个坐标点，在四个坐标点上绘制红色"菱形"形状，显示标题和图像。程序运行结果如图 10-3-2 所示。

程序 10-3-2　在图像上添加形状

```python
from PIL import Image
import numpy as np
def get_plt():
    import matplotlib.pyplot as plt
    plt.rcParams['font.sans-serif'] = ['SimHei']
    plt.rcParams['axes.unicode_minus'] = False
```

```
    plt.rcParams['font.size'] = 14
    return plt
plt = get_plt()
im = np.array(Image.open('lena.jpg'))
plt.imshow(im)
x = [100, 100, 400, 400]; y = [200, 500, 200, 500]
plt.plot(x, y, 'wd'); plt.title('Lena'); plt.show()
```

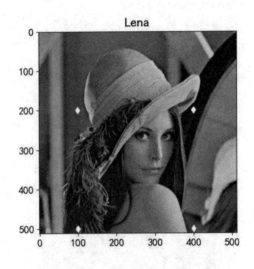

图 10-3-2　在图像上添加形状

10.3.2　灰度变换和图像轮廓提取

灰度变换指对图像的单个像素进行操作，主要以对比度和阈值处理为目的。其变换形式如下：

$$s = T(r) \tag{10-1}$$

其中，T 是灰度变换函数；r 是变换前的灰度；s 是变换后的像素。图像灰度变换的主要作用有：改善图像的质量，使图像能够显示更多的细节，提高图像的对比度(对比度拉伸)；有选择地突出图像感兴趣的特征或者抑制图像中不需要的特征；可以有效地改变图像的直方图分布，使像素的分布更为均匀。

灰度变换函数描述了输入灰度值和输出灰度值之间变换关系，一旦灰度变换函数确定下了，那么其输出的灰度值也就确定了。可见灰度变换函数的性质就决定了灰度变换所能达到的效果。用于图像灰度变换的函数主要有以下几种：线性函数(图像反转)，对数和反对数变换、Gamma 变换(n 次幂和 n 次开方变换)，分段线性变换。下面以 "Lena" 照片为例说明如何使用 PIL 包和 Matplotlib 包对图像进行灰度变换和图像轮廓提取。

程序 10-3-3 通过 Image 对象和 np.array()函数将图片转化为矩阵，plt.gray()将图像的颜色映射为灰色，plt.contour()函数显示图像的轮廓。plt.axis('equal')使 x 轴和 y 轴刻度等长，plt.axis('off')关闭坐标轴，plt.title()显示标题，程序运行结果如图 10-3-3 所示。

程序 10-3-3　灰度变换和图像轮廓

```python
from PIL import Image
import numpy as np
plt = get_plt() # get_plt()参见程序10-3-2
im = np.array (Image.open('lena.jpg').convert('L'))
fig=plt.figure()
plt.gray()
plt.contour(im, origin='image')
plt.axis('equal'); plt.axis('off')
plt.title('Lena')
plt.show()
```

图 10-3-3　灰度变换和图像轮廓

10.3.3　直方图和直方图均衡

1. 灰度直方图

灰度级范围为[0,L–1]的数字图像的直方图是离散函数 $h(r_k) = n_k$，其中 r_k 是第 k 级灰度值，n_k 是图像中灰度为 r_k 的像素个数。在实践中，经常用乘积 MN 表示的图像像素的总数除它的每个分量来归一化直方图，通常 M 和 N 是图像的行和列的维数。因此，归一化后的直方图由 $p(r_k) = n_k /(MN)$ 给出，其中 $k = 0$, 1,…, L–1。简单地说，$p(r_k)$ 是灰度级 r_k 在图像中出现的概率的一个估计。归一化直方图的所有分量之和应等于 1。直方图是多种空间域处理技术的基础，直方图可用于图像增强、图像压缩与图像分割。下面以"Lena"图片为例说明如何计算图像的直方图。

程序 10-3-4 通过 Image 对象和 np.array()函数将图片转化为矩阵。使用 hist()函数绘制灰度图像素的直方图，直方图的灰度分为 128 个等级，并统计每个等级像素出现的频率，显示像素频率直方图。程序运行结果如图 10-3-4 所示。

程序 10-3-4　直方图

```
import matplotlib.pyplot as plt
from PIL import Image
import numpy as np
plt.rcParams['font.size'] = 14
im = np.array (Image.open('lena.jpg').convert('L'))
fig=plt.figure()
plt.hist(im.flatten(),128,color='red')
plt.show()
```

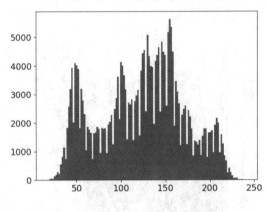

图 10-3-4　直方图

2. 直方图均衡

直方图均衡化是将原图像通过某种变换，得到一幅灰度直方图为均匀分布的新图像的方法。直方图均衡化方法的基本思想是对在图像中像素个数多的灰度级进行展宽，而对像素个数少的灰度级进行缩减。从而达到清晰图像的目的。下面以"Lena"图片为例说明如何对图像进行直方图均衡化操作。

程序 10-3-5 定义 histeq()直方图均衡函数，将图像分为 256 个灰度等级，通过 np.histogram 计算图像的直方图 imhist，通过 cumsum 累积求和函数计算累积分布函数，cdf[-1] 元素保留所有元素的累积和，cdf = 255*cdf/cdf[-1] 进行归一化，np.interp(im.flatten(),bins[:-1],cdf) 使用累积分布函数的线性插值，计算新的像素值 im2.reshape(im.shape)按照原图像调整新图像的分辨率。读取图像并转变为灰度图，使用 histeq()直方图均衡函数对图像进行直方图均衡操作，显示直方图均衡后的图像。程序运行结果如图 10-3-5 所示。

程序 10-3-5　直方图均衡

```
import matplotlib.pyplot as plt
from PIL import Image
import numpy as np
```

```
plt.rcParams['font.size'] = 14
def histeq(im,nbr_bins=256):
    imhist,bins = np.histogram(im.flatten(),nbr_bins,normed=True)
    cdf = imhist.cumsum()
    cdf = 255*cdf/cdf[-1]
    im2 = np.interp(im.flatten(),bins[:-1],cdf)
    return im2.reshape(im.shape),cdf

im = np.array(Image.open('Lena.jpg').convert('L'))
im2,cdf = histeq(im)
plt.gray()
plt.imshow(im2)
plt.show()
```

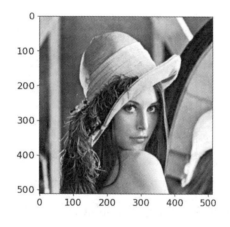

10-3-5.mp4

图 10-3-5　直方图均衡

本 章 小 结

　　本章首先介绍了 Matplotlib 的时间序列数据处理，包括 Python 的 datetime 包、time 包和 Matplotlib.datetime 包的使用，然后介绍 Matplotlib 如何自定义绘制动画。最后介绍了如何使用 Pillow 库和 Matplotlib 进行图像处理。

习　　题

　　1. 利用 Path、Patch 绘制如图 10-e-1 所示的多个柱状图，其中第一个柱状图的高度为 5，宽度为 1，起始点为(0,0)点，第二个柱状图的高度为 2，宽度为 1，起始点为(3,0)点。

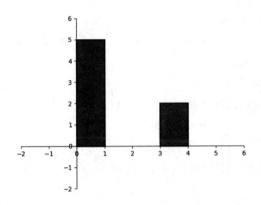

图 10-e-1　两个柱状图

2. 利用 Path、Patch 绘制一个如图 10-e-2 所示的圆形(Circle)与圆弧(Arc)。

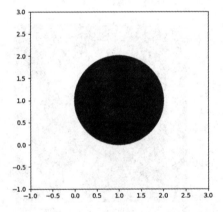

图 10-e-2　绘制一个圆形(Circle)与圆弧(Arc)

参 考 文 献

[1] (美) SCOTT MURRAY 著，李松峰，译. 数据可视化实战，北京：人民邮电出版社，2013.

[2] (美) STEELE.J.著，祝洪凯，译. 数据可视化之美. 机械工业出版社，2011.

[3] (美) BEN FRY 著，张羽，译. 可视化数据. O'REILLY 丛书，2009.

[4] 陈为，张嵩，鲁爱东. 数据可视化. 北京：电子工业出版社，2013.

[5] 周苏，张丽娜，王文. 大数据可视化技术. 北京：清华大学出版社，2016.

[6] (荷兰) ALEXANDRU C TELEA 著，栾悉道，等，译. 数据可视化原理与实践.2 版. 北京：电子工业出版社，2017.

[7] ENTHOUGHT，INC，AUSTIN. "Enthought Tool Suite"，https://docs.enthought.com/ets/.

[8] W. SCHROEDER，K MARTIN，B. LORENSEN. "The Visualization Toolkit"，4th edition. Kitware，2018.